英國皇家植物園

最美的植物多樣性圖鑑

FLORA

積木文化

DK

翻譯——顧曉哲

審訂——胡哲明（臺大生態演化所教授）

英國皇家植物園
最美的植物多樣性圖鑑

FLORA

INSIDE THE SECRET WORLD OF PLANTS

深入根莖、貼近花果葉，發現生命演化的豐富內涵

Flora 英國皇家植物園最美的植物多樣性圖鑑：
深入根莖、貼近花果葉，發現生命演化的豐富內涵

原文書名／ Flora：Inside the secret world of plants ｜作者／ DK編輯部
｜譯者／顧曉哲｜審訂／胡哲明
總編輯／王秀婷｜責任編輯／李華｜特約編輯／金文蕙｜版權／張成慧
｜行銷業務／黃明雪
發行人／涂玉雲｜出版／積木文化 地址：104台北市民生東路二段141號
5樓 電話：(02) 2500-7696 官網：www.cubepress.com.tw 讀者服務信箱
／ service_cube@hmg.com.tw 發行／英屬蓋曼群島商家庭傳媒股份有限
公司城邦分公司 地址：台北市民生東路二段141號11樓 讀者服務專線：
(02)25007718-9 24小時傳真專線：(02)25001990-1 服務時間：週一至週五
09:30-12:00、13:30-17:00 郵撥：19863813 戶名：書虫股份有限公司 網站：
城邦讀書花園www.cite.com.tw ｜香港發行所／城邦（香港）出版集團有限公
司 地址：香港灣仔駱克道193號東超商業中心1樓 電話：+852-25086231
電子信箱：hkcite@biznetvigator.com ｜馬新發行所／城邦（馬新）出版集團
Cite（M）Sdn Bhd 地址：41, Jalan Radin Anum, Bandar Baru Sri Petaling, 57000

Kuala Lumpur, Malaysia. 電話：(603) 90578822 傳真：(603) 90576622
電子信箱：cite@cite.com.my

Original Title: Flora: Inside the Secret World of Plants
Copyright ©Dorling Kindersley Limited, 2018
A Penguin Random House Company

內頁排版／劉靜薏｜ 2020年5月初版一刷｜ 2021年2月初版二刷
售價NT$1800
ISBN：978-986-459-219-7 ｜ printed in China ｜有著作權‧侵害必究

For the curious
www.dk.com

城邦讀書花園
www.cite.com.tw

國家圖書館出版品預行編目(CIP)資料

FLORA 英國皇家植物園最美的植物多樣性圖
鑑：深入根莖、貼近花果葉,發現生命演化的
豐富內涵 / DK編輯部作；顧曉哲譯. -- 初版. --
臺北市：積木文化出版：家庭傳媒城邦分公司
發行, 2020.05
　　面；　公分
譯自：Flora : inside the secret world of plants.
ISBN 978-986-459-219-7(精裝)

1.植物學 2.植物圖鑑 3.通俗作品

370　　　　　　　　　　　　　109000058

積木生活實驗室

撰稿人

傑米・安布魯斯（Jamie Ambrose）：作家、編輯，也是對自然史特別感興趣的傅爾布萊特學者（Fulbright scholar）。DK出版的《Wildlife of the World》也是她的著作之一。

羅斯・貝頓（Ross Bayton）博士：對植物世界充滿熱情的植物學家、分類學家以及園藝家。他所撰寫的書籍、雜誌特寫和科學論文，鼓勵讀者去理解以及感激植物的重要性。

麥特・坎德亞斯（Matt Candeias）：「In Defense of Plants」部落格（www.indefenseofplants.com）的版主。做為一名生態學家，麥特將他的大部分研究重點放在植物保護上。無論在室內還是室外，他都是熱心的園藝家。

沙拉・荷西（Sarah Jose）博士：專業的科學作家和語言編輯，擁有植物學博士學位且對植物充滿熱愛。

安德魯・米可拉斯基（Andrew Mikolajski）：撰寫有關植物和園藝的書籍有30多本。他曾在切爾西藥用植物園（Chelsea Physic Garden）中的英國園藝學校以及歷史宅邸協會（Historic Houses Association）裡講授園藝歷史。

伊斯特・雷普利（Esther Ripley）：前執行編輯，撰寫了一系列包含有藝術和文學的文化主題。

大衛・薩默斯（David Summers）：受過自然歷史電影製作培訓的作家兼編輯。他投身於自然史，地理和科學等一系列主題相關的書籍。

皇家植物園，邱園
（The Royal Botanic Gardens, Kew）

皇家植物園，邱園是國際知名的科學機構，因為其傑出的蒐集以及在全球植物多樣性、保育與永續發展方面的科學專業而享譽國際。邱園是倫敦熱門的旅遊景點，佔地132公頃（304英畝）的園林景觀花園及其位於薩塞克斯郡（Sussex）的威克赫斯特（Wakehurst）鄉村莊園，每年吸引超過150萬人次造訪。邱園在2003年被聯合國教科文組織列為世界遺產，也在2009年時慶祝其成立250週年。威克赫斯特莊園同時也是世界上最大的野生植物種子銀行，邱園千禧種子銀行的所在地。邱園有三分之一經費是來自英國新農業部以及研究委員。其他的支持邱園重要工作所需的進一步經費則來自捐款、會員以及包含圖書銷售的商業活動。

小書名頁 天堂鳥蕉（學名：*Strelitzia reginae*；俗名：Bird of paradise）

書名頁 北海燕麥（學名：*Chasmanthium latifolium*；俗名：Northern sea oat）

上圖 秋季森林的繽紛色彩

目錄頁 紫色星形黑種草（學名：*Nigella papillosa*；俗名：African bride）

目錄
contents

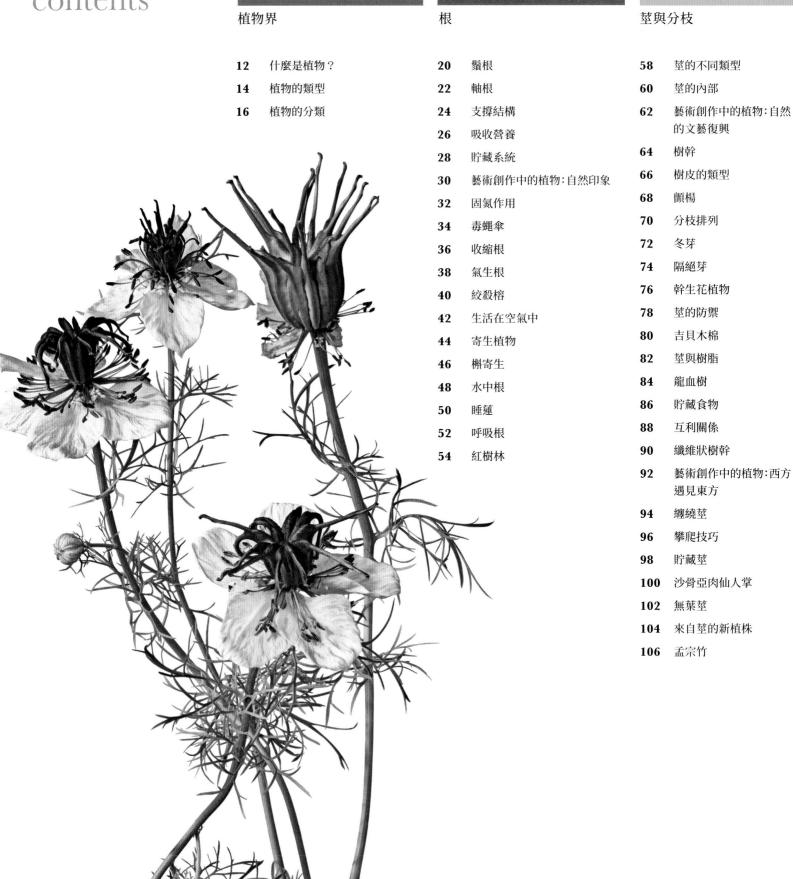

藍睡蓮（學名：*Nymphaea caerulea*；俗名：Blue lotus）

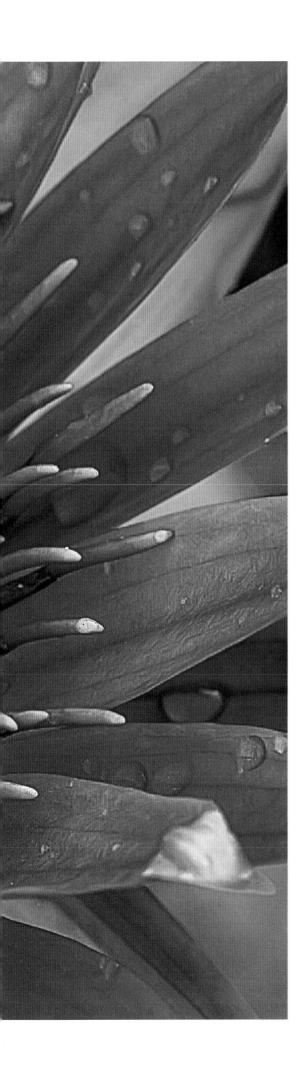

序言

植物以某種形狀或形式存在於地球上，至少已經有20億年之久。最早出現的植物是生活在海洋中的小型藻類。之後，陸生植物在大約4億3千萬年前出現。這些陸生植物長得像刷子，是一根根的小綠莖，有的帶刺，但都沒有葉子。後來才有長葉子的植物，再來才是木質的莖，以及可以長到高達35公尺的樹。化石證據記錄最早的森林出現在大約3億8千萬年前。

所有早期植物，包括樹木，都利用孢子來繁殖。種子和具有毬果的植物是在大約3億5千萬年前演化出現，最早的開花植物甚至要到更晚期、大約1億5千萬年前才出現在地球上。然而，禾本科植物要等到大約6000萬年前才出現。有鑑於我們每天吃的食物依賴這麼多的禾本科植物（小麥、玉米、稻米和蔗糖），以及它們現在在地球上從極地到赤道無處不在，這位後來者似乎成就非凡。

當我們看到這本精美的圖集中，根、刺、莖、葉、毬果、種子、果實以及花朵的形狀和顏色等難以置信的多樣性和複雜性時，更重要的是看見植物的整個演化時間軸所呈現出的變化。我們所見到的那些令人驚奇的多樣性，都是歷經數百萬年適應以及變化的結果，這些都是植物針對不斷移動的大陸、不斷變化的氣候以及近期人類活動所做出的反應。

也希望大家反思植物一直以來所扮演的，支撐地球生命的基礎角色。從調節空氣，到成為食物、衣服，甚至被做成藥品，還有木材和燃料。植物對地球生命各個方面的貢獻經常被忽視，我們只看到它們表象的美麗，卻不了解它們背後更大的意義。透過這本結合美學與科學的書，我們要來讚揚植物的美妙世界，希望能重新喚醒人類對植物的重視。

凱西‧威利斯教授 （Professor Kathy Willis）
英國皇家植物園（邱園）科學主任

植物界
the Plant
Kingdom

植物。生物有機體，通常含有葉綠素。包括樹木、灌木、闊葉草本植物、禾本科植物、蕨類植物和苔蘚，通常永久生長在固定位置，藉由其根部吸收水分和無機物質，並且利用在葉子當中進行的光合作用來合成養分。

什麼不是植物？

雖然真菌看起來像植物，但它們實際上與動物的關係更接近。它們不能像植物那樣生產自己的食物，而是必須依靠一般植物所形成的碳水化合物。許多現代植物，特別是森林裡的樹木和蘭花，對真菌有一定程度的依賴（參見第34頁）。

本書的討論也不包含「藻類」。藻類是一個通稱，用來表示不具有真正的根、莖或葉的一群種類繁多的生物，例如海藻，儘管它們看起來是綠色或葉狀的。它們大多數生活在水中，而且在海中佔主導地位。

地衣是由藻類（或某些細菌）和真菌形成的複合生物體，它們之間具有互利（共生）關係。

具有圓形尖端的
扁平葉片

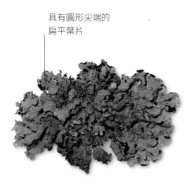

橘色子實體

灌木狀的
葉狀體

蘇卡達梅衣（學名：*Parmelia sulcata*；俗名：Hammered shield lichen）

奧爾類臍菇（學名：*Omphalotus illudens*；俗名：Jack-O'lantern mushroom）

鋸緣墨角藻（學名：*Fucus serratus*；俗名：Serrated wrack algae）

什麼是植物？

除了在永凍或是完全乾旱的地方，植物可說是幾乎遍布整個地球的生物。植物的大小，從參天巨樹到比一粒米還小的都有。最初，所有的植物都是水生的，根部的作用只是為將它們固定在一處。一旦它們遷移到陸地上，許多植物就與真菌建立關係，這有助於它們的根獲得水分和礦物質。植物與其他生物不同，因為它們可以藉由光合作用製造自己的食物。利用葉綠素，也就是一種細胞中的綠色色素，植物從陽光中吸收能量，並利用大氣中的二氧化碳製造出糖。植物不像動物，成熟之後就停止生長，植物每年可以繼續生長並不斷產生新的物質，這些物質不僅用來增加它們的大小，也可用來替換遺失或是損壞的部分。

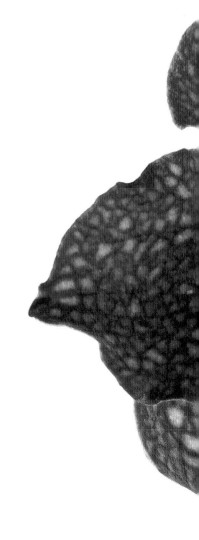

鮮豔的綻放

地球上有超過35萬種開花植物。花朵不僅僅是為了展示，也是植物的繁殖構造，它們的形狀和顏色可以吸引「傳粉者」或「授粉者」。這些奇異的蘭花花朵是來自萬代蘭（Vanda）雜交種，其中許多原產於亞洲熱帶地區。

正在綻放的花苞。

開花的分枝
有時候還會分枝。

```
                                    ┌─────────────┐
                                    │   植物界    │
                                    └──────┬──────┘
                                           │
                      ┌────────────────────┤
         ┌────────────┴────────────┐
         │ 無花植物                │
         │ 這類植物包含蕨類，苔類植物，以及蘚類植物，全部都用孢 │
         │ 子來繁殖。它們也包含裸子植物這一類會產生種子，但不會 │
         │ 開花的植物，其中很大部分是針葉樹。裸子植物會產生裸露 │
         │ （沒有被包覆）在外的種子。                        │
         └─────────────────────────┘
```

蘚類植物　　　　　　　苔類植物　　　　　　　角蘚類植物　　　　　　石松類植物

地錢（*Marchantia polymorpha*）

金髮苔（*Polytrichum sp.*）

角蘚（*Anthocero sp.*）

指狀石松（*Diphasiastrum digitatum*）

植物的類型

最小，最簡單的植物是苔蘚植物，包括蘚類植物、苔類植物和角蘚類植物。它們通常生長在永久潮濕的地方，如濕地或岩石和樹幹的陰暗面。蕨類植物是一種古老而多樣的植物群，它們已經適應了各種不同的棲息地，並藉由孢子繁殖。裸子植物產生毬果，其雌毬果帶有裸露的（未被包覆的）種子。開花植物是最多樣化和最複雜的植物類型。它們會開花，而且所產生的種子會被包裹在果實當中。

不斷演化的複雜性

首批在陸地上生長的植物是一些簡單的苔類、蘚類以及角蘚類植物的祖先。經過了數億年演化形成了更大的複雜性，而被子植物（開花植物）現在是植物界最優勢的物種。但從化石記錄當中可以清楚看出，古代的裸子植物，曾經比現存的裸子植物更高大、更多樣化。

開花植物

被子植物（開花植物）是一個很多樣化的類群，遍布世界各地的各種棲息地。和裸子植物一樣，它們會產生花粉和種子，但被子植物的種子被包裹在果實當中。

蕨類植物

裸子植物

被子植物

桫欏屬植物、樹蕨（*Cyathea sp.*）

落葉松（*Larix sp.*）

瑪莎妮雅洛睡蓮（*Nymphaea* 'Masaniello'）

木蘭類群植物

單子葉植物

真雙子葉植物

洋玉蘭（*Magnolia grandiflora*）

天香百合（*Lilium auratum*）

鏽紅薔薇（*Rosa rubiginosa*）

植物的分類

個別植物的正式命名是根據瑞典植物學家卡爾‧林奈（Carl Linnaeus，1707~1778）所設計的二名法命名系統。植物的名稱以拉丁文以及斜體的方式呈現，由其所屬的屬名，再加上其特定物種種名所組成。植物的分門別類則是根據它們所共有的特徵來比較歸納成群。根據過去歷史，分類是由植物的外表特徵（特別是花的結構）和生物化學（存在植物當中的化合物）來決定的，而且常常是推測或主觀描述。目前的研究則多依賴遺傳證據，為理解植物之間的關係提供了更可靠的基礎。

蓮花，蓮屬植物（*Nelumbo* sp.）

睡蓮花，睡蓮屬植物（*Nymphaea* sp.）

法國梧桐花，懸鈴木屬植物（*Platanus* sp.）

意想不到的關係

透過DNA分析，我們有了一些意想不到的發現。因為蓮（蓮屬植物）和睡蓮（睡蓮屬植物）看起來很像，所以人們經常會對它們產生混淆。然而，基因剖析的結果顯示，蓮的親緣關係更接近法國梧桐（懸鈴木屬植物）。

分類系統

右頁插圖是由格奧爾格‧狄奧尼修斯‧埃雷特（Georg Dionysius Ehret）於1736年出版，描繪了林奈的植物分類系統。林奈藉由觀察植物的生殖構造來區分物種，特別是雄性和雌性生殖構造的不同。

學名的階層

植物學家使用以下不同階級來將植物做排列整理。
植物被有組織的歸類成「門」，然後「綱」等等，依階級一層一層分類，這些歸類都是根據植物的花、果實和其他部位的結構，還有來自化石和DNA分析的證據而定。

門
根據主要特徵來區別植物，
例如，被子植物與裸子植物。

綱
根據基本的差異來劃分植物，
像是單子葉植物與真雙子葉植物。

目
具有共同祖先的不同科植物。

科
包含有明顯相關的植物，例如，薔薇科植物。

屬
一群具有相類似特徵、親緣關係的相近物種。

種
具有共同性狀的植物，這些植物之間
有時可以品種間雜交，或是因為生活在不同
地理區域而產生具有的特徵與物種典型
不同的亞種、變型與變種。

栽培品種
來自自然物種或雜交種的栽培品種。

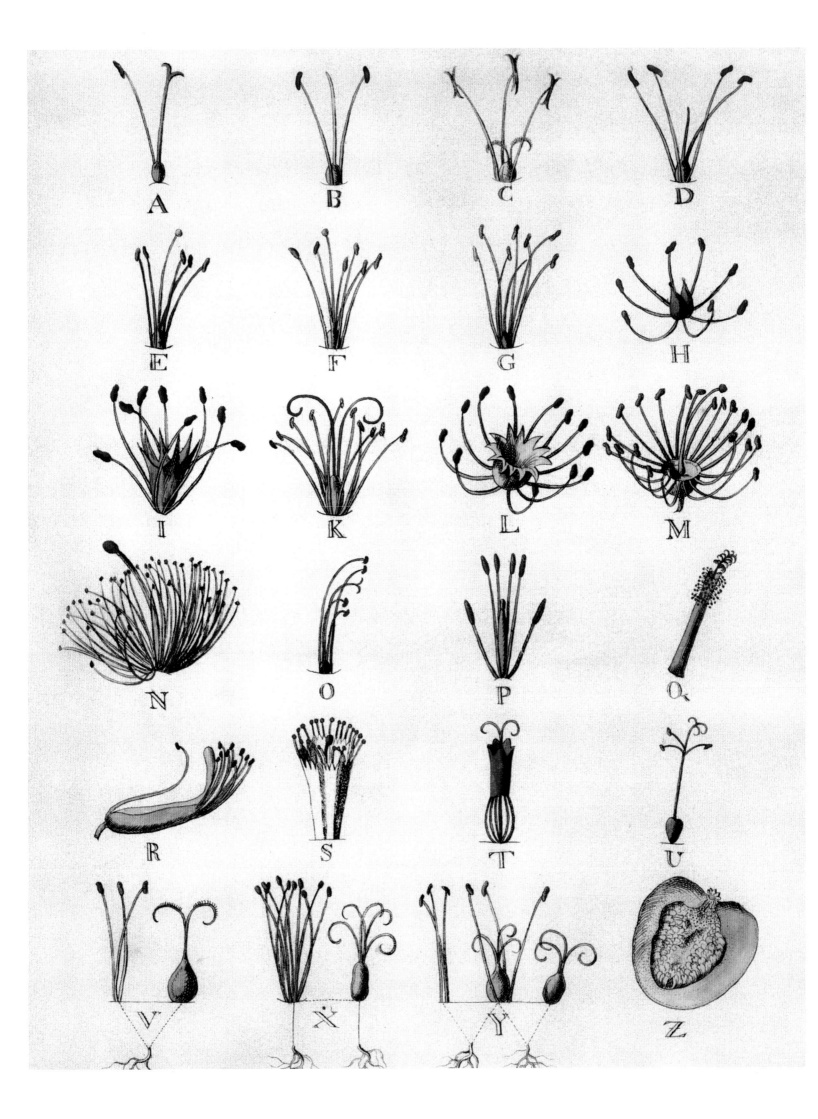

根 Root

根。植物的一部分，通常在地底下，做為土壤中錨定之用，而且可以將水和養分輸送到植物的其他部分。

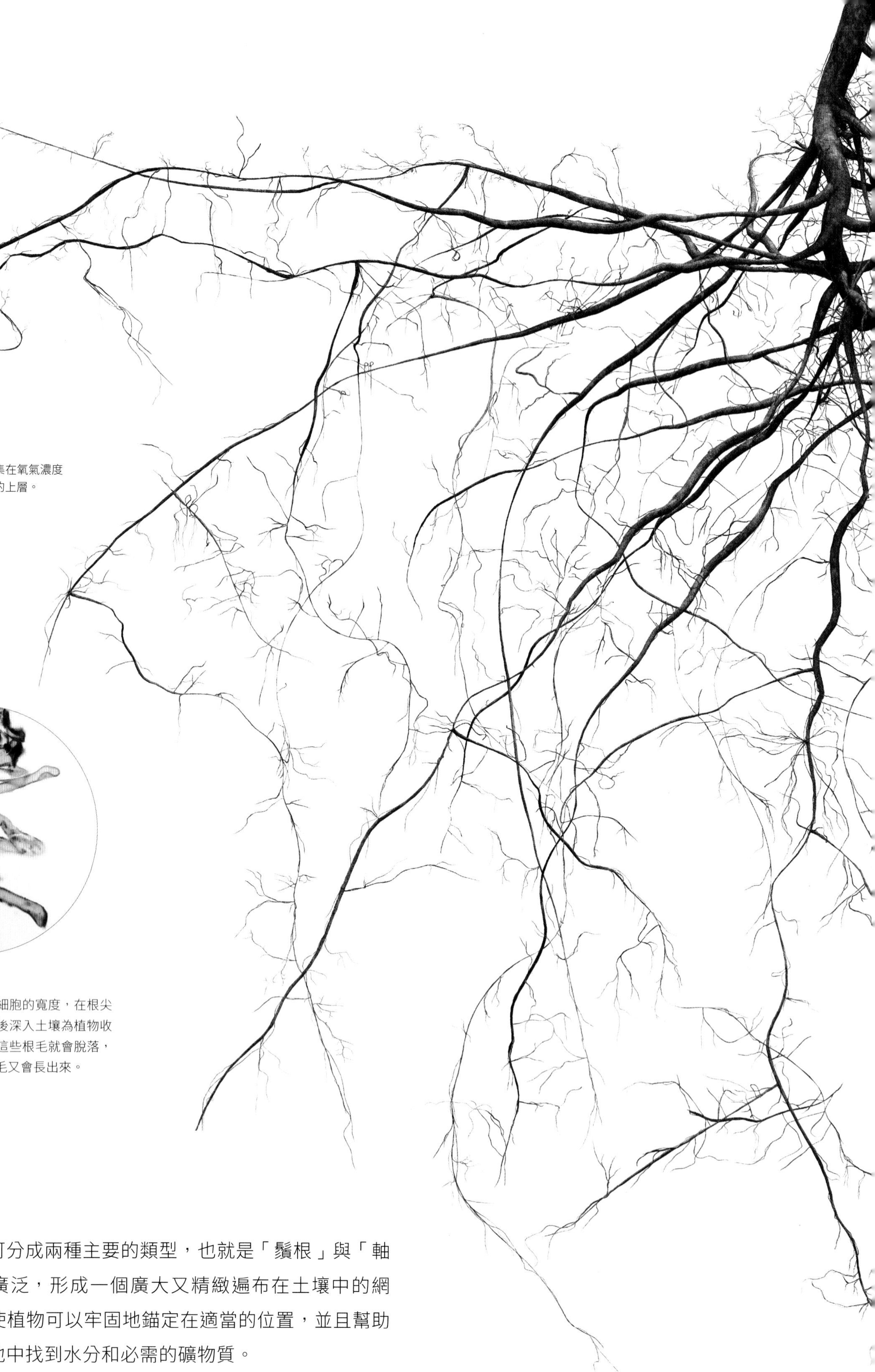

鬚根主要聚集在氧氣濃度
較高的土壤的上層。

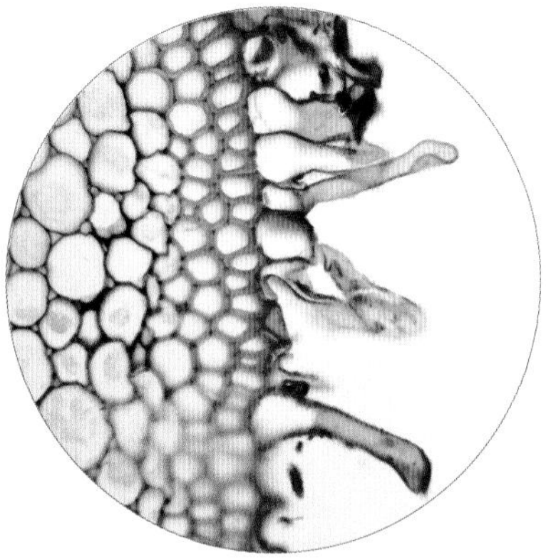

根毛

微細的根毛通常只有一個細胞的寬度，在根尖
之後的根段向外長出，然後深入土壤為植物收
集水和食物。幾天之後，這些根毛就會脫落，
但隨著根的延伸，新的根毛又會長出來。

鬚根

開花植物的根系可分成兩種主要的類型，也就是「鬚根」與「軸
根」。鬚根分枝廣泛，形成一個廣大又精緻遍布在土壤中的網
路。這樣的根系使植物可以牢固地錨定在適當的位置，並且幫助
植物從廣闊的土地中找到水分和必需的礦物質。

藉由**精細又蔓生的根部**來錨定土壤
顆粒，有助於防止水土流失。

地底網路

鬚根系將植物與遍布土壤中的重要資源連結了起來。它們存
在於所有蕨類植物，以及許多禾本科植物與其他開花植物當
中。有些樹木會在一開始長出一個又深又厚實的軸根，然後
隨著成長而發展出一套鬚根系。

根毛如何運作

根毛在土壤顆粒之間緩慢迂迴地行進，以吸收水分以及溶
解在水分當中的礦物質。極其大量生長的根毛會大大增加
根部的表面積，從而增加植物可獲取的水分和養分。水分
以及溶解在其中的礦物質藉由滲透作用被吸收到細胞中，
並經由皮層運輸到維管束系統中。

土壤中的
水分

土壤顆粒

維管束系統

根的邊緣

水流

根毛

皮層的細胞

根可以為了尋找水分而**深入穿透
乾燥的土壤**。

隨著生長，**軸根**會膨大，並用以儲存碳水化合物形式的食物。

二年生的軸根，像是甜菜根（學名：*Beta vulgaris*；俗名：Beetroot），會在第一年生長，然後在第二年開花、播種後死亡。

軸根

與鬚根系相反，軸根植物通常發育出單一主根，主根旁有小小的側根。有些樹木可以發育出長在鬆散土壤裡的軸根，或是長在黏重土壤裡的鬚根網路。開花植物中的真雙子葉植物群大多數幼苗（參見第15頁）一開始生長時，主要的根系是會與種子根（或稱胚根）一起長出的軸根。如果不是真正的軸根植物，那麼這個幼苗時期的軸根最終就會消失，開始分枝成鬚狀排列的根。

軸根的末端又細又長，可以深入土壤中。

來自「甜菜素」的**深紅色**色素，可被用做染料或是食用色素。

軸根糧食作物

一些植物，例如甜菜，會將碳水化合物以糖的方式儲存在軸根之中，並用於開花和結種（參見第28~29頁）。軸根糧食作物必須要在植株開花前，還富含糖類的時候採收。開花之後，軸根就會變得木質化且難以下嚥。

在糖類養分的灌注之下，任何生食菜類的軸根都可以產生新的葉子和莖，取代已被收割的生菜。

細的側根藉由微小的根毛來吸收大部分水分。

深根

軸根可以為植株帶來一些好處。軸根通常能深入土壤，所以能夠獲取淺根植物所不能觸及的水分和養分。像西洋蒲公英（*Taraxacum officinale*）這種雜草，軸根也讓植株難以從土壤移除。經常只有葉子被鏟除，根部則完整留在原地，可以重新長出新的植株。許多軸根可以從土壤中殘留的碎片中重新生長；即便是很小部分的蒲公英根部，也能輕而易舉地重新萌芽。

西洋蒲公英

Leontodon Taraxacum.

支撐結構

「錨定」是所有根系的主要功能之一。對於大多數植物來說，整個根系都是以完全沒入地底來完成錨定功能的。但是在土壤很淺的地方，例如許多雨林當中，有些物種就會產生複雜的地上支撐系統。生長在鬆散和不穩定土壤中的沿岸紅樹林也會如此發展（參見第54~55頁）。「板根」、「支撐根」和「支柱根」都能夠提供堅固的地基，幫助支撐在高處最大最重的林冠。

支撐根系

板根發育在淺層土壤上，而且是主要根系的一部分。相反的，支撐根和支柱根是從根部上方的主莖以及分枝上發育而來。支撐根常見於香龍血樹（Corn plant），支撐細長的莖部，而且通常以層層排列的方式出現。支柱根則是由側枝垂下生長。

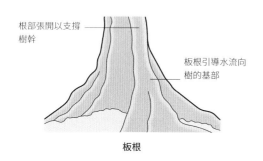

根部張開以支撐樹幹

板根引導水流向樹的基部

板根

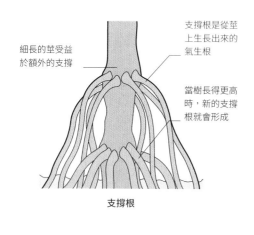

細長的莖受益於額外的支撐

支撐根是從莖上生長出來的氣生根

當樹長得更高時，新的支撐根就會形成

支撐根

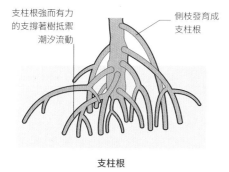

支柱根強而有力的支撐著樹抵禦潮汐流動

側枝發育成支柱根

支柱根

板根

部分地區瀕臨滅絕的紅樹林物種銀葉樹（學名：*Heritiera littoralis*；俗名：Looking-glass mangrove），需要強壯的支撐結構來防禦潮汐浸水。板根以交織的方式生長，產生更大的支撐強度，如果樹冠生長偏向一側時，相對側就會長出更多的板根以加強穩定。

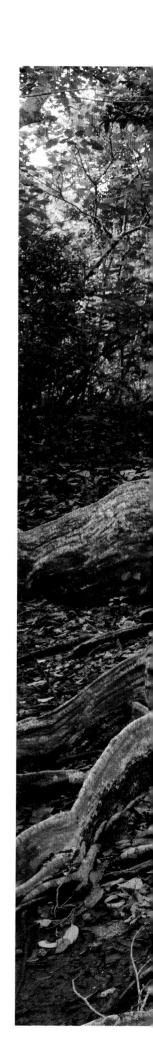

酸性土壤上的繡球屬植物

大多數繡球屬植物都開白花，但繡球花（學名：*Hydrangea macrophylla*；俗名：Mophead hydrangeas）的花色卻是由土壤的酸度所決定的。在pH7（酸鹼值7）以上的鹼性土壤中，繡球花的花色通常是紅色至粉紅色。在低於pH7的酸性土壤中，金屬鋁就會變得可溶，且能被繡球花的根吸收。鋁離子會與花朵中的紅色色素結合，花色會變成藍色。

根部要吸收到如鎂和鐵等足夠的礦物質，才能長出健康的綠色葉子。

生長在沒有鋁元素鹼性土壤中的繡球花，開出的粉紅色繡球花。

生長在鋁元素可以被吸收的酸性土壤中的繡球花，就會開出藍色繡球花。

吸收營養

當根吸收土壤中的水分時，它們還會吸收溶解在水中，有助於植物生長與繁殖所需的重要礦物質。土壤的化學構成因地而異，若缺乏植物所需的關鍵元素，會導致植物生長發育不良或葉子褪色。不過，葉子平常也能儲存過剩的營養物質，供營養短缺的時候使用。

缺鐵

植物需要鐵來製造包含葉綠素在內的重要酵素和色素，葉綠素是光合作用必需的綠色光敏感色素。如果缺鐵，葉綠素就會較少，葉子會變黃，如左頁的繡球花葉子。鐵只有在溶解於水中時才能被根吸收，因此在鐵溶解較少的鹼性土壤中，植物就很容易處於缺鐵的狀態。

食物分配

從土壤中吸收的營養物質，會經由成束的微細管道（木質部），由根部傳送到植物的每個部位，如莖、分枝、葉和花。植物體內最重要的三種礦物質，分別是氮、磷和鉀，它們也是許多園藝肥料的主要成分。

鉀促進開花

氮讓葉子健康

磷刺激根部生長

根吸收並傳送土壤養分

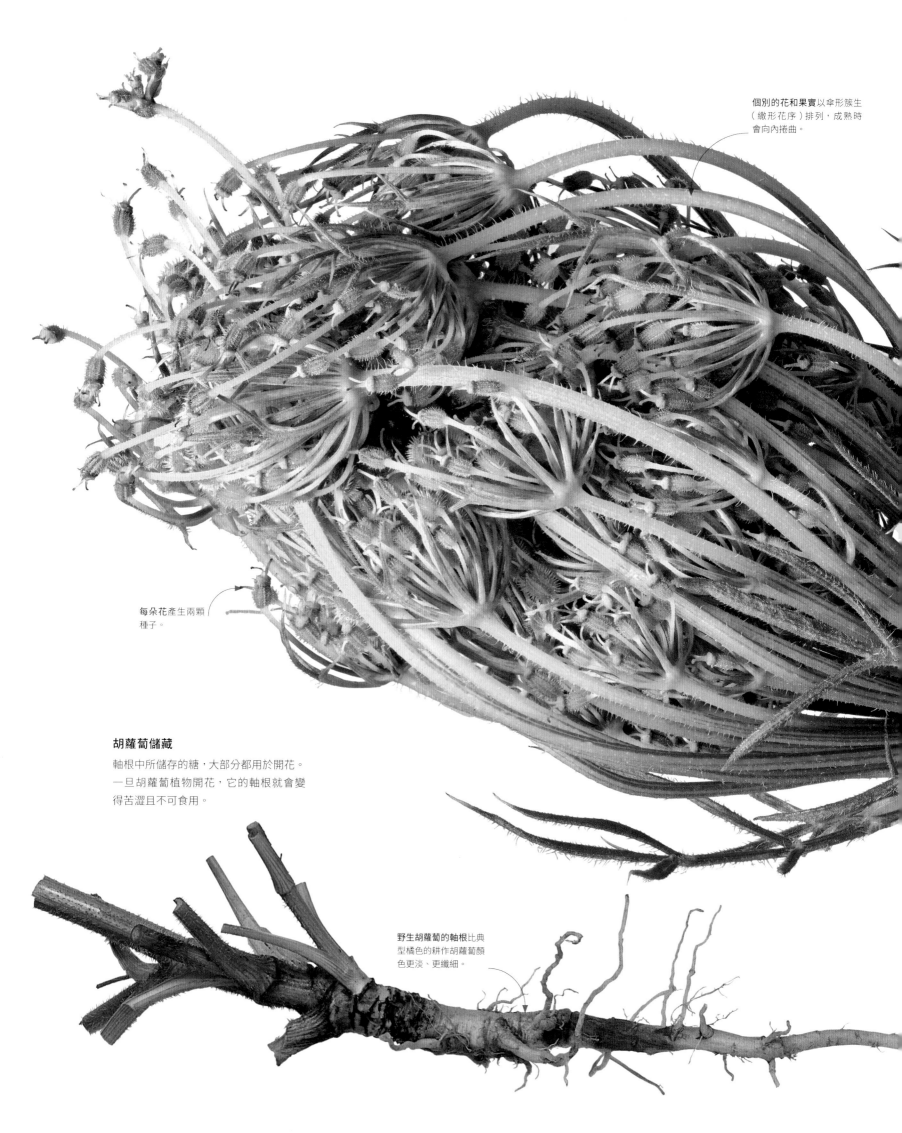

個別的花和果實以傘形簇生（繖形花序）排列，成熟時會向內捲曲。

每朵花產生兩顆種子。

胡蘿蔔儲藏

軸根中所儲存的糖，大部分都用於開花。一旦胡蘿蔔植物開花，它的軸根就會變得苦澀且不可食用。

野生胡蘿蔔的軸根比典型橘色的耕作胡蘿蔔顏色更淡、更纖細。

分枝又披毛的苞片在胡蘿蔔花頭下延伸，可能有助於種子在風中散播。

長出兩片子葉的胡蘿蔔幼苗

開花並耗盡根部的儲備物

在新葉子下發展出一個軸根

由葉子所生產的食物會被儲存在根部

第二年之初，根就會開始釋放儲備物

貯藏系統

繁殖需要很多精力。開花、產生含糖花蜜與種子，都需要植物的大量投資。二年生植物（只能活兩年的植物）會花整整一年的時間，在第二年開花之前建立碳水化合物儲備。一旦種子落下，枯竭的植物就會死亡。許多二年生的塊根農作物將養分儲存於軸根之中，但在養分用於開花之前，農民就會介入並收穫營養豐富的根。

變粗的花莖將碳水化合物從軸根傳送出來。

給種子的食物
一旦軸根釋出了儲備能量，而且胡蘿蔔也已經開花，那麼種子就會在捲曲的花序內部發育。當果序被風吹拂時，種子會脫離散落開來。此時，軸根會因為生產數百顆種子，而耗盡能量並變得皺縮。

胡蘿蔔的軸根長得又長又肥，而且通常不會分枝。

自然印象

十九世紀法國印象派畫家，抗拒學院繪畫的約束和規則，沉浸在自然世界中，並將畫架移到戶外創作。他們以清新自發的方式，描繪對景觀光影變換的短暫印象。後印象派畫家將這種方法更進一步發揚光大。受到他們在自然界當中所見到的幾何形狀與絢麗色彩所啟發，創作出充滿活力且具表達性、鮮豔又半抽象的作品。

梵谷（Van Gogh）和塞尚（Cezanne）等後印象派畫家採用了簡化的繪畫方法，鮮少嘗試寫實主義畫風，並發展出自己的視覺語言。他們對法國南部景觀的畫法，強調了大膽的線條、幾何形狀以及明亮色彩，為二十世紀的抽象藝術家們鋪設了追隨的道路。

梵谷在大自然中作畫，採用強烈色彩和強大筆觸來表達對自然景觀的情緒。在尋覓現代藝術方法的過程當中，他受到日本版畫的極大影響，這些版畫大膽勾勒出形狀與色彩，平坦廣闊地呈現。他來自法國南部的信件中充滿了歡樂，相信自己找到了「梵谷式的日本」，他狂熱地描述：「一片滿是黃色毛茛的草地，一條有帶著綠葉鳶尾植物的溝渠……一抹藍天。」他看著柏樹入迷，而且對於沒有人畫過像現在他所見的這些樹而感到驚訝。

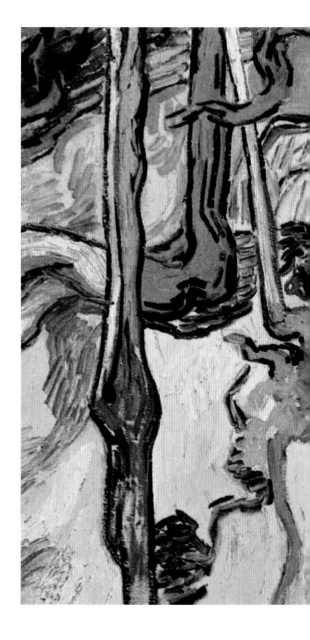

〈樹根〉（ Tree Roots ），1890 年

這幅梵谷的油畫，乍看像是一堆明亮的色彩和抽象形體。事實上，這是一幅描繪採石場坡上生長的粗糙樹根、樹幹和大樹枝的習作局部。顏色顯然很不真實。它是在梵谷去世之前的那個早晨所畫的，而且尚未完成，但它的活力令人驚訝：充滿了陽光和生命。

66 我會永遠愛這裡的自然事物，就像日本藝術一樣，一旦你愛上它，你就會死心塌地。 99

梵谷，《梵谷書信集》（ Letter to Theo Van Gogh ），1888 年。

日本的影響

〈柏樹〉，這個多彩的金箔屏風，是由日本狩野派的主要藝術家狩野永德於約1590年時所繪製。構圖、旋轉、有表達性的線條，以及平坦廣闊的強烈色彩，是影響梵谷的典型日本藝術風格。

三葉草的拉丁名稱就是根據它的三片葉子而命名。

三葉草莖和葉子為食草動物提供了有用的蛋白質。

使土壤富饒

農民種植紅三葉草（學名：*Trifolium pratense*；俗名：Red clover）做為覆蓋作物，以保護在冬季當中裸露的土壤表面免受侵蝕、養分枯竭。三葉草可以利用氮，所以生長旺盛。春天時，三葉草會被犁回土壤當中，讓土壤能夠有豐富的氮元素供給作物。這些特性使三葉草在輪作系統中，被視為理想的栽種植物。

三葉草花是蜜蜂和其他
昆蟲的重要花蜜來源。

固氮豆科植物

許多不同的植物可以將大氣中的氮
固定成它們可吸收的形式，包括沙
棘（學名：*Hippophae*；俗名：Sea
buckthorn）、加州丁香花（學名：
Ceanothus；俗名：California lilac）和
赤楊（學名：*Alnus*；俗名：Alder）。
然而，最常見的是豆科植物，包
括豌豆、菜豆、和三葉草類，如
地果三葉草（右圖。學名：*Trifolium
subterraneum*）。豆科植物的根瘤住有
幾種不同種類的細菌，這些細菌統稱
為「根瘤菌」，對固氮作用很重要。

鮮綠色的葉子表示有充足的氮
供應；缺乏氮會導致黃化。

固氮作用

氮是蛋白質（生命重要的基礎材料）的主要成分，也是植物不可或缺的元
素。雖然空氣中含有豐富的氮氣，但整體而言，大氣中的氮不具活性且
無法被直接利用，因此植物用根來吸收土壤中的含氮化合物，以得到氮
元素。然而，有一些植物能夠與細菌一起合作來吸收大氣中的氮，並將
其轉化為可被利用的化合物，這些植物即被稱為「固氮植物」。

根部的根瘤

因為細菌和宿主植物之間的共生關係，植物才能
夠固氮。固氮作用發生在植物根部一種被稱為
「根瘤」的特化結構中，根瘤是在細菌侵入植物
根毛的皮層（外層）時，所觸發形成的。在根瘤
內，細菌會產生一種稱為「固氮酶」的酵素。固
氮酶可以將氣態氮轉化為能被植物利用的可溶性
氨，而植物會提供細菌糖類養分來做為回報。

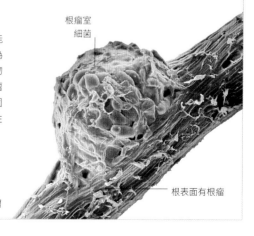

根瘤室
細菌

根表面有根瘤

在豌豆根部上的根瘤

毒蠅傘

真菌在大多數植物的生命中扮演著至關重要的角色。許多植物已經演化發展出與某些真菌擁有共生關係，這樣的真菌被稱為「菌根菌」，毒蠅傘（學名：*Amanita muscaria*；俗名：the Fly agaric）就是其中之一。在這種關係當中，植物提供碳水化合物給真菌，真菌則回報以額外的水分和營養物質。

毒蠅傘原生於北半球的大部分地區，也遍布整個南半球。大多數看過毒蠅傘的人，都對其色彩鮮豔的子實體（也就是通稱的「蘑菇」）留下深刻印象。子實體的菌傘顏色從鮮紅色到橘黃色都有，通常傘面上會有白色的疣狀物。子實體一旦釋放孢子，就會開始腐爛。

藉由真菌生長在地底下的菌絲體，毒蠅傘在針葉林和落葉林的生態中扮演著非常重要的角色。這種蔓延且遍布於整個土壤中的大量毛髮狀結構（菌絲）可與多種樹木的根部形成共生（互益）關係，包括松樹、雲杉、雪松和樺樹。有些真菌的菌絲會穿透樹根細胞，但毒蠅傘的菌絲卻會在樹根的表面形成一層保護鞘覆蓋整個樹根，避免致病微生物傳染，同時也幫助將營養物質與水分由其他地方傳送到根部。

受益的樹則回報以藉由光合作用所產生的糖類。因此，尋找毒蠅傘的最佳地點就在樹木基部的土壤。

由於這種真菌可與許多不同樹種共生，所以現在即使不是原生地，也可以發現毒蠅傘的蹤跡，原因可能是它依附在待移植的樹苗根部，並跟著離開了原生地。一些專家擔心毒蠅傘可能會因此與當地重要的菌根菌競爭，並將原生種真菌驅除。（編註：欲了解更多真菌相關科普知識，請參考積木文化出版《菇的呼風喚雨史》。）

有毒蕈類

毒蠅傘能產生一些不同凡響的化學物質混合物，這些混合物既可以幫助毒蠅傘分解土壤中的養分，也可以避免它被吃掉。

小小的白色疣狀物是一層菌幕組織的殘餘物。當菌傘由地底下冒出來的時候，菌幕發揮了保護菌傘的功能。

菌柄周圍的裙狀組織環與菌傘，可以做為識別毒蠅傘的特徵。

菌絲會包圍宿主樹的根，並能在不穿透根細胞壁的情況下，在根細胞之間生長。

冰山一角

蘑菇，如跨頁圖，只是一個繁殖構造。真菌的其餘部分生活在地下，由無數髮狀的構造組成，稱為「菌絲」。

沉重的花穗依靠
深根來支撐。

深掘就為了開花

收縮根將鱗莖牢固地錨定在土壤
中，有助於支撐植株冒出地面開
花時的重量。

鱗莖也同時在地下繁
殖，產生新的植株。新
植株是親代的複製體。

收縮根

根為植物提供錨定的功能，可以使植物在任何天氣下仍堅守在原來的位置。
但有些植物，可以使用特殊適應的根，來改變它們在土壤中的位置。例如
「收縮根」藉由收縮和伸長，將植物拉進土壤中更深的地方，而且這些植物
通常都具有「鱗莖」、「球莖」或「根莖」（參見第87頁）。除此之外，也有
很多其他植物具有收縮根，包括有軸根的植物。藉由插入土壤，收縮根提供
了更大的穩定性，並確保成熟的鱗莖可以達到正確的深度。

尋找正確的深度

球根植物會以近土壤表面的幼苗開始生
長。然而，如果發育中的鱗莖停留在離
土表太近的位置，不僅會暴露在極端溫
度中，也會被太陽曬乾，或被動物吃掉。
而土壤深處的環境條件相對穩定，為了
保護自己，收縮根會逐漸將發育中的鱗
莖向下拉。收縮根會在伸展之前變寬，
將周圍的土壤推開，形成一個能讓鱗莖
順利進入的通道。

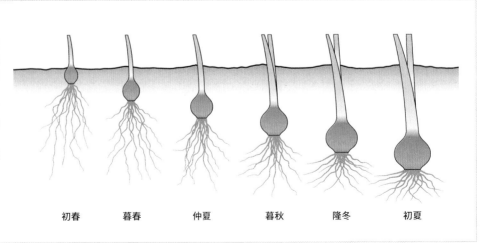

初春　　　暮春　　　仲夏　　　暮秋　　　隆冬　　　初夏

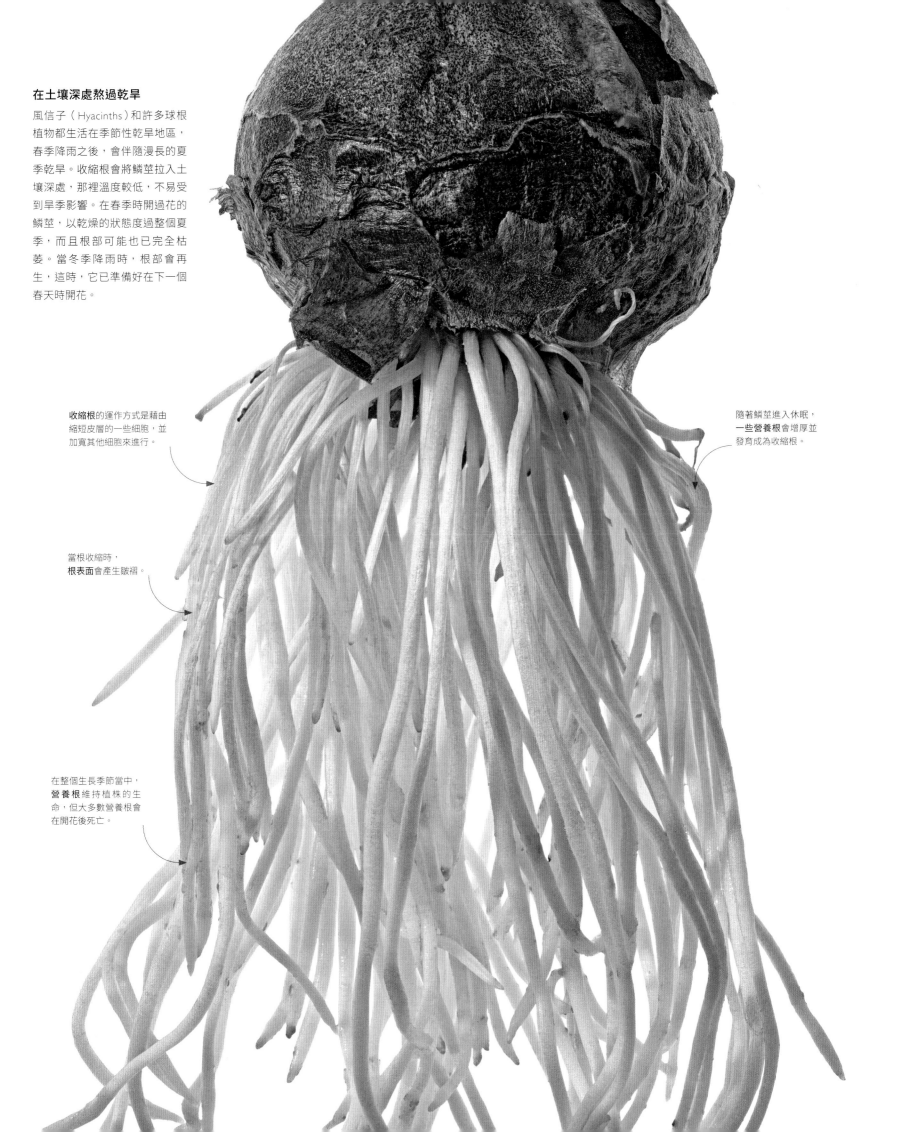

在土壤深處熬過乾旱

風信子（Hyacinths）和許多球根植物都生活在季節性乾旱地區，春季降雨之後，會伴隨漫長的夏季乾旱。收縮根會將鱗莖拉入土壤深處，那裡溫度較低，不易受到旱季影響。在春季時開過花的鱗莖，以乾燥的狀態度過整個夏季，而且根部可能也已完全枯萎。當冬季降雨時，根部會再生，這時，它已準備好在下一個春天時開花。

收縮根的運作方式是藉由縮短皮層的一些細胞，並加寬其他細胞來進行。

當根收縮時，**根表面**會產生皺褶。

在整個生長季節當中，**營養根**維持植株的生命，但大多數營養根會在開花後死亡。

隨著鱗莖進入休眠，**一些營養根**會增厚並發育成為收縮根。

白色漿果吸引鳥類來訪，
好將種子散布到其他樹上。

氣生根

附生植物生活在樹冠上，或棲息在高處的樹枝上，需要
一種特別的根來固定它們。「氣生根」會沿著莖長出，
並附著在任何接觸到的表面上。與直接接觸土壤的地棲
植物的根不同，氣生根特別適合從霧、露和雨水這類來
源中擷取水分。在某些情況下，氣生根會變綠，並可進
行光合作用，製造食物（參見第129頁）。

附生植物的葉子比起生活
在森林地面上的植物，能
接觸到更多的陽光。

樹梢旅行者

珍珠花燭（學名：*Anthurium scandens*；俗名：Pearl
laceleaf）是一種附生植物，它會沿著樹枝攀爬，長出
大量的氣生根，大大擴展領土。大量的根不僅能使植
物固著在適當位置上，還能增加吸水量。

氣生根與水分

所有根的表面，都包覆有保護性表皮層，但某些氣生
根的保護性表皮特別厚，且有許多層。這種表皮被稱
為「根被」，能迅速吸收水分，並在潮濕的時候變透
明，如此一來，位於根被下方的任何綠色細胞就能接
收陽光並進行光合作用。根被也會保護這些光敏感細
胞避免受到紫外線的輻射傷害。

乾燥時的氣生根呈
白色，濕潤的氣生
根會變成綠色。

根被像海綿一樣
吸收水分

外皮層控制水流

皮層細胞可能進行
光合作用

韌皮部細胞傳輸
食物

木質部細胞傳送
水分

髓部細胞儲存養分

榕屬植物（*Ficus* sp.）

絞殺榕

部分榕屬樹木，演化出一種生長在其他樹上，並最終將那些樹給勒斃的生活方式。許多不同的榕屬物種都會表現出絞殺者的生活型態。雖然這給人不太好的觀感，但絞殺榕仍然是熱帶森林的重要成員。

絞殺榕（the Strangler fig）的生命始於動物將其微小種子，帶到宿主的樹枝上。發芽後，幼苗的根部會深入樹枝上的任何堆積物當中，並沿著宿主的樹幹蜿蜒前行，尋找更多營養物質。一旦接觸地面，絞殺榕就會從無害的附屬植物，變成致命的寄宿者。絞殺榕的根會越長越大，像木質化的蛛網一樣，直到它們將宿主絞殺為止。

一開始，絞殺榕可以藉由它們的根，為宿主提供一些保護，防止宿主在熱帶風暴中被連根拔起，但這種好處只會維持到絞殺榕勒斃宿主為止。

空心的勝利

死亡的宿主腐爛後，留下勝利的絞殺榕。曾經提供支撐的根，成了前任宿主的空心鑄造物。其內部空間是鳥類、昆蟲和蝙蝠的安全棲息地。

絞殺榕能產出大量的肉質隱花果，也就是花開在內部的倒置花序（隱頭花序），由榕果小蜂負責授粉。雌蜂會鑽入隱花果，並在隱頭花序內的胚珠附近產卵，同時也在雌花之間散播來自不同榕果的花粉。榕果小蜂在榕果裡出生、進食和交配。受精後的雌蜂，會帶著雄花的花粉，遠離眾雄蜂，飛到另一個榕果，在那裡開始新的生命週期。榕果小蜂能替足量的花授粉，因此長出的果實內含有大量可生長發育的種子。接著，幸運的話，某隻生活在樹上的動物會吃掉果實，並在另一棵樹上留下種子，繼續絞殺榕的生活史。這種生活型態使榕屬植物的種子有機會在靠近樹冠層的位置發芽，那裡能夠接收到比森林地面更多的陽光，有利於生存。

甜蜜果實

營養豐富的絞殺榕果實，被各種動物採食。動物們攜帶種子遠離親代樹，將種子從糞便中傳遞出去。

榕屬植物果實中充滿了種子，這些種子在果實被採食和消化後，仍然可生長發育。

生活在空氣中

空氣鳳梨是鳳梨科（學名：*Bromeliaceae*；俗名：Pineapple family）植物的一員，具有只要在新鮮空氣中就能茁壯成長的能力，因得此名。與大多數依賴根系從土壤中吸收水分的植物不同，它可以藉由葉子上的鱗片來吸收空氣中的水分。空氣鳳梨是空氣鳳梨屬（*Tillandsia*）的成員，雖然同屬的其他物種都有根，但它們的根主要是為了將植株固定在樹枝或岩石上。

空氣鳳梨的葉子上覆蓋著銀色盾牌狀的鱗片，這些鱗片可以從森林裡又熱又潮濕的空氣中吸收水分。

在樹冠上的生活

附生植物棲息在其他植物上面。不同於寄生植物，它們不會從宿主身上吸取養分，只因生活在熱帶雨林中的高處樹枝上而受益。在那裡，附生植物可以獲得比在地面上更多的陽光。除了空氣鳳梨，許多蕨類植物、蘭花和其他鳳梨科植物也都生活在高高的樹梢上。

豐富多彩的苞片包圍著空氣鳳梨的花，並且吸引蜂鳥以及其他的傳／授粉者。

葉子的鱗片潮濕後會變得透明，銀色的葉子因此變成綠色。

粗硬的根

絲般輕柔的毛

空氣鳳梨的花能產生許多種子，種子上有纖細如絲一般的毛。這些毛可以讓種子在風中飛行，然後降落在可以固著和生長的樹枝上。

屋頂空氣鳳梨，或稱「雞毛撢子」（*Tillandsia tectorum*）

空氣鳳梨的宿主

空氣鳳梨常見生長在樹枝或岩石上。
小一點的物種可以黏附在脆弱的小樹枝上，而在城市裡，它們甚至可以固定在電線杆和空中電纜上。空氣鳳梨的種子最容易卡入如樹皮這樣粗糙表面的裂縫中。

窄葉空氣鳳梨，或稱「紫水晶」
（*Tillandsia tenuifolia*）

紫花空氣鳳梨，或稱「小精靈」
（*Tillandsia ionantha*）

寄生植物

雖然大多數植物藉由光合作用生產自己的食物，但也有一些投機取巧者。寄生植物直接從其他植物獲取食物，利用被稱為「吸器」（haustoria）的特化根來侵入宿主組織，從中偷取水和碳水化合物。一些植物，如槲寄生（學名：*Viscum album*；俗名：Mistletoe），會附著在宿主的莖和分枝上，而另一些寄生植物則依賴宿主的根系而活。有些寄生植物只有在與宿主相連時才能生存，也有的能夠獨立生存。

紅療齒草（或稱普通療齒草）（學名：*Odontites vulgaris*；俗名：Red bartsia）可以寄生在很多不同的物種上。

半寄生植物

黃鼻花和紅療齒草這類的寄生植物雖然有綠葉，而且可以自己生產食物，但它們會從宿主那裡竊取水分。這些「半寄生植物」也可能會小量地竊取碳水化合物，來補充其自身的供應。

黃鼻花，或稱「小鼻花」（學名：*Rhinanthus minor*；俗名：Yellow rattle）是半寄生植物，不需要宿主植物也可以存活。

只有雌株上會長出**蠟質接近白色的漿果**，它們很受鳥類青睞，但對人類來說有毒。

皮質橢圓形的葉子成對形成。

樹梢寄生植物

雖然槲寄生的綠葉完全有能力行光合作用，但它還是會從宿主身上竊取水分和養分。

槲寄生

槲寄生深根於神話與民間傳說中，在聖誕節期間，它還能代表一個吻。槲寄生的習性令人著迷：這種寄生植物生活在不同的落葉樹上，可能阻礙宿主樹生長，導致其畸形，但是鮮少會殺害宿主。因為，如果宿主樹死了，槲寄生也無法存活。

槲寄生沒有自己的根，取而代之的是被稱為吸器的特化構造，這個構造會侵入宿主的維管組織吸收水分和養分。槲寄生生長緩慢，因此健康的樹木可以忍受一些槲寄生植物，而不會有什麼不良影響。然而，有嚴重槲寄生群襲的樹木，可能會變得虛弱，如果再加上疾病、乾旱或是極端溫度變化的額外緊迫，就會很難存活。

鳥類是槲寄生的重要傳播者。槲寄生的小花被授粉之後，就會產生許多白色至黃色的漿果。鳥類喜歡吃這些漿果，但由於牠們只能消化果肉，所以會邊吃邊挑除有毒種子。吃完漿果，鳥兒會利用樹枝把沾黏在嘴喙邊緣的種子擦掉。漿果肉具黏性，而且會逐漸變硬，能使種子牢牢黏在樹枝上。接著，種子長出吸器侵入宿主中，以完成槲寄生的生命週期。

雖然是寄生性植物，槲寄生在生態系中發揮著重要的功能。槲寄生的種類很多，而且每一種都是鳥類和昆蟲的重要食物來源。這些動物的出現也會吸引更多野生動物，現在我們清楚地知道，槲寄生的確有助於增加其原生棲息地的生物多樣性。此外，槲寄生對宿主樹木有其偏好，有助於防止那些樹種過度優勢，而損害到其他種類的樹木。

冬季的槲寄生

常綠槲寄生在冬季最容易被發現，當其密集叢生到達1公尺寬的時候，就可以看到它們在光禿禿的樹枝上搖晃。每叢槲寄生都是一個由許多規律分岔所組成的單獨個體。

在缺氧土壤中的根

被水淹沒的土壤會缺氧。水生植物的莖是空心的，能讓空氣能夠向下到達根部。一些位於被稱為「根際」區域內的空氣會逸出，並於根與根莖周圍的土壤進行通氣。

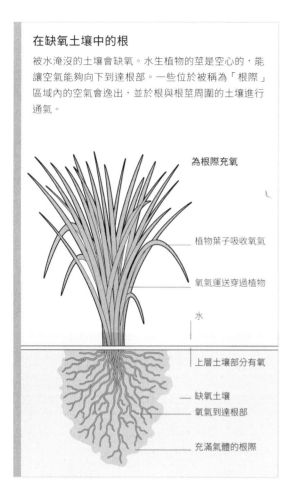

為根際充氧

植物葉子吸收氧氣

氧氣運送穿過植物

水

上層土壤部分有氧

缺氧土壤

氧氣到達根部

充滿氣體的根際

木賊的莖富含二氧化矽，這種礦物質使它們粗糙不美味，可防止動物採食。

堅固的垂直脊為空心的莖提供支撐。

微小的葉子在節點處皺縮，形成鋸齒環狀鞘。

史前植物

木賊屬植物（*Equisetum*）或稱作馬尾草（Horsetails），生長在包含會季節性淹水的潮濕地區已有3億多年。今日的品種是縮小版，它們的祖先甚至可以長到直徑 1 公尺粗。

水中根

所有植物細胞都需要氧氣才能生存，因此對於水生植物而言，將空氣運送至其沒入水中的根是至關重要的。具有海綿狀結構的空心通道，被稱為「通氣組織」，貫穿水生植物的葉、莖還有根部組織。這些通道讓空氣可以從水面上方流到水面下方的空腔中。

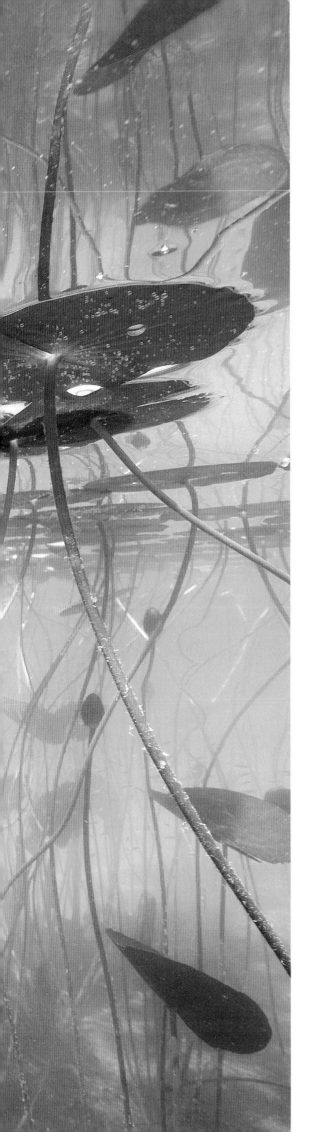

睡蓮屬植物（*Nymphaea* sp.）

睡蓮

睡蓮（學名：*Nymphaea*；俗名：Water lilies）的葉子以優雅的姿態躺臥在水面上，而它們的花以微妙的色彩點綴著。DNA研究顯示，睡蓮是所有開花植物中最古老的譜系類群之一。

睡蓮屬植物已知有六十多種，分布於熱帶和溫帶地區。除了鮮為人知的無油樟（*Amborella*）之外，睡蓮屬植物與所有其他被子植物都有親緣關係，是一個用數百萬年所寫的演化成功故事。看著睡蓮池，很容易將睡蓮誤認為浮水植物。事實上，睡蓮的葉子附著在長而細的莖上，而這些莖是由深埋在泥中的厚根莖長出的，葉子借助細胞之間堆積的大氣囊來漂浮。

水上的優雅

睡蓮在全世界的水生花園中，已被視為最重要的嬌客。但如果它們逃到野外，經常會排擠本土植物，打亂許多水生生態系統的微妙平衡。

當睡蓮要開花時，雌花（柱頭）會先成熟，碗狀柱頭裡充滿了黏稠液體，這些液體中含有吸引如蜜蜂和甲蟲這一類昆蟲的化合物。當這些昆蟲爬進花中尋找甜蜜獎賞時，來自其他睡蓮的花粉就會從昆蟲身上掉進柱頭，為花授粉。但一些昆蟲在這個過程中會被「獎賞」淹死，不過，牠們的死活，對睡蓮而言一點影響也沒有。

第一天結束後，花會停止產生液體，並在晚間閉合，而雄蕊會在未來的一、兩天變得活躍，釋放花粉讓昆蟲收集並遞送到其他花朵，繼續循環。當花最後一次關閉後，莖會退縮，將花苞拉回水下，使發育中的種子更接近底泥，以利發芽。

雄花和雌花在不同的時間成熟，能減少自花授粉的機會。

綻放中的花苞

睡蓮的花要冒出水面上才能被授粉。一旦授粉成功後，它們就會退回水面下，給種子提供更好的發芽機會。

根如何呼吸

潮汐區紅樹林的根，每天都會被淹沒在水裡以及露出水面兩次，它們腳下的土壤是無氧的（只含有很少或是沒有氧氣）。為了呼吸，有一些物種發展出可以垂直延伸的根系，稱為「呼吸根」，其作用類似於水下呼吸管。它們藉由在表面被稱「皮孔」的孔洞吸收空氣，並將空氣輸送到根部。

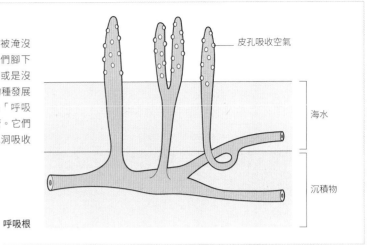

皮孔吸收空氣

海水

沉積物

呼吸根

呼吸根

海邊沿岸水域的淺水區，是最具挑戰性的植物棲息地之一。潮汐和風暴潮會使它們的根不斷露出水面，海底的軟質沉積物能提供的錨定作用很小。鹹水也會使植物的組織變乾，而且根和莖會因為沒入水中而缺氧。紅樹林是少數可以在這種環境中茁壯成長的樹木和灌木之一，而它們所形成的森林，可以保護沿海社區免受風暴和侵蝕之苦。

呼吸根是根的延伸物，它們能透過關斬將穿出沼澤地。

錨定的根

為了抵禦潮汐的拉扯，並在熱帶風暴中存活，一些紅樹林發展出覆蓋範圍很廣的支撐網路。這些支撐網路不僅可以將植物固定在薄土中，還可以減緩水流，好讓根部周圍保有更多沉積物。

呼吸空氣，排除鹽分

紅樹林的根部可以在退潮期間，藉由它們的呼吸根進行呼吸。有些物種也可以從根部排除鹽分，其根部的膜就像過濾器，讓水進入的同時將有害的鹽分排除在外。

紅樹屬植物（*Rhizophora* sp.）

紅樹林

生活在鹽水中，對植物來說是一個巨大挑戰，但紅樹林已成功克服了。在所有被稱為紅樹林的樹木和灌木當中，只有相對少數才是「真正的紅樹林」，也就是那些只生活在鹹水棲息地的樹木和灌木，例如各種紅樹屬植物。

鹽的脫水效應以及淡水的缺乏，使得沿岸成為不適合居住的地區。紅樹屬的紅樹林藉由過濾鹽分來解決這個問題。坐落在又長又細根部之上的樹木，構成紅樹林的獨特外觀，而這些樹根也是紅樹林的生存之道。進入根部的水，會通過一系列細胞過濾器來去除鹽分，讓樹木獲得源源不絕的淡水。因為部分根部使終保持在水面上，紅樹林也能夠交換二氧化碳和氧氣，避免窒息（參見第53頁）。

紅樹屬的紅樹林是守護沿岸生態（包括人類和動物群落）的重要角色。它們的根緊緊抓住沙子，避免沙土流失，減緩海岸侵蝕，並降低海浪衝擊的強度，保護和建立海岸線不被沖走。紅樹林也有助於保護聚落和野生動物免受颶風和熱帶風暴的影響，而且為許多類型的鳥類提供重要的採食和築巢地點。

紅樹屬的紅樹林依靠海洋的落潮流（退潮流）來移植到新地點。這些樹是胎生的，也就是說它們的種子在散布之前就已經在樹枝上發芽。魚雷形狀的幼苗不是掉落插入親代樹根附近的沙子中，就是隨著潮汐漂浮到海上，幸運的話，幼苗可被沖到距離遙遠的海灘，準備開始長成一片新的森林。

漲潮時的紅樹林
無數魚類在大片盤根錯節的紅樹屬植物根部附近產卵，牠們的後代在這些森林的保護之下長大。

即便是在漲潮時，**根的頂部**也總是保持在水面上。

低潮紅樹林
這棵美國紅樹林（學名：*Rhizophora mangle*；俗名：Red mangrove）的支撐根，在巴哈馬群島的鹹水潟湖中彎曲呈弧形，向下伸入沙中。根的最上部從未被水淹沒；因此氣體交換可以持續發生，使光合作用和呼吸作用能夠進行。

莖與分枝
Stems and Branches

莖。植物或灌木的主體或柄，通常生長
在地上，但偶爾會隱藏在地下。

分枝。從樹幹或植物主莖長出的枝條。

莖的不同類型

莖是植物的骨架，與根、葉、花和果實連結在一起，並支撐著它們。莖內有一個循環系統，能在整株植物中移動水分和食物。莖的結構樣貌多樣，從雄偉的樹木、彎成拱形的藤蔓，到鋪展的地毯與地下根莖；而尺寸從微型苔蘚鐵線般的莖，到紅木森林的粗壯樹幹皆不足為奇。

堅硬與柔軟的莖

次級生長增厚，是莖產生木質組織的過程，這使它們可以變得更大更強壯。然而，許多非木本的植物，它們柔軟的草本莖只能持續單一個生長季節。

節間包含有海綿狀髓心和富含糖分的液體。

強壯直立的秀貴甘蔗莖可以長到5公尺（15英尺）高。

堅硬的莖是這種高大草本植物支撐自身所不可或缺的。

常春藤幼苗莖柔軟而有彈性，有助於攀爬；隨著時間增長會木質化。

乘載著花朵或是花頭（或之後形成的果實）的莖被稱為「花序梗」。

冰島罌粟（學名：*Papaver nudicaule*；俗名：Icelandic poppy）

秀貴甘蔗（學名：*Saccharum officinarum 'ko-hapai'*；俗名：Sugar cane）

常春藤（學名：*Hedera helix*；俗名：Common ivy）

樹皮保護木質莖免受
損壞、水分流失和破
壞性昆蟲的侵襲。

從莖到分枝

隨著木質部的層層積累，莖會變
得更強壯厚實。世界上最高的植
物就是有木質莖的樹木。

木質莖很耐久，植株
可以存活多年。

歐洲榛的迴旋狀的莖是遺傳
異常所造成，在野外的樹籬
間首次被發現。

歐洲榛（學名：*Corylus
avellana 'contorta'*；俗名：
Corkscrew hazel）

歐洲白樺（學名：*Betula
pendula*；俗名：Silver birch）

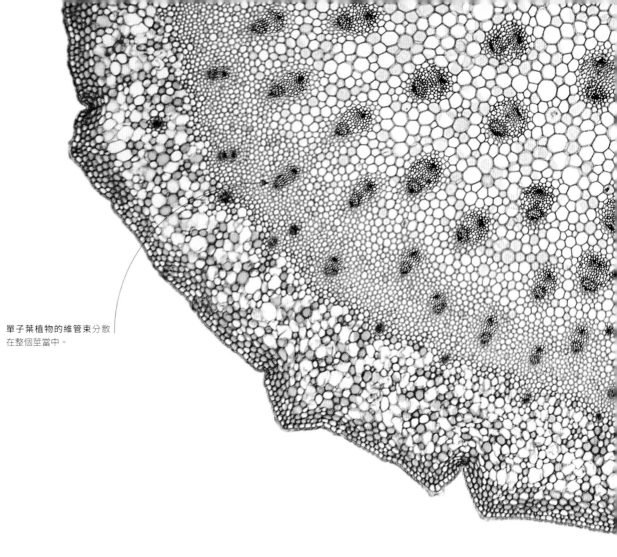

單子葉植物的維管束分散
在整個莖當中。

莖的內部

所有莖都有兩個關鍵功能:「支撐」和「運輸」。它們將葉子高高舉
起,讓它們吸收陽光,然後運輸葉子所產生的碳水化合物到整株植
物。水和礦物質也從根部藉由死細胞形成的木質化木質部組織往上
運送,其他養分和物質則由莖周圍的活韌皮部細胞運輸。

莖與維管束

木質部和韌皮部細胞被包覆在一起形成維管束。在開
花植物中,維管束在莖中的排列依植物是單子葉植物
或真雙子葉植物而有所不同(參見第15頁)。在單子
葉植物中,維管束分散在莖的核心,但在其他所有真
雙子葉的開花植物中,維管束排列成圓形。樹木就是
個清晰的例子:隨著時間推移,大多數樹木會在樹幹
中形成許多環,但屬於單子葉植物的樹,如棕櫚樹,
就從來不會形成環狀構造。

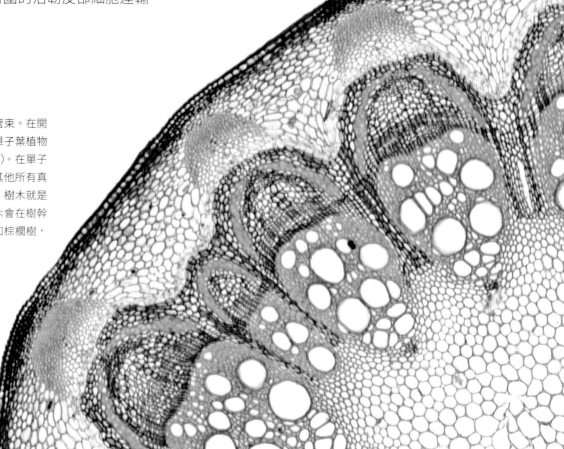

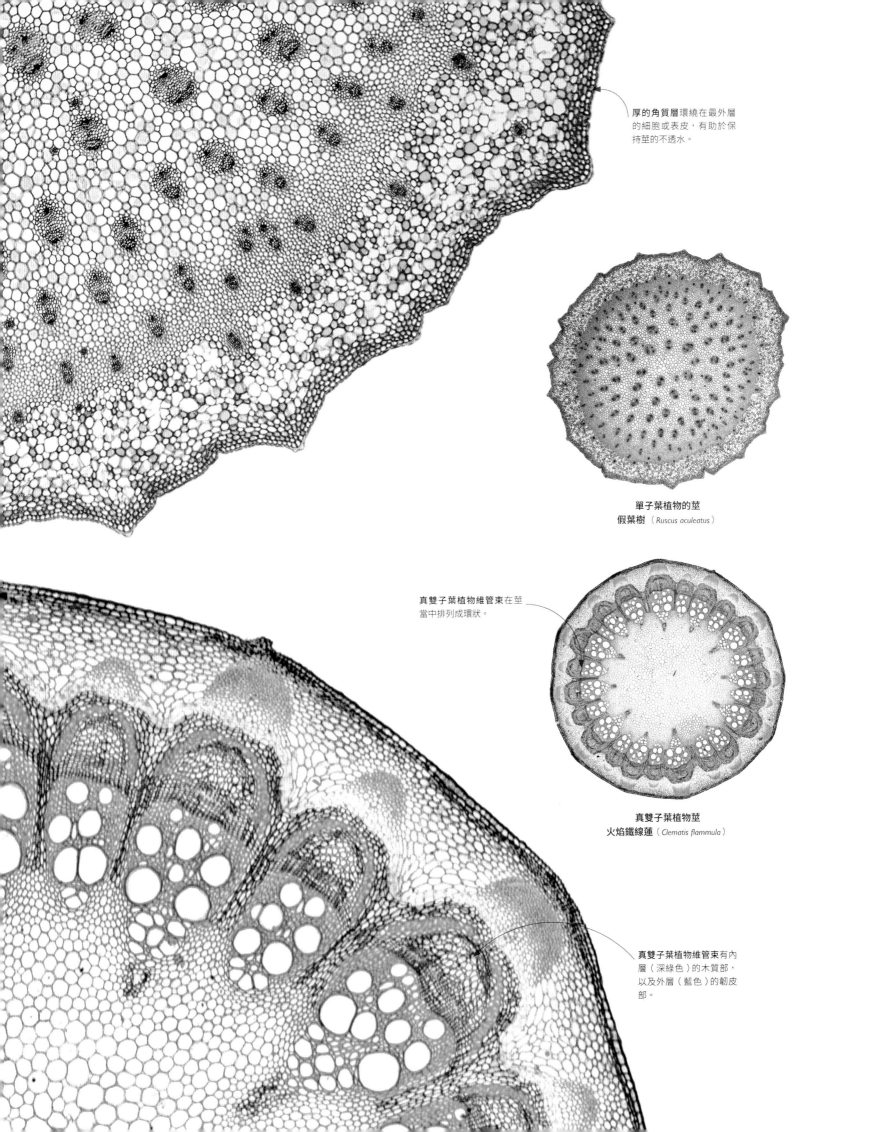

厚的**角質層**環繞在最外層
的細胞或表皮，有助於保
持莖的不透水。

單子葉植物的莖
假葉樹（*Ruscus aculeatus*）

真雙子葉植物維管束在莖
當中排列成環狀。

真雙子葉植物莖
火焰鐵線蓮（*Clematis flammula*）

真雙子葉植物維管束有內
層（深綠色）的木質部，
以及外層（藍色）的韌皮
部。

〈草地〉（*Great Piece of Turf*），1503年

杜勒（Albrecht Dürer）細膩的水彩畫作，這幅日常叢生的青草和雜草堆的張力來自杜勒對事物的細微觀察，有如棲息在草地裡的昆蟲和小生物眼中所見。巧妙的自然主義風格搭配簡單的背景，畫作當中描繪了一系列完美呈現的植物物種，包括雞腳茅（Cock's foot）、康穗草（Creeping bent）、草地早熟禾（Smooth meadow-grass）、雛菊（Daisy）、蒲公英、石蠶葉婆婆納（Germander speedwell）、大車前草（Greater plantain）、狗舌草（Hound's-tongue）、愚人水芹菜（Fool's watercress）和西洋蓍草（Yarrow）。

藝術創作中的植物

自然的文藝復興

在文藝復興時期的兩百年裡，求知慾與人類的創造力似乎無窮無盡。藝術家研究雕塑和人體解剖學，用數學解決直線透視的問題，完全準確地再現植物生命和景觀的自然世界。他們的植物素描和水彩畫因其自然主義而聞名於世。

小心翼翼的習作

達文西對植物和樹木的細膩粉筆和蠟筆速寫創作，經常是為大型作品而做的預備習作，同時也是他研究植物科學的重要過程。

歷史上，草本植物中，被進行研究、以插圖畫下的（參見第140~141頁），常是用於鑑定。中世紀藝術家描繪的花朵，如百合（表示純潔），替宗教繪畫增添象徵意義，在義大利藝術家達文西的早期作品中也可以見到。然而，在十五世紀後期，自然的「再發現」對文藝復興時期的藝術產生巨大的影響。它激發了達文西藉由對植物物種的仔細觀察，以及對植物學本身的科學研究，來加強他偉大作品的基礎，讓作品引入了一個新的自然主義的風貌。

他的作品是另外一位文藝復興時期的巨擘——德國藝術家杜勒的靈感來源。

杜勒是油畫、木刻和版畫大師，以其彌賽亞的自畫像以及神話和宗教主題具有幻想的作品而聞名，但他的私人作品卻有完全不同的風格。少數安靜又觀察入微的自然水彩習作，可能是他為了透過這些風格，來為宗教繪畫增添真實感的練習，包括這一小片未開墾過的夏季草地，一個自然世界的豐富微型生態池。

〝……我了解到，遵循自然的原始樣貌是最好的作法，因為『簡單』就是藝術中最了不起的裝扮。〞

阿布雷希特‧杜勒，《給宗教改革領袖，菲利普‧梅蘭希頓的信》（*Letter to Reformation Leader Philipp Melanchthon*）

樹幹

樹幹的橫截面，讓我們得到了一窺過去的好機會。每一年，樹幹（木質莖）會形成一層新的組織，其厚度由環境條件所決定。良好的條件使莖部蓬勃增長，就會產生較寬的環；在極端溫度或乾旱所引起的緊迫下，會產生較窄的環。研究這些環，可以得知過去的天氣概況。

強壯的支撐

大多數的柱狀樹幹，為整棵樹的分枝以及成千上萬片的樹葉提供支撐。樹幹可以長得很高而且非常強壯，能保持直立，而不需要另外一個結構來攀爬或包裹住自己。

樹幹擴大時，樹皮會裂開，但下方會形成新的皮。

韌皮部組織位於樹皮下方，運輸養分到整棵樹。

樹幹的結構

樹木以及一些開花植物的木質莖中，有木質部和韌皮部組成的環，這些組織將水和食物運輸到整株植物。一層薄薄的韌皮部位於樹皮下方，而有許多層的木質部形成了劈開後清晰可辨的生長環。每一年，被稱為「維管形成層」的組織會在前一年的木質部外面產生一層新的木質部；利用這層層結構，可估計樹幹的年齡。外層較年輕的木質部繼續運輸水分，被稱為「邊材」；內部較舊的層逐漸被堵塞並形成「心材」。木質層的外面，「木栓形成層」會產生新的樹皮，覆蓋並保護持續擴張的樹幹。

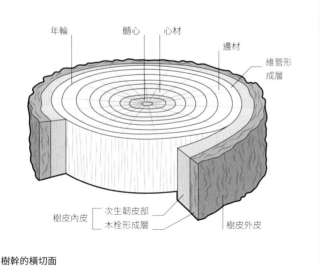

年輪　　髓心　心材　　　邊材

維管形成層

樹皮內皮　　次生韌皮部
木栓形成層　　　　　樹皮外皮

樹幹的橫切面

維管形成層產生新的木質部層。

較淡色的環是由春材組成，當樹木在春天開始生長時形成。

較深色的環是秋材，在一年的尾聲，也就是樹木進入休眠之前形成。

軟木塞般的樹皮
西班牙栓皮櫟（*Quercus suber*）

有條紋的樹皮
條紋槭（*Acer pensylvanicum*）

有脊狀線的樹皮
歐洲栗（*Castanea sativa*）

產皮孔的樹皮
細齒櫻（*Prunus serrula*）

鱗片狀的樹皮
松樹（*Pinus sp.*）

長滿刺的樹皮
美人樹（*Ceiba speciosa*）

片狀剝落的樹皮
法國梧桐（*Platanus sp.*）

剝落的樹皮
加寧桉（*Eucalyptus gunnii*）

條狀剝落的樹皮
卵形山核桃（*Carya ovata*）

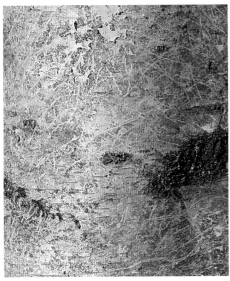
平滑的樹皮
白樺樹（*Betula populifolia*）

有裂隙的樹皮
北美鵝掌楸（*Liriodendron tulipifera*）

紙質的樹皮
魚皮楓（*Acer griseum*）

多彩的外衣

只有木本樹木才會產生樹皮，所以樹皮可以在針葉樹和真雙子葉植物中發現，但不存在蕨類與單子葉植物當中。隨著年齡的增長，樹皮會裂開，裂開的方式有很多種，進而創造出多樣的圖案、紋理和色彩。

白楊木，楊屬植物（poplar tree；*Populus sp.*）樹皮當中的皮孔。

剝下的**條狀樹皮**有類似橡膠的感覺，因為它們含有一種叫做「木栓質」（suberin）的蠟狀防水物質。

樹皮外皮會裂開，並且隨著樹幹增加周長而剝落或成小薄片脫落。

樹皮的類型

做為木本植物保護性的「皮」，樹皮可以防止昆蟲、細菌和真菌入侵，並保留住珍貴的水分。它還可以保護樹木免受火災的侵襲，而且覆蓋有好幾層樹皮的樹可以阻止附著藤蔓和附生植物固定下來。樹皮下面有兩個重要的細胞分裂層，稱為「形成層」。形成層相對較薄，被破壞時會阻礙樹木生長，並且在極端情況下會使樹木死亡。

顫楊

秋天的顫楊樹樹林，是令人著迷的少見美景——顫楊（學名：*Populus tremuloides*；俗名：the Quaking aspen）具有醒目的白色樹幹，樹葉會在風中顫抖。這種非凡物種的分布，比起其他北美洲的任何樹木都要來得廣，從加拿大一路南下到墨西哥都能見到。

顫楊的壽命可以非常長，超出我們的認知。顫楊有分雄性樹和雌性樹，使得它們能進行有性生殖，然而，顫楊卻很少藉由種子來繁殖。當一棵顫楊長成後，就會從根部長出多個分枝。每個分枝都能夠生長成為一棵新樹，因此整個顫楊樹林可以由一棵樹的複製體組成。隨著時間的推移，樹木會死亡，但根莖本身可以在接下來的數百年，或甚至數千年間，不斷地繼續再長出新樹。已知最大的顫楊複製樹林，是猶他州的潘多（Pando）樹林，已經有8萬年歷史，佔地40公頃（100英畝）。

鮮明的白色樹皮有助於保護顫楊免於過熱，且能降低在冬季、樹皮解凍又結凍的過程中被「日灼」的風險。藉由反射大部分太陽光線，顫楊能夠在陽光明媚的冬日保持較低的溫度。仔細觀察樹皮會發現一些綠色調：這是可進行光合作用的組織，所以即使春天的葉子還沒有長出，顫楊已經忙著在吸收陽光了。

顫楊自我複製的習性，讓它即使在森林大火後也可以捲土重來。事實上，火災有助於顫楊守住棲地——如果不是經過大清場，顫楊最終會被針葉樹等樹木遮擋。

森林的成長

這是個看起來相當一致的顫楊樹林，表示它可能是一個複製群體。大火燒盡一切後，顫楊的反應很快；當陽光照射土壤，它們就會迅速抽出新的枝條，且快速長大。

顫抖的葉子

顫楊的葉子在風中會發出顫抖或振動的聲音。葉子在扁平的葉柄上扭轉，即使在最輕微的微風中也會沙沙作響。

葉子是綠色的，但在秋天會變成黃色、金色、橘色或是略帶紅色。

心形的葉子有鋸齒邊。

幼苗會被熊和鹿吃掉，而葉芽很容易被鳥類採食。

分枝的位置與形狀

樹枝在樹上的位置，是由新芽或生長點的排列所決定。芽沿著莖交互排列的樹，其枝條也會交互排列，形成寬又圓的樹冠。許多針葉樹的芽，以輪生的方式排列，所以分枝也會這樣發展。隨著最下面的分枝持續伸長，新的分枝也在其上方發育。由於越幼小的分枝越短，最終長成基部有最長分枝的三角形樹木。

隨機分枝

寬闊的樹冠

互生分枝

對稱外觀

均勻分枝

圓錐形

輪生分枝

奇怪的針葉樹結構

智利南洋杉（*Araucaria araucana*）的整棵樹密集覆蓋著具棘尖的葉子，即使是猴子也難以攀爬，故俗名為「猴謎樹」（the Monkey puzzle tree）。猴謎樹的幼苗有一種對稱又輪生的分枝習性，成熟後就不會再那麼勻稱，最下面的樹枝隨著年齡增長而脫落，且害蟲、疾病、暴風雨、雷擊或其他因素也會損壞分枝並破壞完美的輪廓。

鋒利的針刺保護葉子免受動物採食。

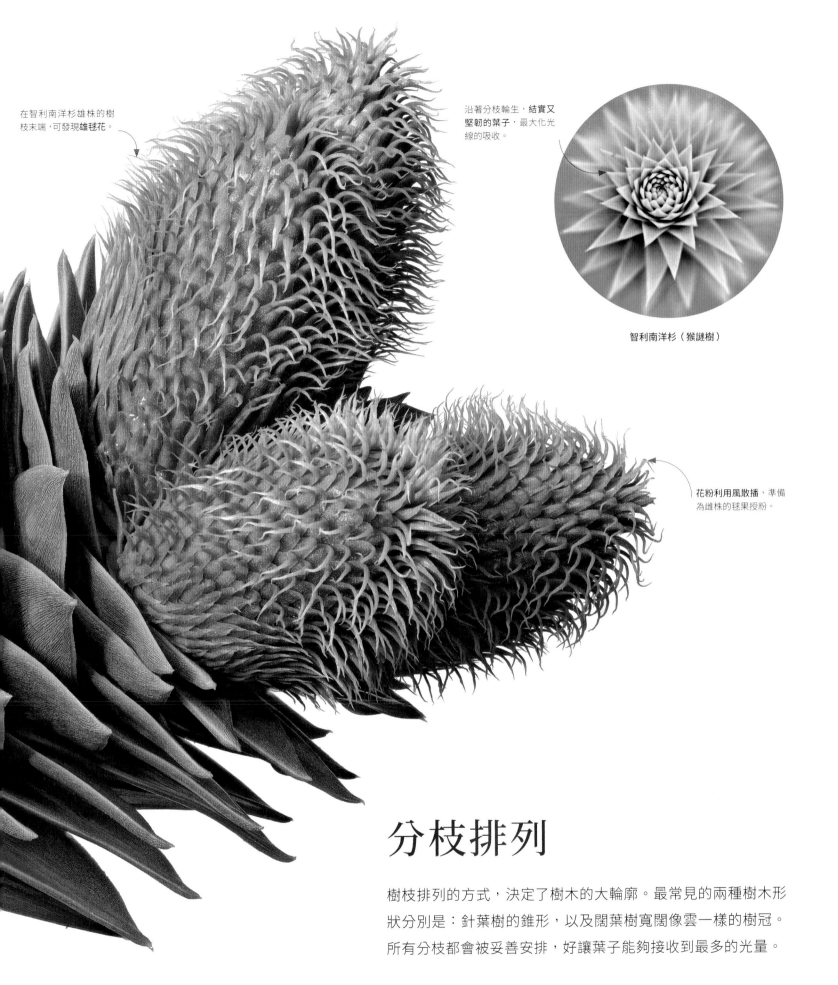

在智利南洋杉雄株的樹枝末端,可發現雄毬花。

沿著分枝輪生,結實又堅韌的葉子,最大化光線的吸收。

智利南洋杉(猴謎樹)

花粉利用風散播,準備為雌株的毬果授粉。

分枝排列

樹枝排列的方式,決定了樹木的大輪廓。最常見的兩種樹木形狀分別是:針葉樹的錐形,以及闊葉樹寬闊像雲一樣的樹冠。所有分枝都會被妥善安排,好讓葉子能夠接收到最多的光量。

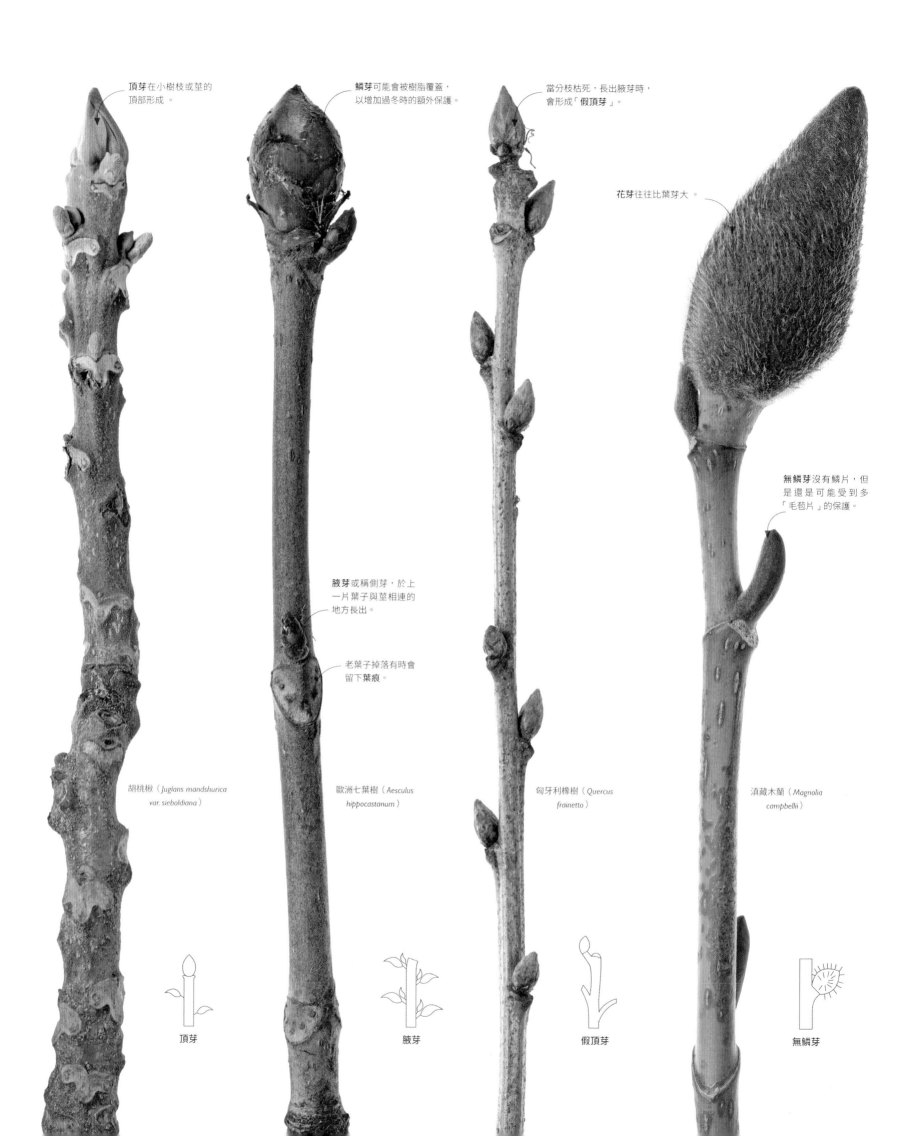

頂芽在小樹枝或莖的
頂部形成。

鱗芽可能會被樹脂覆蓋，
以增加過冬時的額外保護。

當分枝枯死，長出腋芽時，
會形成「假頂芽」。

花芽往往比葉芽大。

腋芽或稱側芽，於上
一片葉子與莖相連的
地方長出。

老葉子掉落有時會
留下葉痕。

無鱗芽沒有鱗片，但
是還是可能受到多
「毛苞片」的保護。

胡桃楸（*Juglans mandshurica*
var. sieboldiana）

歐洲七葉樹（*Aesculus*
hippocastanum）

匈牙利橡樹（*Quercus*
frainetto）

滇藏木蘭（*Magnolia*
campbellii）

頂芽

腋芽

假頂芽

無鱗芽

冬芽

葉芽的形狀以及生長方式，在不同物種間有差異甚大，且有高度獨特性。除了樹的形狀之外，冬芽也是冬季識別樹木的重要輔助資訊。檢查芽如何沿著莖生長，就可以揭露植物的身分。冬芽在莖上的位置，可以是成對或交錯，並相隔一段距離形成。芽上披有形狀、顏色和數量不同的「芽鱗」，能保護發育中的葉子和花朵。

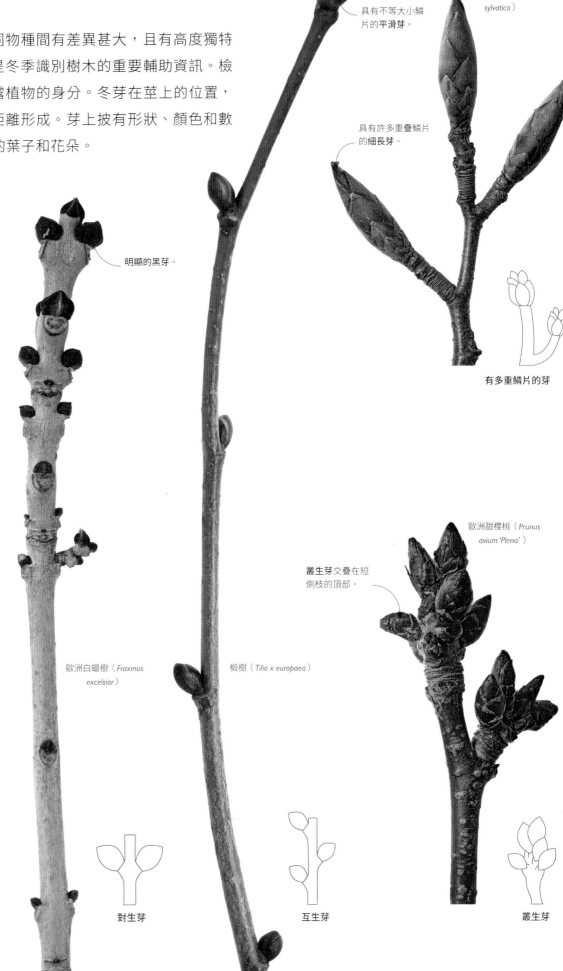

具有不等大小鱗片的平滑芽。

歐洲水青岡（*Fagus sylvatica*）

具有許多重疊鱗片的細長芽。

有多重鱗片的芽

裂為瓣狀的芽鱗不會重疊。

明顯的黑芽。

帽狀鱗片

叢生芽交疊在短側枝的頂部。

歐洲甜櫻桃（*Prunus avium 'Plena'*）

英國梧桐（*Platanus x hispanica*）

歐洲白蠟樹（*Fraxinus excelsior*）

椴樹（*Tilia x europaea*）

鱗芽

對生芽

互生芽

叢生芽

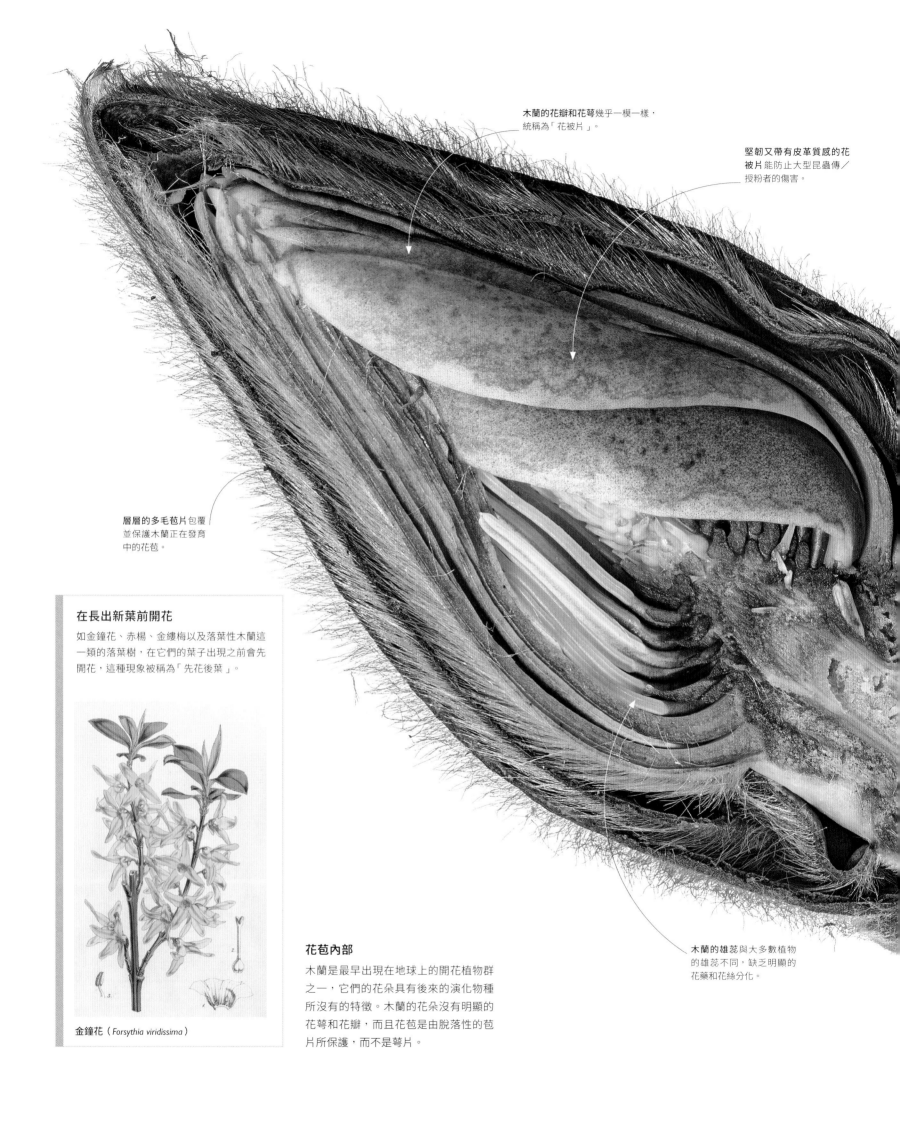

木蘭的花瓣和花萼幾乎一模一樣，統稱為「花被片」。

堅韌又帶有皮革質感的花被片能防止大型昆蟲傳／授粉者的傷害。

層層的多毛苞片包覆並保護木蘭正在發育中的花苞。

在長出新葉前開花

如金鐘花、赤楊、金縷梅以及落葉性木蘭這一類的落葉樹，在它們的葉子出現之前會先開花，這種現象被稱為「先花後葉」。

金鐘花（*Forsythia viridissima*）

花苞內部

木蘭是最早出現在地球上的開花植物群之一，它們的花朵具有後來的演化物種所沒有的特徵。木蘭的花朵沒有明顯的花萼和花瓣，而且花苞是由脫落性的苞片所保護，而不是萼片。

木蘭的雄蕊與大多數植物的雄蕊不同，缺乏明顯的花藥和花絲分化。

鱗片與疤痕

即便在沒有葉子的情況下，木蘭的莖也很容易區別。保護花苞的多毛苞片（有時稱為芽鱗）及其下方的圓形疤痕很容易識別。盾形葉疤也是另一個特徵。

苞片不是在隨著花朵開放而脫落，就是在開花前掉落。

頑固的**地衣**生長在長壽的莖和枝上。

絲狀的**苞片毛**可能是銀色或淡黃褐色的，或是沒有。

葉子掉落後，留下**葉疤**。

隔絕芽

除了葉芽，樹木和灌木的木質莖上，還有隔年要開花的芽。落葉性的木蘭在夏末和秋天時會形成花苞，這些花苞在冬季處於休眠狀態。葉芽與花苞通常可以藉由形狀或大小來區分。

發育成尋常葉的**芽**比花苞要小得多。

花朵盛開的樹幹

莖花頜垂豆（*Archidendron ramiflorum*）是豆科植物的一員，原生於澳洲昆士蘭。花朵沒有華麗的花瓣，而是以浮華的雄蕊吸引傳／授粉者。球形的花簇長在木質莖上，在幽暗的雨林樹冠庇蔭下，亮白花朵特別顯眼。

幹生花植物

花和果實通常都在新枝上發育，但某些樹木和灌木的花朵，會直接從木質樹幹和主要分枝上開出。這種開花策略被稱為「莖花現象」，在熱帶地區比在較涼爽的地區更常見。莖花現象的原因至今仍然是一個謎，但有可能是一種適應演化，讓在森林樹冠下生活的動物容易接近花和果實。儘管花椰菜（Cauliflower）和幹生花植物（Cauliflorous plant）的名字很像，但花椰菜是在莖頂產生擁擠的花簇，而不是幹生。

可可樹果實

可可樹（學名：*Theobroma cacao*；俗名：Cocoa plants）在被枝葉遮蔽的木質莖上產生花和果實。由喜歡在林蔭下透出斑駁陽光環境中生活的糠蚊（Midge）負責授粉。其他幹生花樹木還包括麵包樹（學名：*Artocarpus altilis*；俗名：breadfruit）、木瓜（學名：*Carica papaya*；俗名：papaya）、蒲瓜樹（學名：*Crescentia cujete*；俗名：calabash）以及很多熱帶榕屬植物。在熱帶地區之外，溫帶地區的樹木和灌木中，幹生花樹木的例子較罕見，例如東部紫荊（學名：*Cercis canadensis*；俗名：eastern redbud）和西洋紫荊（學名：*Cercis siliquastrum*；俗名：Judas tree），它們的成熟樹枝上會在春天新葉出現前，開出帶粉色的花朵。

可可樹

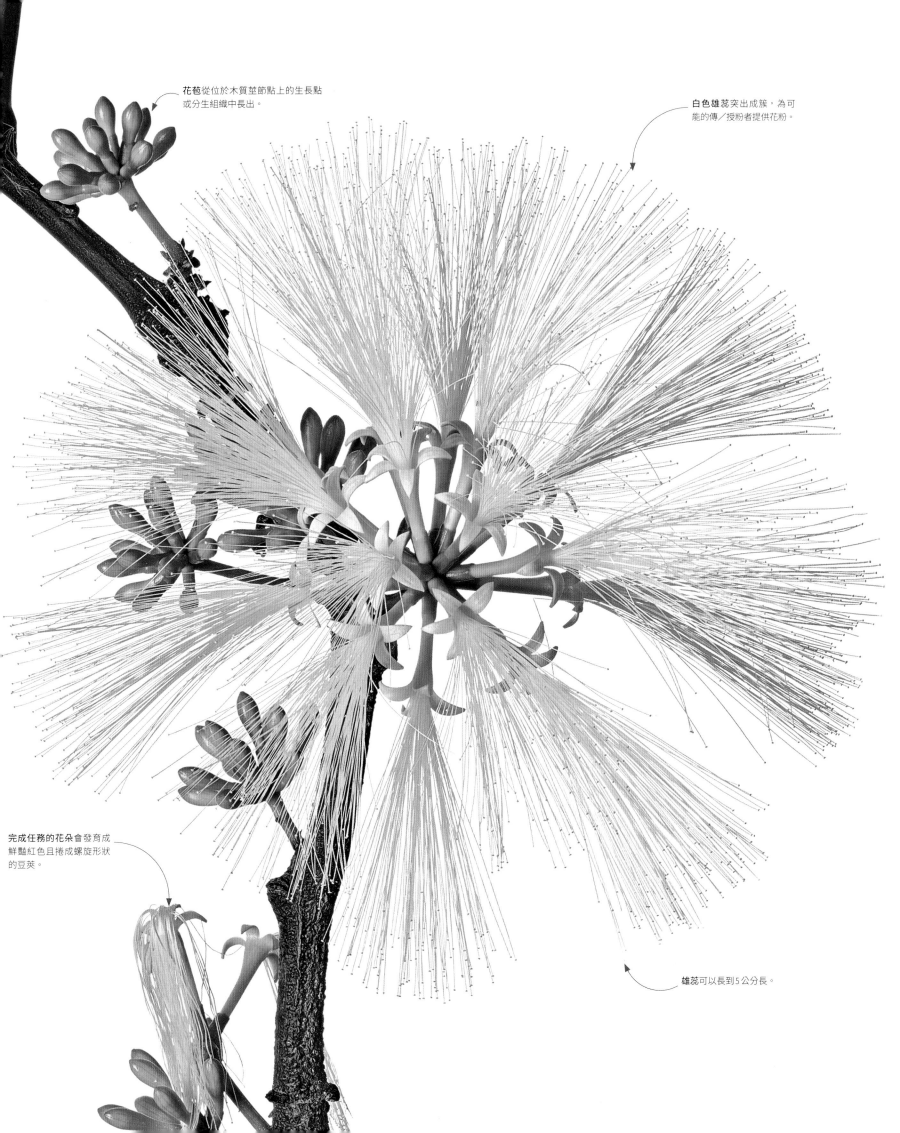

花苞從位於木質莖節點上的生長點或分生組織中長出。

白色雄蕊突出成簇，為可能的傳／授粉者提供花粉。

完成任務的花朵會發育成鮮豔紅色且捲成螺旋形狀的豆莢。

雄蕊可以長到 5 公分長。

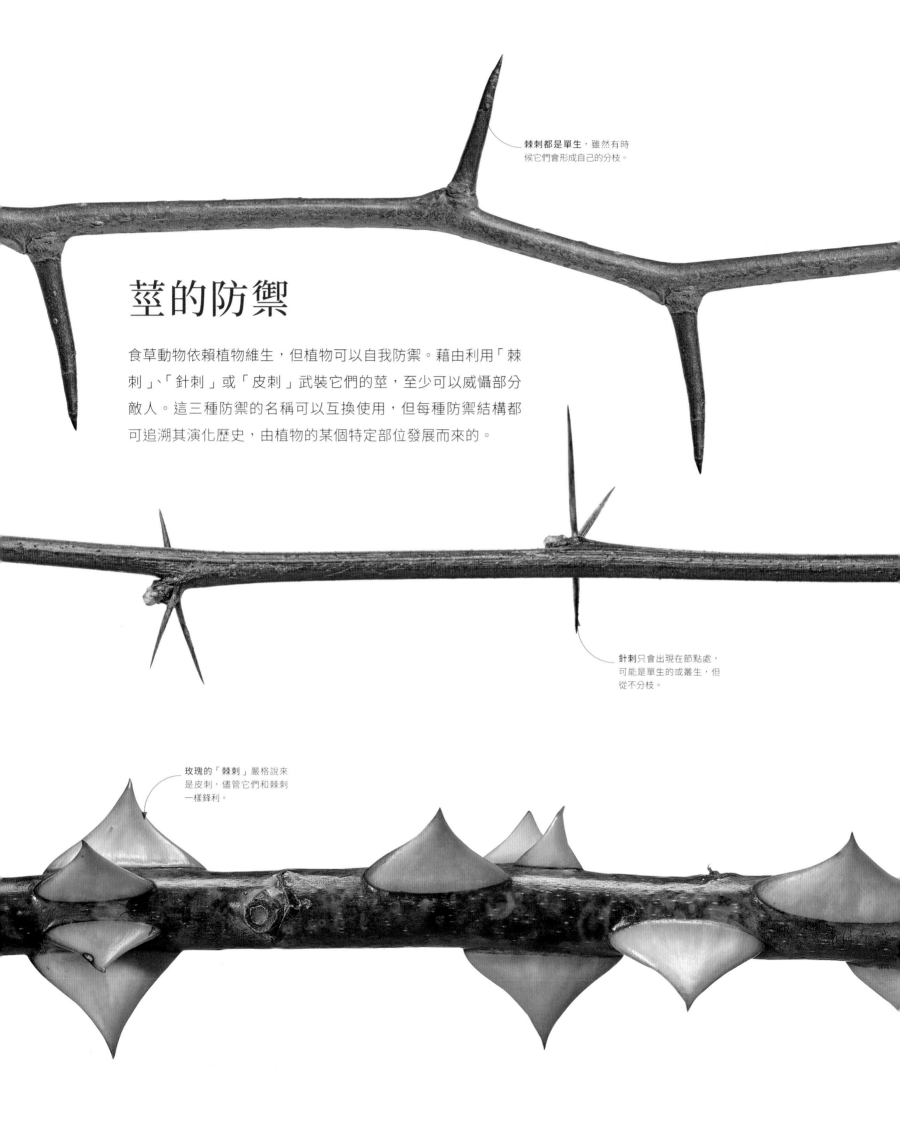

棘刺都是單生，雖然有時候它們會形成自己的分枝。

莖的防禦

食草動物依賴植物維生，但植物可以自我防禦。藉由利用「棘刺」、「針刺」或「皮刺」武裝它們的莖，至少可以威懾部分敵人。這三種防禦的名稱可以互換使用，但每種防禦結構都可追溯其演化歷史，由植物的某個特定部位發展而來的。

針刺只會出現在節點處，可能是單生的或叢生，但從不分枝。

玫瑰的「棘刺」嚴格說來是皮刺，儘管它們和棘刺一樣鋒利。

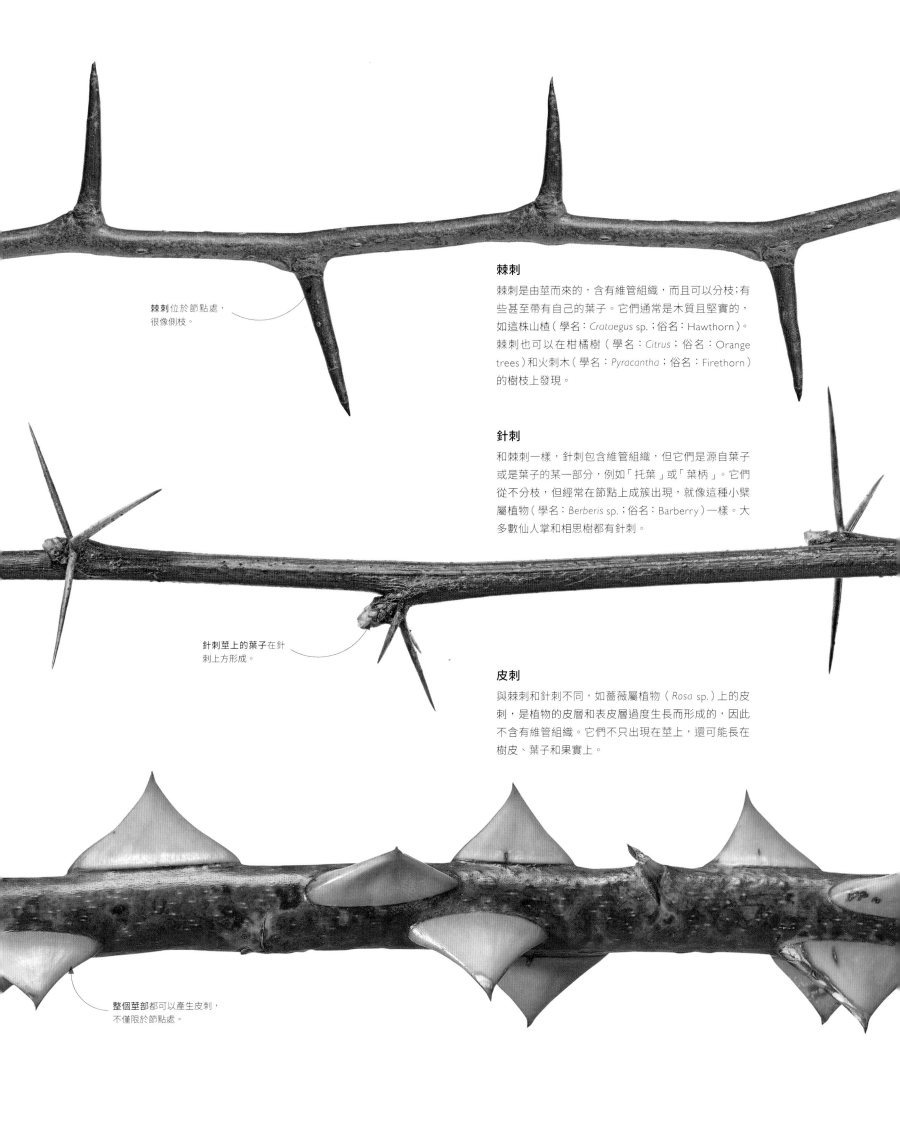

棘刺位於節點處， 很像側枝。

棘刺

棘刺是由莖而來的，含有維管組織，而且可以分枝；有些甚至帶有自己的葉子。它們通常是木質且堅實的，如這株山楂（學名：*Crataegus sp.*；俗名：Hawthorn）。棘刺也可以在柑橘樹（學名：*Citrus*；俗名：Orange trees）和火刺木（學名：*Pyracantha*；俗名：Firethorn）的樹枝上發現。

針刺

和棘刺一樣，針刺包含維管組織，但它們是源自葉子或是葉子的某一部分，例如「托葉」或「葉柄」。它們從不分枝，但經常在節點上成簇出現，就像這種小檗屬植物（學名：*Berberis sp.*；俗名：Barberry）一樣。大多數仙人掌和相思樹都有針刺。

針刺莖上的葉子在針刺上方形成。

皮刺

與棘刺和針刺不同，如薔薇屬植物（*Rosa sp.*）上的皮刺，是植物的皮層和表皮層過度生長而形成的，因此不含有維管組織。它們不只出現在莖上，還可能長在樹皮、葉子和果實上。

整個莖部都可以產生皮刺， 不僅限於節點處。

吉貝木棉

許多雨林的樹木都可以長很高，並且顯露出巨大的板根。可是很少有誰比雄偉的吉貝木棉（學名：*Ceiba pentandra*；俗名：the Kapok tree）更令人印象深刻。在適當的條件下，這重要的樹冠物種可以長到70公尺（230英尺）高，其板根可以從樹幹伸出達20公尺（65英尺）遠。

落葉性木棉樹出現在美洲，從墨西哥南部一直延伸到亞馬遜雨林的最南端都有其蹤跡。它也出現在西非的部分地區。究竟這種樹是如何成為兩個地區的原生種樹，一直以來是科學調查的題目。藉由分析木棉的DNA，專家們現在相信非洲的物種是從巴西飄洋過海傳播過去的種子。

木棉對其棲地的生態與文化，扮演著重要角色。具有紋理的樹皮，是鳳梨科植物和其他附生植物，還有爬蟲類動物、鳥類和兩棲類動物等最喜歡的棲息地。木棉侵入「受干擾區域」的強大能力，也使其成為一個重要的先驅樹種，它是森林被砍伐後，第一批進駐定居的樹木之一。

木棉花在夜間開放，並散發出一股惡臭，這味道會吸引它的主要傳／授粉者，也就是蝙蝠。木棉樹能夠根據當地蝙蝠群的數量多寡而改變其傳／授粉的策略。在蝙蝠很多的地方，木棉依靠牠們將花粉在樹與樹之間傳播；然而，在蝙蝠很少的地方，木棉樹就會自花授粉，確保每年至少有一些樹能夠繁殖成功。

授粉之後，木棉樹滿載著種莢，每個種莢打開後，會釋放約兩百粒種子。種子被棉花狀纖維包圍著，這些纖維讓它們即使在最輕柔的微風中也能傳播。未打開的種莢可以在水上漂浮，所以木棉最初很可能就是經由海上漂流，一路從美洲到非洲。

多刺的巨人

吉貝木棉的巨大樹幹可以長到直徑3公尺（10英寸）。巨大的皮刺能阻止動物來咀嚼它的樹皮。皮刺會隨著樹木的年歲增加而脫落。

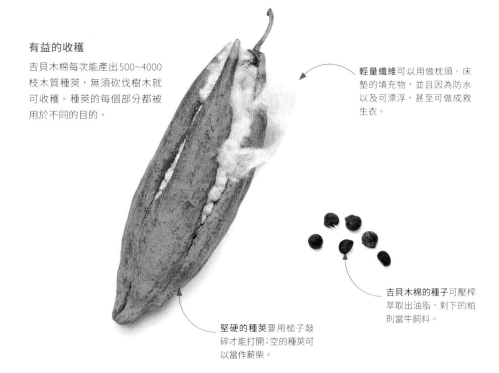

有益的收穫
吉貝木棉每次能產出500~4000枝木質種莢，無須砍伐樹木就可收穫。種莢的每個部分都被用於不同的目的。

輕量纖維可以用做枕頭、床墊的填充物，並且因為防水以及可漂浮，甚至可做成救生衣。

堅硬的種莢要用槌子敲碎才能打開；空的種莢可以當作薪柴。

吉貝木棉的種子可壓榨萃取出油脂，剩下的粕則當牛飼料。

莖與樹脂

樹木經常受到各種各樣大量的昆蟲、鳥類、真菌和細菌攻擊，這些
生物試圖直接或藉由現有的傷口突破樹皮，並食用樹皮下面的組織。
許多樹木會產生具有黏性的樹脂來癒合樹皮中的裂口以及誘捕害蟲。
有些樹脂甚至含有吸引捕食性昆蟲的化學物質，這些昆蟲會被吸引而
來，捕食攻擊樹的昆蟲。樹脂會逐漸變硬，我們所知的琥珀就是樹脂
變成化石後的樣子，通常裡面會含有古代昆蟲的殘骸。

黏性保護

這棵橡樹所產生的滴落樹脂,是用於治癒傷口的,無論這些傷口是由害蟲造成,還是惡劣天氣或火災所造成的物理傷害。植物樹脂是有機化合物的混合物,可應用於許多地方,從香水、亮光漆到黏合劑。它們也是高價商品的原料,如乳香、松香水、沒藥和瀝青。

樹脂管(或管道)將
樹脂運到莖或枝。

松樹樹幹的橫切面

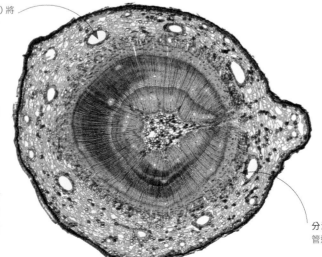

分泌樹脂

有些樹木只會在受到損傷的時候產生樹脂,而對有些樹木,如松樹,則是家常便飯。從右圖染色切片的細胞結構可看出,松樹木材中發展出的樹脂導管。

分泌細胞周圍圍繞著樹脂
管道,並產生樹脂。

龍血樹

龍血樹（學名：*Dracaena draco*；俗名：the Dragon tree）彷彿是奇幻小說裡會出現的植物。這個奇怪但是美麗的單子葉植物，受傷的時候滲出紅色的樹脂，也就是所謂的「龍血」。做為天門冬科植物（*Asparagaceae*）的一員，龍血樹已經演化出一種獨特、像樹一樣的生長習性。

龍血樹是北非、加那利群島，維德角島和馬德拉島的一部分地區的特有種。在其生命的最初幾年，龍血樹只是棵單一莖，莖頂長著一簇長又細的葉子。經過10~15年成長，龍血樹會開第一次花。由葉子中突發的長長穗狀花序，充滿芬芳的白色花朵之後會長成鮮紅色的漿果。接著，樹的頂端會出現一簇新芽，然後這些芽會長成原本龍血樹的縮小版。它們繼續生長10~15年之後，分枝的過程會再次開始。隨著時間推移，這種重複的分枝過程讓龍血樹呈現出不尋常的傘狀樹冠。這個物種的壽命被認為是大約300年，但由於龍血樹不會產生年輪，因此難以精確計算年紀。

龍血樹的枝條會產生逐漸沿著樹幹迂迴而下，直到到達土壤為止的氣生根。根會由傷口冒出，如果龍血樹被破壞到一定程度，長出的根可以充當新的主幹，發育變成親代樹的複製體。

龍血樹的血紅色樹脂曾經被視作有高度價值的藥物和防腐液，現在則用於製成木材染料和亮光漆。可藉由割破樹皮來收集樹脂，但反覆傷害會使龍血樹被感染的風險增加。棲息地喪失，再加上過去被大量收集樹脂，今日野生的龍血樹數目正在減少。

龍血樹叢

在野外，龍血樹生長在養分貧瘠的土壤中。厚實的樹幹分枝成直立的樹枝，樹枝末端長著長達60公分（2英尺）的簇生長矛狀藍綠色葉子。目前，龍血樹的生態狀況被列為「易危種」。

有黏性的液體（**龍血**）從傷口滲出，乾燥後會硬化。

深紅色樹脂自古以來被用做染料以及傳統藥物。

硬化樹脂

龍血樹會像流血一樣，流出一種色彩鮮豔、被稱作「龍血」的樹脂。樹脂是它防禦的形式，能阻止食草動物採食，並防止病菌入侵。

貯藏食物

有一些植物具有特殊特化的莖、根或是葉基，這些特化器官永久性生長在地底下。這些地下鱗莖、球莖、塊莖與根莖膨脹且充滿著養分，會在一年當中的某段時間處於休眠狀態，等待合適的生長條件時發芽。它們躲藏在地底，為的是要避開食草動物，還可以在地下傳播擴張植株的生長領域。

從鱗莖到開花

球根植物，包含了一些我們熟悉的植物，例如洋蔥，具有一個被稱為「基板」、短又矮胖的莖，上面附著肉質的葉子（鱗片）。鱗片儲存植物開花所需的營養和水分。這些風信子鱗莖在春天開花。之後，葉子會進行光合作用以產生更多的食物，這些食物會儲存起來，留待明年開花用。

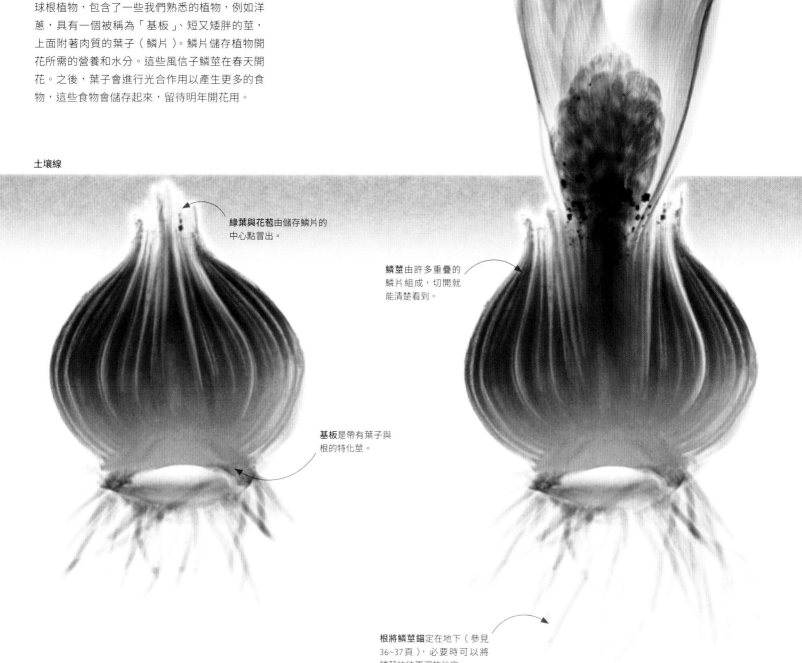

土壤線

綠葉與花苞由儲存鱗片的中心點冒出。

鱗莖由許多重疊的鱗片組成，切開就能清楚看到。

基板是帶有葉子與根的特化莖。

根將鱗莖錨定在地下（參見36~37頁），必要時可以將鱗莖拉往更深的地底。

休眠風信子的X光攝影

冒出正在發育花頭的鱗莖

完全張開的葉子行光合作
用製造碳水化合物，並儲
存在下方鱗莖的鱗片中。

當花苞往上推出土壤時，環
繞在嬌嫩花苞周圍正在生長
的葉子扮演保護作用。

冒出的花頭利用儲存在鱗莖
內的能量，能量太少，鱗莖
就無法開花。

被稱為「珠芽」的新
鱗莖，在基板的外部
邊緣附近形成。

有成熟葉子的鱗莖而且就快要開花

儲存器官

鱗莖是一塊保護以及提供新芽養分的圓形腫脹葉基。
球莖和根莖都是一種特化的地下莖：球莖是球形的，
而根莖會在地面下方或上方水平生長，且在頂點與沿
根莖的地方產生芽。塊莖可以是由莖或根形成。

鱗莖

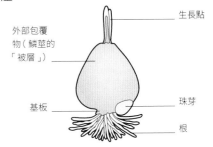

生長點

外部包覆
物（鱗莖的
「被層」）

基板

珠芽

根

球莖

新芽

球莖通常具有
鱗莖的被層

新球莖在
舊球莖上
長出

根

根莖

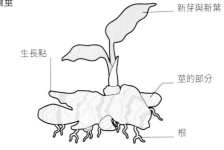

新芽與新葉

生長點

莖的部分

根

塊莖

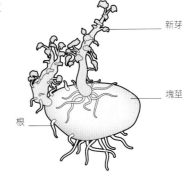

新芽

塊莖

根

螞蟻的家

蟻棲植物為螞蟻提供的生活區被稱為「蟲穴」，可以在植物的不同部位發育。風不動屬攀緣植物（*Dischidia vines*）以腫大的葉子來提供螞蟻住所，而蟻蕨屬蕨類植物（*Lecanopteris ferns*）則是讓螞蟻在它們的根莖內棲息。蟻蘭屬蘭花植物（*Myrmecophila orchids*）有中空球狀膨大的莖來容納螞蟻，還有一些相思樹會有螞蟻住在空心的針刺當中。蟻巢木（*Myrmecodia*）與蟻寨屬植物（*Hydnophytum*）都有膨大且具複雜內部結構的莖上塊莖，可以提供螞蟻各種不同用途的腔室。

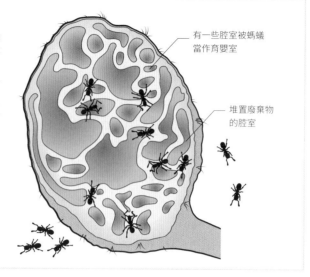

有一些腔室被螞蟻當作育嬰室

堆置廢棄物的腔室

蟻寨屬植物塊莖上的蟲穴

好房客

蟻棲植物——貝卡利蟻巢木（*Myrmecodia beccarii*）別出心裁的「莖上塊莖」裡，有粗壁的腔室，螞蟻會在那裡堆放廢棄物，以及其獵物和屍體的殘骸。腔室壁上的小節瘤會從這些廢棄物中吸收養分，為這種樹棲植物提供了難以取得的重要元素。右頁圖中的植物來自澳洲，並於1888年種植在邱園，被描繪在《柯蒂斯植物學雜誌》（*Curtis's botanical magazine*）的一幅插畫當中。

互利關係

昆蟲對植物來說，可能有益處，也可能是負擔。有些能擔任傳／授粉者，但其他則是無情的食葉動物，為了滿足食慾不惜削弱植物。然而，少數植物與螞蟻建立了互利（共生）的關係。「蟻棲植物」為蟻群提供一個安全的家園，螞蟻則藉由攻擊任何接近的物體來保護植物，做為回報。由於許多蟻棲植物是附生植物，與土壤及其養成分沒有連結，所以螞蟻的廢棄物成為豐富肥料，對植物來說是重要的食物供應來源。

死黨

一些蟻棲植物經常生長在一起。這裡的蟻寨屬植物的棕色莖上塊莖，位於風不動屬植物的黃色葉子內。這兩種植物都為螞蟻提供了住所。

莖的結構

樹蕨的樹幹其實是直立的根莖,由密集且大量環繞的根和纖維支撐。而香蕉的莖,則不是真正的莖,而是層層重疊的葉鞘;真正的「莖」是隱藏在地下的根莖(參見第86頁)。

根與纖維組成
的外表層

垂直的根莖
形成中心的
圓柱

樹蕨,也就是南極蚌殼蕨(*Dicksonia antarctica*)的橫切面

中空的腔強
化了葉鞘

葉子以螺旋
形排列

重疊的葉鞘
提供了支撐

芭蕉屬(*Musa sp.*)植物的橫切面

樹蕨

「根莖」是一種膨大莖部,可以為植物儲存食物。它們通常水平生長,但在樹蕨中,它們是直立向上生長的。大量的根和纖維從根莖中冒出,在根莖周圍生長,形成厚實、具保護性又可以支撐植株的殼套。

纖維狀樹幹

並非所有樹木都是真的樹。我們所熟悉的松樹、冷杉(針葉樹),或是橡樹和楓樹(落葉性的),具有特徵性的年輪與外層樹皮的木質樹幹。然而,樹蕨和芭蕉植物則有完全不同、不會產生木質部或樹皮的莖結構。它們壯實又直立的莖由密集的纖維與根包裹,或是由緊密包裹的重疊鞘葉所支撐。

《科羅曼德海岸的植物》

威廉·羅克斯堡（William Roxburg）的《科羅曼德海岸的植物》（*Plants of the Coast of Coromandel*，1795年），其中包括扇椰子（學名：*Borassus flabellifer*；俗名：Toddy palm）的插圖，是在英國皇家學會長期擔任主席的約瑟夫·班克斯爵士（Sir Joseph Banks）指導之下出版的。

公司風格

作者不詳的「公司畫派」（Company School）扇葉葵（學名：*Livistona mauritiana*；俗名：Fan palm）水彩插畫。一群印度藝術家，在東印度公司的贊助下工作，其使用獨特的印歐公司風格作畫，因此稱為公司畫派。

藝術創作中的植物

西方遇見東方

18和19世紀之間，隨著英國的影響力擴展到印度，東印度公司所聘請的科學家和自然歷史學家開始探索、記錄英國植物群的豐富性和多樣性。其中最精采的作品，是引人注目的插畫，這些插畫展示了西方科學與東方藝術的獨特融合。

常被稱為印度植物學之父的威廉·羅克斯堡（William Roxburgh，1751~1815），當時是加爾各答植物園（Calcutta Botanic Garden）的園長，他委託當地藝術家來創作植物插畫，並用在他的著作中。在他的代表作《印度植物誌》（*Flora Indica*）中，展示了超過二千五百幅實物大小畫作。

受到十六世紀和十七世紀蒙兀兒帝國的纖細畫（miniature）畫家影響，印度藝術家創造出一種風格，結合了西方植物插畫的精確細節與裝飾方法，加上他們自己的即興藝術，這種混合風格的藝術作品非常適合植物插畫。與自然學家約翰·科尼希（Johan König，曾是瑞典偉大的分類學家林奈的學生）合作，羅克斯堡所委託繪製的許多藝術品，成為識別特定野生物種的「模式」（type）畫作。

有特色的排列

這幅由威廉·羅克斯堡委託製作的插畫，以水彩描繪了蘇木（學名：*Caesalpinia sappan*；俗名：Indian redwood）。畫作裡的植物超出畫面，部分不可見，是這種繪畫風格的特徵。這幅插畫記名為「來自Rodney，1791年6月9日」，是指從印度至倫敦遞送藝術品的東印度公司商船。

> ❝ 這些藝術品具體表現了他們的不同贊助者所要求的基本品質。❞
>
> 菲力斯·愛德華（Phylis I. Edwards），〈印度植物畫作〉（*Indian botanical paintings*，1980年）

攀緣植物如何找到支撐物

攀緣植物尋找支撐物的方法，當然不是用「看」的。一些藤本植物會偵測陰影，並朝之生長，這樣能將它們引向一棵樹的基部。其他藤本植物會偵測合適宿主的化學物質，並且避開那些會引導它們至其他藤本植物的化學物質。幼莖會隨著生長而旋轉，這可以幫助它們抓到相鄰的枝條。一旦就位，纏繞的莖或卷鬚就會勾在支撐物上。

莖卷鬚

可彎曲的莖

竹子支撐物

新冒出的花可能釋放出許多種子，進一步擴大領土。

長葉莖讓葉子可以遠離支撐物並朝向太陽。

旋花的莖每年可以長3公尺（10英尺）長，很快就可以絞死鄰近的植物。

為了讓葉子暴露在光線下，藤本植物攀爬上其他植物來遠離陰暗處。

藉由纏繞接管

旋花（學名：*Calystegia sepium*；俗名：Hedge bindweed）的纏繞莖是其成功生長的祕訣之一，但也同時惹來了許多園藝家們的抱怨。旋花沿著灌木和多年生植物而生長，很快就會用自己的葉子扼殺其他植物的葉子，因為它總會在陽光爭奪戰中勝出。在地下，旋花同樣充滿活力，將其白色的根莖向四面八方蔓延。

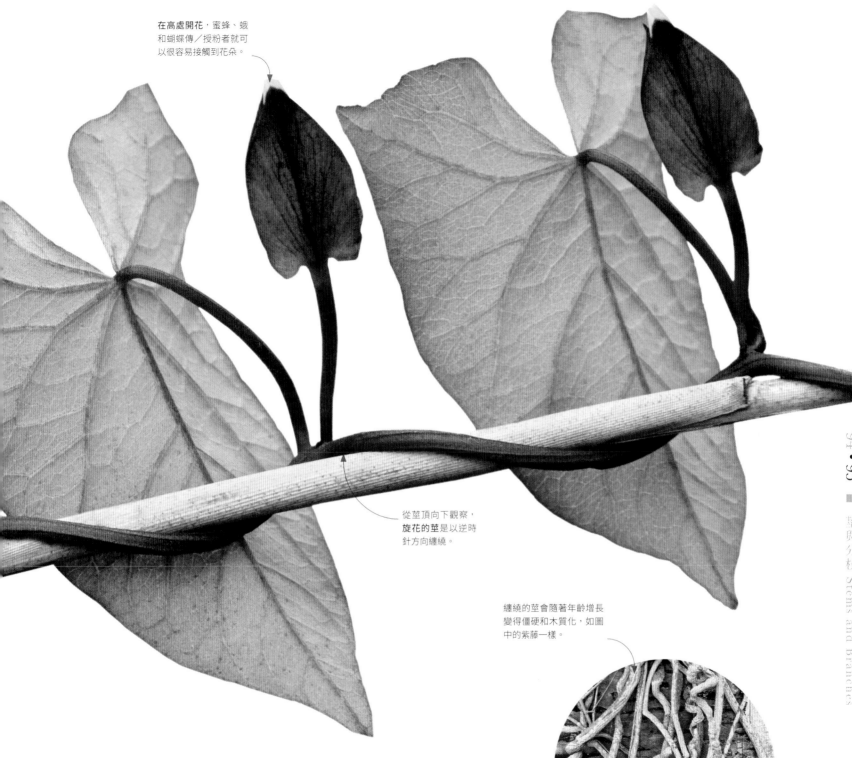

在高處開花，蜜蜂、蛾和蝴蝶傳／授粉者就可以很容易接觸到花朵。

從莖頂向下觀察，**旋花的莖**是以逆時針方向纏繞。

纏繞的莖會隨著年齡增長變得僵硬和木質化，如圖中的紫藤一樣。

纏繞莖

藤本植物和其他攀緣植物會使用許多不同方法來攀登支撐物。卷鬚、氣生根和鉤狀皮刺都可以助它們一臂之力。某些攀緣植物的莖，則可以自行纏繞攀爬。一些纏繞植物以順時針方向扭轉，另一些則是以逆時針方向扭轉，這種區別可能具有遺傳性質，可以用來區分攀緣植物。例如菜豆類和旋花是以逆時針方向纏繞，而啤酒花（Hops）和忍冬（Honeysuckle，又稱金銀花）則是順時針方向纏繞。

碰觸和感覺

「向觸性」（thigmotropism）是纏繞的關鍵。當攀爬莖和卷鬚偵測到支撐物時，一側的生長點就開始比另一側生長得更快，而使莖彎曲。

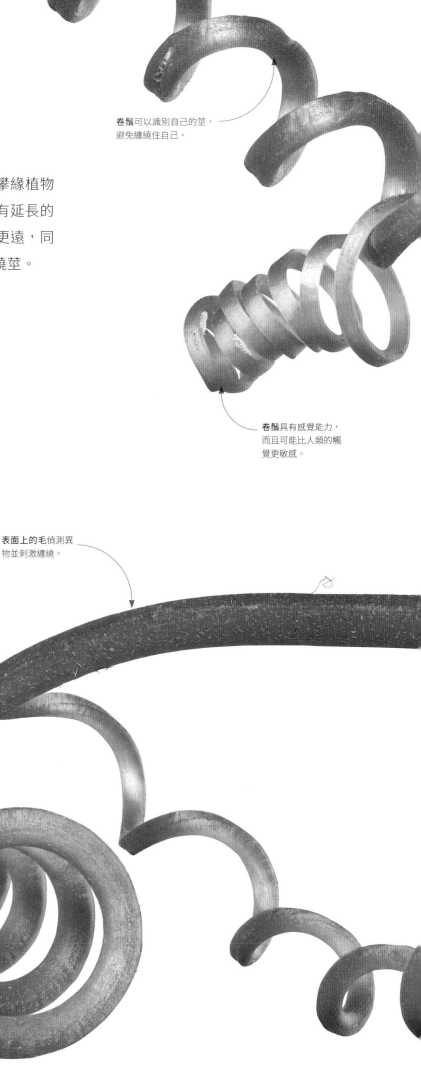

攀爬技巧

森林地面的植物，生長受制於陽光，但藤本植物和其他攀緣植物有能力攀上樹木和灌木好更接近光源。攀緣植物通常具有延長的節間（每個葉片接合處之間的莖長度）可以讓它們伸得更遠，同時也使用其他結構來獲得抓力，包括卷鬚、氣生根和纏繞莖。

卷鬚可以識別自己的莖，避免纏繞住自己。

當每側的細胞以不同的速率生長時，**卷鬚就會捲曲**。

卷鬚具有感覺能力，而且可能比人類的觸覺更敏感。

表面上的毛偵測異物並刺激纏繞。

像彈簧一樣的卷鬚

葫蘆科（*Cucurbitaceae*）的許多成員，包含這個跨頁圖中的絲瓜（學名：*Luffa cylindrica*；俗名：Loofah），都會產生卷鬚。這些卷鬚來自特化的葉子，它們勾在樹枝上，然後捲起來，將藤本植物拉向支撐結構。

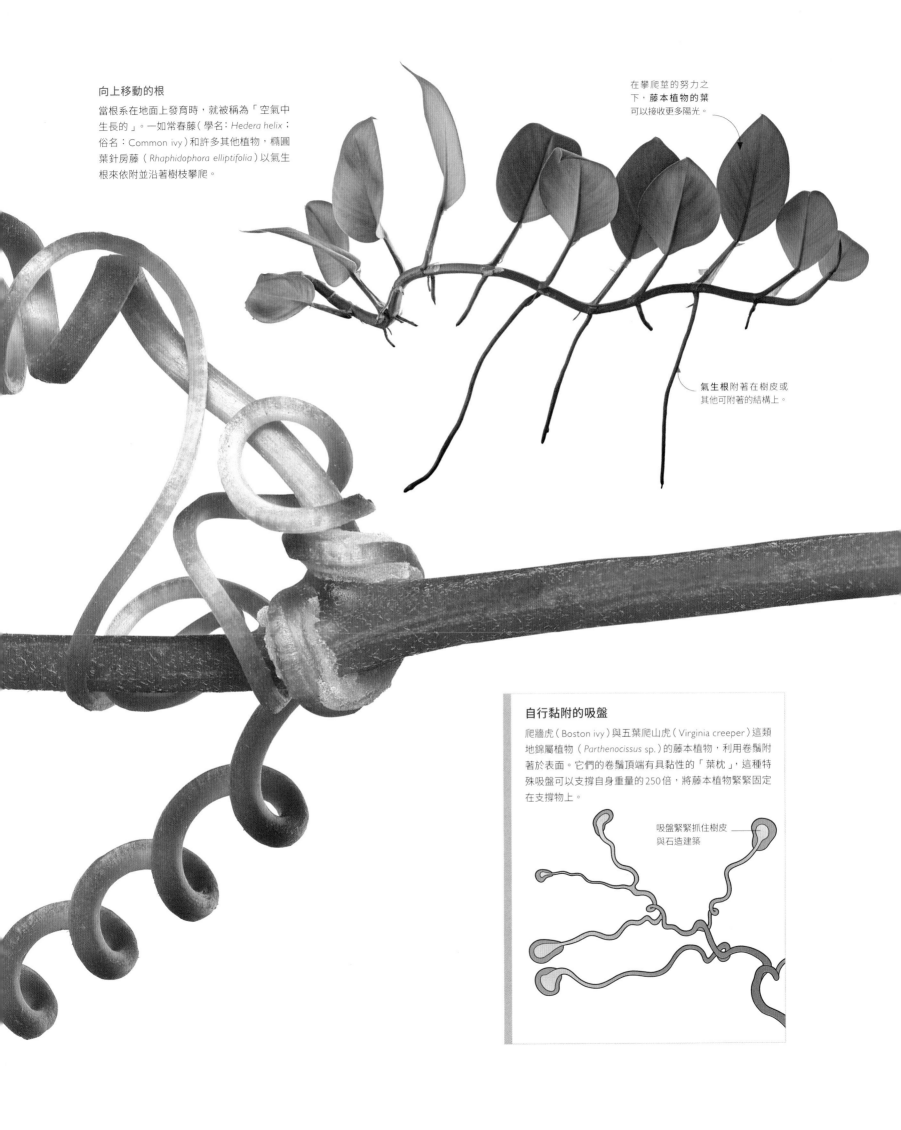

向上移動的根

當根系在地面上發育時，就被稱為「空氣中生長的」。一如常春藤（學名：*Hedera helix*；俗名：Common ivy）和許多其他植物，橢圓葉針房藤（*Rhaphidophora elliptifolia*）以氣生根來依附並沿著樹枝攀爬。

在攀爬莖的努力之下，**藤本植物的葉**可以接收更多陽光。

氣生根附著在樹皮或其他可附著的結構上。

自行黏附的吸盤

爬牆虎（Boston ivy）與五葉爬山虎（Virginia creeper）這類地錦屬植物（*Parthenocissus sp.*）的藤本植物，利用卷鬚附著於表面。它們的卷鬚頂端有具黏性的「葉枕」，這種特殊吸盤可以支撐自身重量的250倍，將藤本植物緊緊固定在支撐物上。

吸盤緊緊抓住樹皮與石造建築

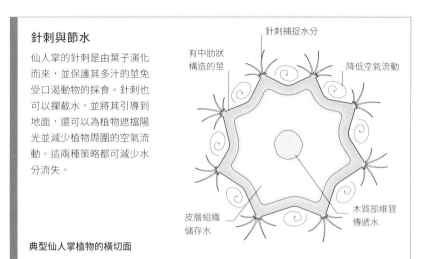

針刺與節水

仙人掌的針刺是由葉子演化而來,並保護其多汁的莖免受口渴動物的採食。針刺也可以攔截水,並將其引導到地面,還可以為植物遮擋陽光並減少植物周圍的空氣流動。這兩種策略都可減少水分流失。

有中肋狀構造的莖

針刺捕捉水分

降低空氣流動

木質部纖維管傳遞水

皮層組織儲存水

典型仙人掌植物的橫切面

水分儲藏

仙人掌科植物當中最著名的成員,就是像沙骨亞肉仙人掌(學名:*Carnegiea gigantea*;俗名:Saguaro cactus,參見第100頁)這樣的巨人,但像白劍仙人球(*Mammillaria infernillensis*)這樣的小寶貝也對乾旱適應良好。厚實的表皮披覆著一層蠟質,大大減少了水分流失。

貯藏莖

仙人掌以擅長囤積水分的多肉莖聞名。大多數物種生活在幾乎沒有降雨的乾旱地區,所以當甘霖突然降下,它們必須使盡渾身解數來運用。許多仙人掌的莖具有中肋狀構造,大量吸收水分時,會像手風琴一樣膨脹。這種構造也可以避免仙人掌在收縮與膨脹時裂開。

脫落的葉子

刺梨仙人掌(學名:*Opuntia phaeacantha*;俗名:Prickly pears)會在新的莖段上產生小葉子,但很快就會為了節約水分而脫落。

在漫長的乾旱期間,**個別的莖段**是可以被丟棄的。

大的針刺被稱為「鉤毛」的微小毛狀針刺包圍,這些鉤毛會分離,並讓動物的皮膚發炎。

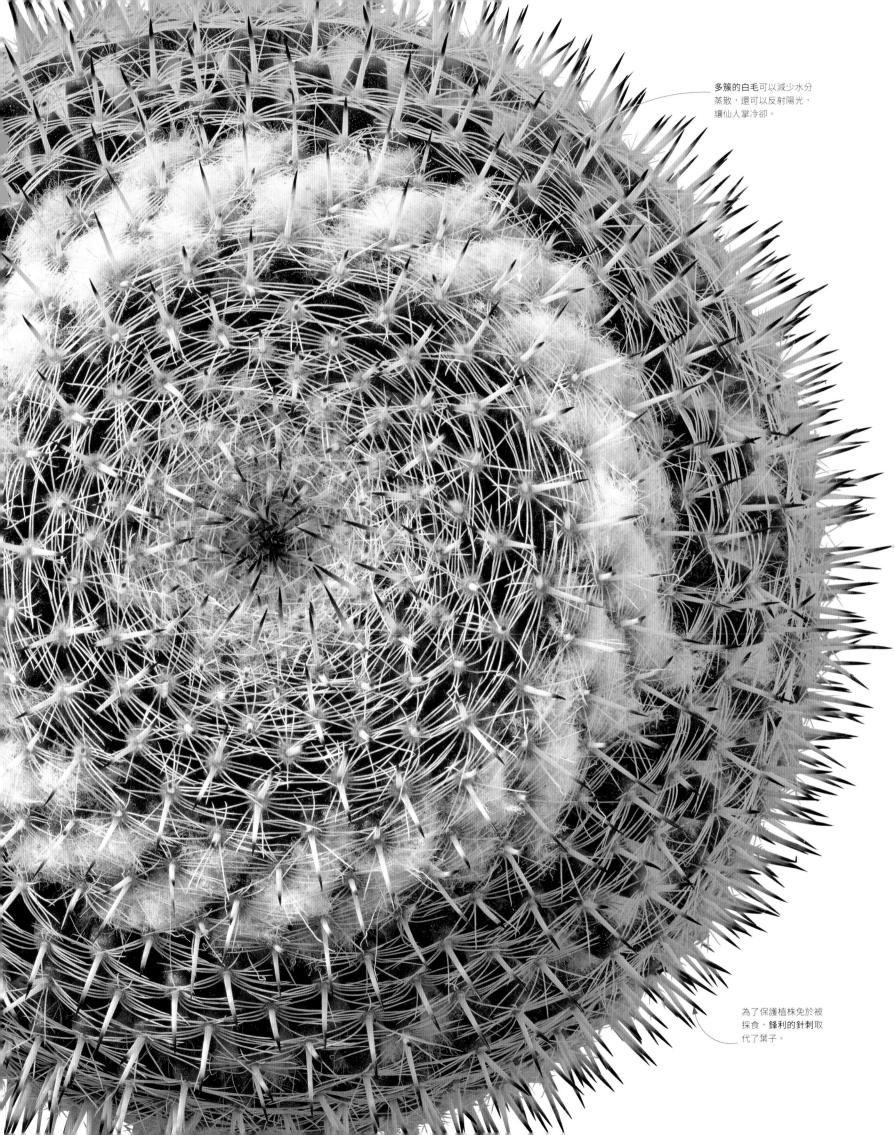

多簇的白毛可以減少水分蒸散，還可以反射陽光，讓仙人掌冷卻。

為了保護植株免於被採食，鋒利的針刺取代了葉子。

沙骨亞肉仙人掌

如果背景沒有巨型仙人掌，西部電影不知會變成什麼樣子？ 這些高塔般的多肉植物是亞利桑那州、加州以及墨西哥西北部索諾蘭沙漠（Sonoran desert）的象徵，特殊群落的蝙蝠、鳥類和其他動物，在它們周遭演化。

沙骨亞肉仙人掌最令人印象深刻的是它的尺寸。個別植株一般可以長到15公尺（50英尺）或更高，重量可達2,000公斤（4,400磅）。其中大部分體積都是儲存的水，水是沙漠當中最珍貴、最有價值的物品。當天空難得降雨，沙骨亞肉仙人掌從莖的頂部延伸到基部的脊可以擴張，讓植株膨脹，並藉由範圍廣泛的淺根系盡可能吸收水分。而水一旦儲存後，就需要受到保護──沙骨亞肉仙人掌上覆蓋著針刺和刺毛，不僅可以阻止食草動物來採食其多汁的組織，還可以產生陰影並減少靠近沙骨亞肉仙人掌表皮的氣流，將水分流失達到最小化。

春天時，沙骨亞肉仙人掌通常會開出令人印象深刻的花。密集的亮白色花簇在主幹與支幹的頂端綻放，晝間藉由鳥和昆蟲傳／授粉，夜間則有蝙蝠幫助傳／授粉。沙骨亞肉仙人掌花中的花蜜所含有的化合物可以幫助雌性小長鼻蝠（Lesser long-nosed bats）產生足夠的奶汁來餵養牠們的幼崽。開花之後結的果實，為各種沙漠動物提供能量豐富的食物。

沙骨亞肉仙人掌與吉拉啄木鳥（Gila woodpecker）有特別密切的關係。這種鳥會在仙人掌中鑿出一個方便築巢的洞，而這個洞隨後會被許多其他鳥類、哺乳動物和爬蟲動物當成棲息和築巢地點。

沙骨亞肉仙人掌哨兵

沙骨亞肉仙人掌像守衛一樣看守著沙漠。生長緩慢但長壽，可以活200年或更長時間。它們只有在50到100歲之後才會長出分枝。

鳳頭沙骨亞肉仙人掌

有時沙骨亞肉仙人掌會出現冠狀的形式。這種扇形外觀是由於生長頂端（頂端分生組織）的變化。造成的原因尚不清楚，可能是基因突變，或是由閃電或霜凍造成的物理性損傷所引起。

新的分枝可以繼續在冠上發芽。

扇形冠出現的機率，據推測只有大約二十萬分之一。

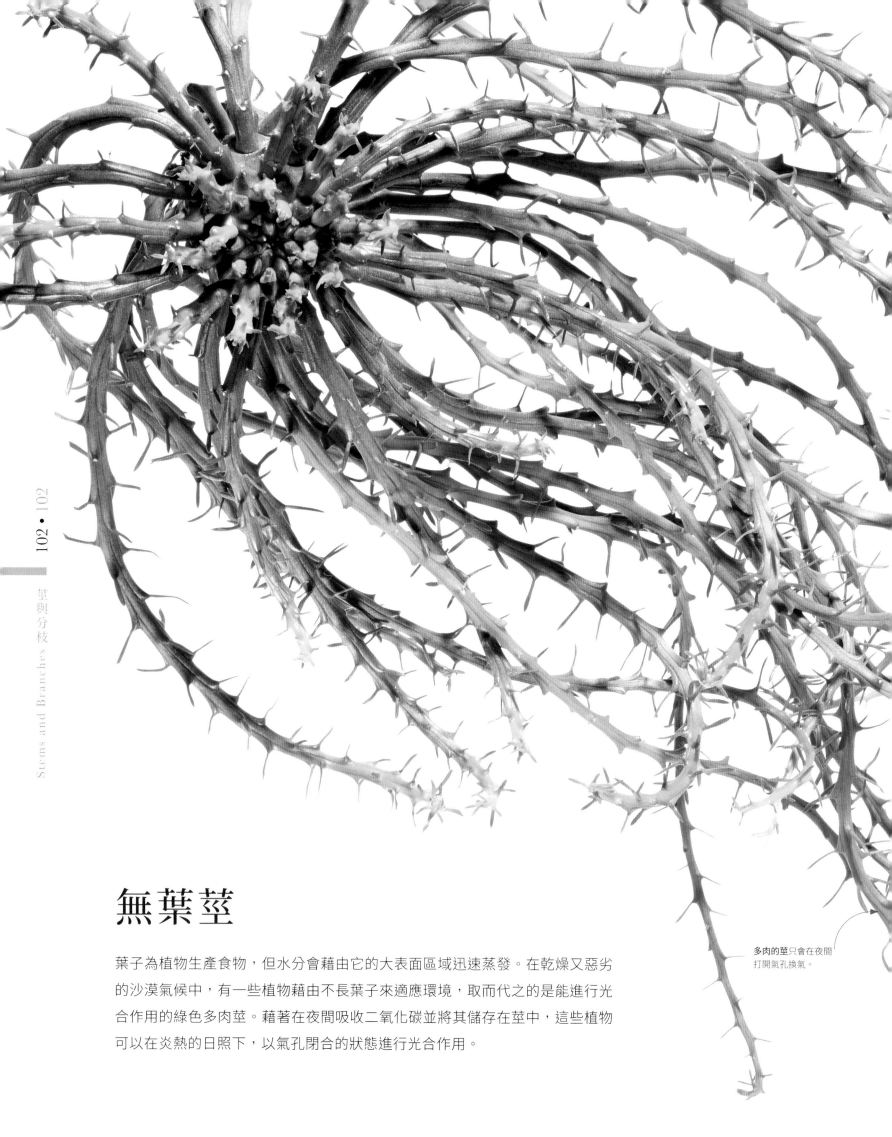

無葉莖

葉子為植物生產食物，但水分會藉由它的大表面區域迅速蒸發。在乾燥又惡劣
的沙漠氣候中，有一些植物藉由不長葉子來適應環境，取而代之的是能進行光
合作用的綠色多肉莖。藉著在夜間吸收二氧化碳並將其儲存在莖中，這些植物
可以在炎熱的日照下，以氣孔閉合的狀態進行光合作用。

多肉的莖只會在夜間
打開氣孔換氣。

工作中的莖

許多多肉植物，例如這個在南非發現的大戟科植物（*Euphorbiaceae*）：白苞猩猩草（*Euphorbia woodii*），就展現出像仙人掌一樣的環境適應性。它們沒有針刺，但非常退化的葉子意味著它們依靠多肉莖進行光合作用，並產生植物生長所需的碳水化合物。

這個多肉大戟屬植物的莖具有毒汁，可以阻止食草動物。

多刺的莖

仙人掌多肉莖的大小和形狀差別很大，但幾乎所有的仙人掌都是無葉的。有少數物種仍有葉子，但在大多數情況下，這些葉子已演化成針刺。針刺可保護植物免受食草動物的侵害，減少空氣流通，並有助於增加遮蔭。原生於潮濕雨林的仙人掌也缺少葉子，雖然它們的扁平莖可能看起來像葉子。

莖中的綠色色素位於外層（表皮層）正下方，以進行光合作用。

來自莖的新植株

植物利用莖來擴大生存範圍的方式有好幾種。一些植物的貼地或匍匐莖
可以在擴散時生根，而地下根莖在地底下也是如此。一些原本直立的植
物會產生細又長且水平生長的莖，在土壤中或表層以下蔓延，並在節點
處形成幼株；這些莖被稱為「匍匐莖」或「走莖」。

地下莖

許多植物會長出來自莖的根莖、球莖或塊
莖。這些地下莖生長在土壤表面上，或剛
好在土壤表面下方，不僅有助於植物在不
利條件下生存，還提供了一個繁殖的方式。
任何與親代分離的碎片，都可以生根並形
成新的植株。射干菖蒲（*Crocosmia*）的球莖
也可以產生匍匐莖，在靠近親代的地方散
布新球莖。

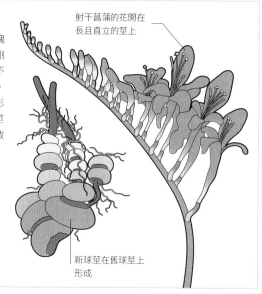

射干菖蒲的花開在
長且直立的莖上

新球莖在舊球莖上
形成

射干菖蒲的球莖側生芽

Dryadea

Kungiah, del

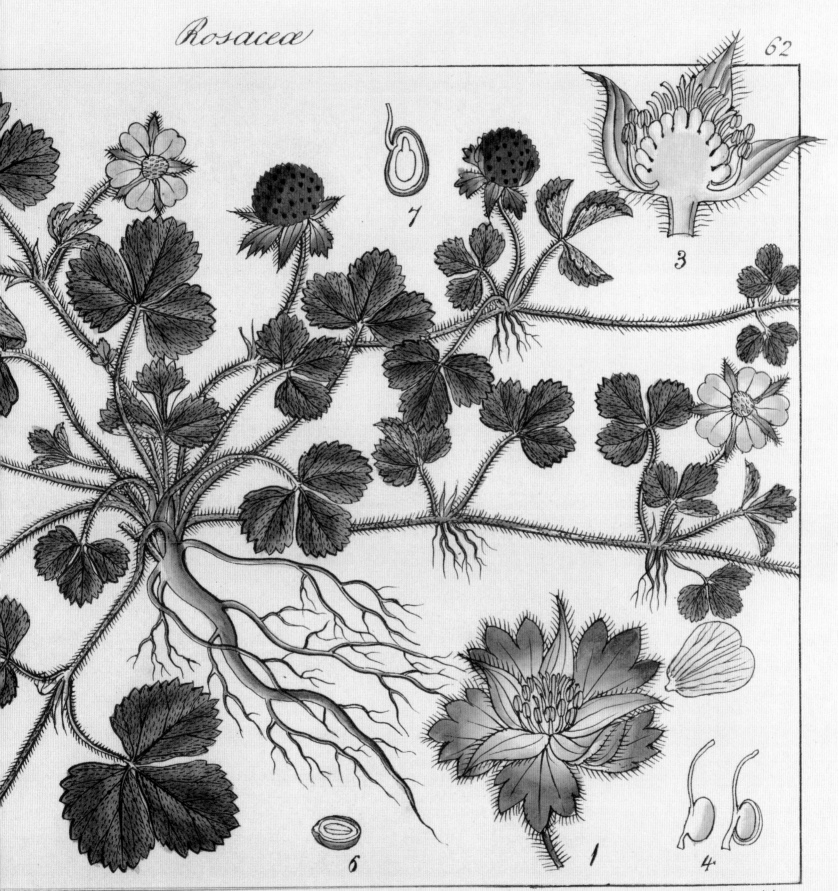

7

3

6

1

4

Dumphy, Lith.

Fragaria indica (Andr.)

孟宗竹

孟宗竹（學名：*Phyllostachys edulis*；俗名：Moso bamboo）的林冠可以長到離地30公尺（100英尺）高，讓人常誤以為這些巨型竹子是樹木。但孟宗竹是一種禾本科植物，可說是非常高大的木質草。就像其他禾本科植物一樣，它的特點是具有一個稱為「稈」的連接莖。

雖然「竹」讓西方人聯想到日本，但孟宗竹其實原生於中國溫帶地區的山坡上，日本只是將其引進異域種植。孟宗竹在全亞洲具有重要經濟意義，被當作食物來源、建築材料以及紡織和造紙的纖維。

孟宗竹的生長速度驚人，新的莖每天可以長高超過1公尺（3英尺）。土壤下的生長也很活躍：密集交織生長的根與根莖（地下莖），持續不間斷地拓展，吐出新芽來移植領土。這種營養生長是孟宗竹的主要繁殖策略。因此，整個山坡地的群落可能由單一個體的複製體所組成。雖然孟宗竹也可以進行有性生殖，但它每50至60年才開一次花；然而，當它開花時，會產生成千上萬個發芽迅速的種子。

當孟宗竹被帶出原生地、引入其他地區時，人們便認識了它那侵略性的生長習性。個別植株可以快速逃出花園並入侵周邊地區。難以穿透的根墊、厚重的枯枝層、濃密的樹蔭，孟宗竹能輕易扼殺其他植物。孟宗竹的嫩芽（竹筍）是可食用的，但就像許多竹子一樣，孟宗竹會用含有草酸和氰化物化合物的強效化學混合物來保護自己。不過，只要充分煮沸，這些化合物就會分解，使竹筍可食用無虞。

位於日本的竹林冠
京都附近的嵯峨野竹林佔地16平方公里（6平方英里），茂密竹林的美麗與寧靜祥和備受珍視。

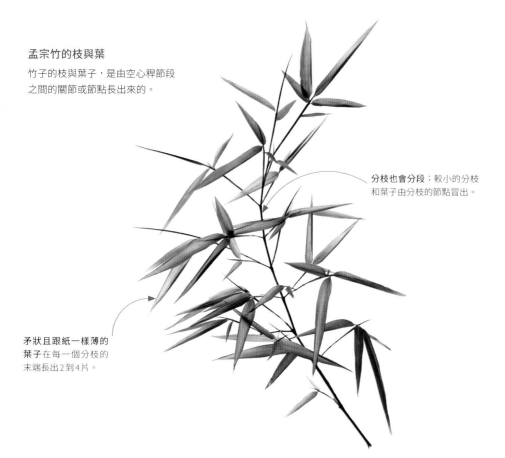

孟宗竹的枝與葉
竹子的枝與葉子，是由空心稈節段之間的關節或節點長出來的。

分枝也會分段：較小的分枝和葉子由分枝的節點冒出。

矛狀且跟紙一樣薄的葉子在每一個分枝的末端長出2到4片。

葉 Leaves

葉。一個扁平且通常是綠色的結構，直
接或藉由柄來附著於植物的莖上，光合
作用與蒸散作用的作用位置。

落葉性的闊葉樹

許多植物，例如這種糖槭（學名：
Acer saccharum subsp. saccharum；
俗名：Sugar maple），具有大而扁
平的葉子，讓可進行光合作用的
表面積最大化。

葉的類型

葉子分為兩大類：常綠的，全年都會留在植物上，或落葉的，會季節性
的掉落。葉子是植物的一個重要投資。常綠的葉子對植物長期來說，可
以最小化對資源的需求，但是如果因為不利的條件讓葉子不太可能全年
存活的話，那落葉性的葉子可能就更有益。

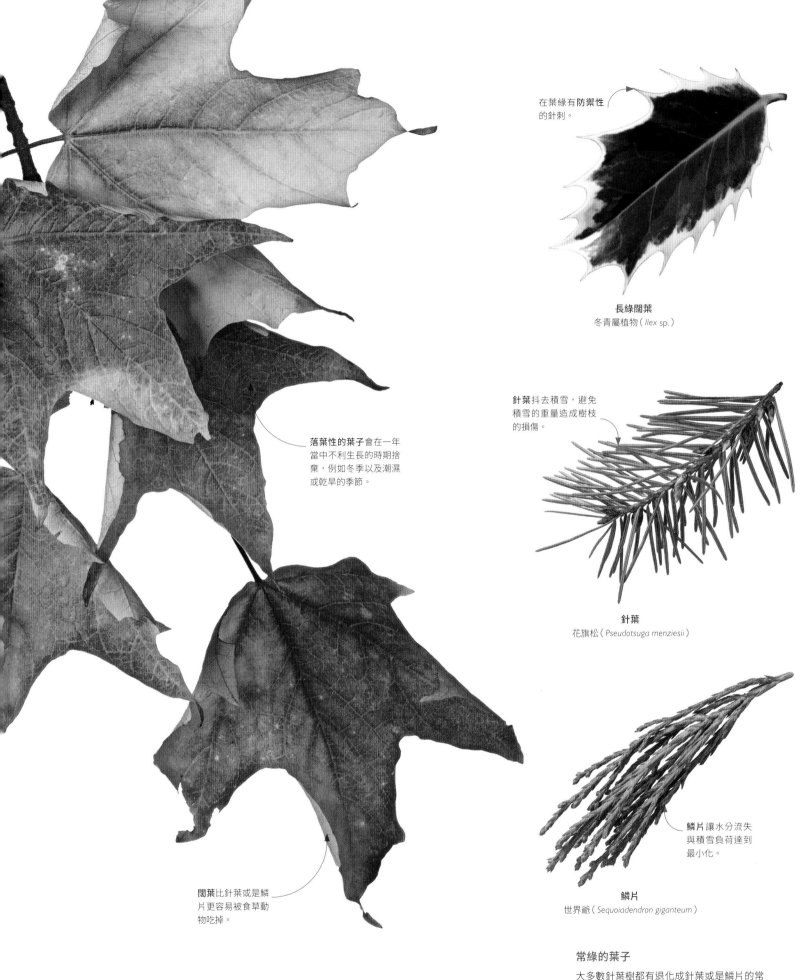

在葉緣有**防禦性**
的針刺。

長綠闊葉
冬青屬植物（*Ilex sp.*）

針葉抖去積雪，避免
積雪的重量造成樹枝
的損傷。

針葉
花旗松（*Pseudotsuga menziesii*）

落葉性的葉子會在一年
當中不利生長的時期捨
棄，例如冬季以及潮濕
或乾旱的季節。

鱗片讓水分流失
與積雪負荷達到
最小化。

鱗片
世界爺（*Sequoiadendron giganteum*）

闊葉比針葉或是鱗
片更容易被食草動
物吃掉。

常綠的葉子

大多數針葉樹都有退化成針葉或是鱗
片的常綠葉子。這些葉子可以行光合作用的表面積
較小，但一整年都可以進行光合作用。它們
已經適應了寒冷的冬天。

葉的結構

大多數的葉子都充滿為了行光合作用而能捕捉光線的細胞。這些葉肉細胞藉由葉脈網路供應水和養分。葉脈還會將光合作用中產生的碳水化合物傳輸到植物的其他部位。葉子表面上的孔，稱為「氣孔」，開啟時可以吸收二氧化碳，關閉時可以避免水分流失。葉子表面上，覆蓋著一層稱為「角質層」的防水蠟質，可以防止水分從葉表蒸發。

葉子內部
芋頭葉（學名：*Colocasia esculenta*；俗名：Taro）被稱為「表皮」（藍色）的單層細胞所覆蓋。內部有「柵狀葉肉」（綠色）和「海綿狀葉肉」（黃色）細胞。灰色的結構是由木質部和韌皮部導管所組成的葉脈或維管束。

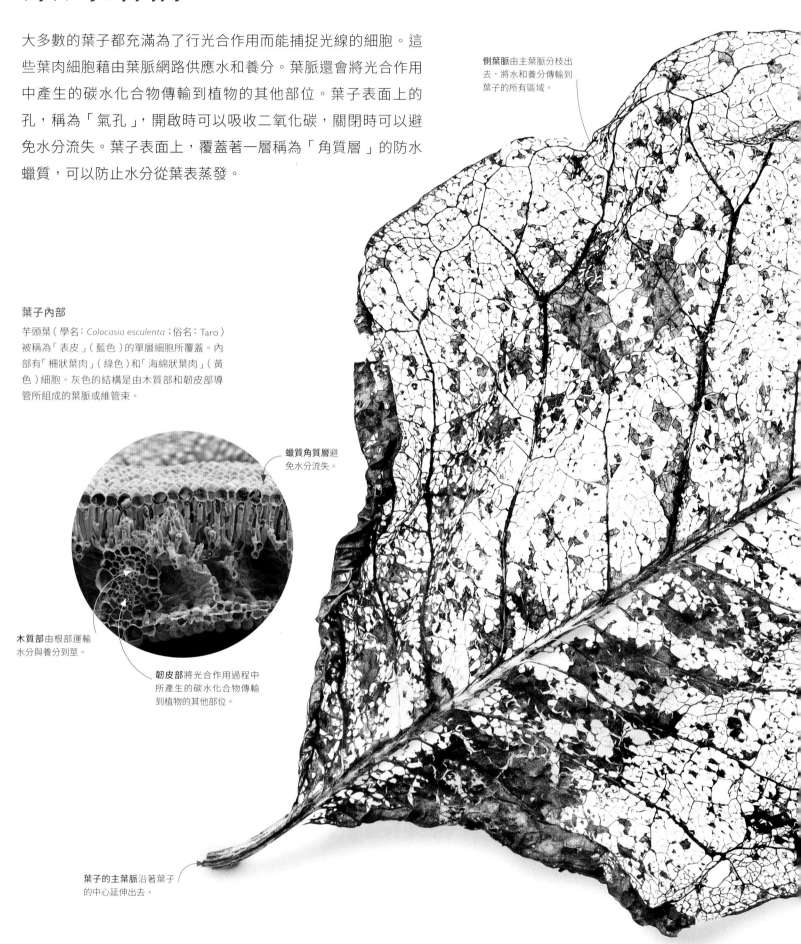

側葉脈由主葉脈分枝出去，將水和養分傳輸到葉子的所有區域。

蠟質角質層避免水分流失。

木質部由根部運輸水分與養分到莖。

韌皮部將光合作用過程中所產生的碳水化合物傳輸到植物的其他部位。

葉子的主葉脈沿著葉子的中心延伸出去。

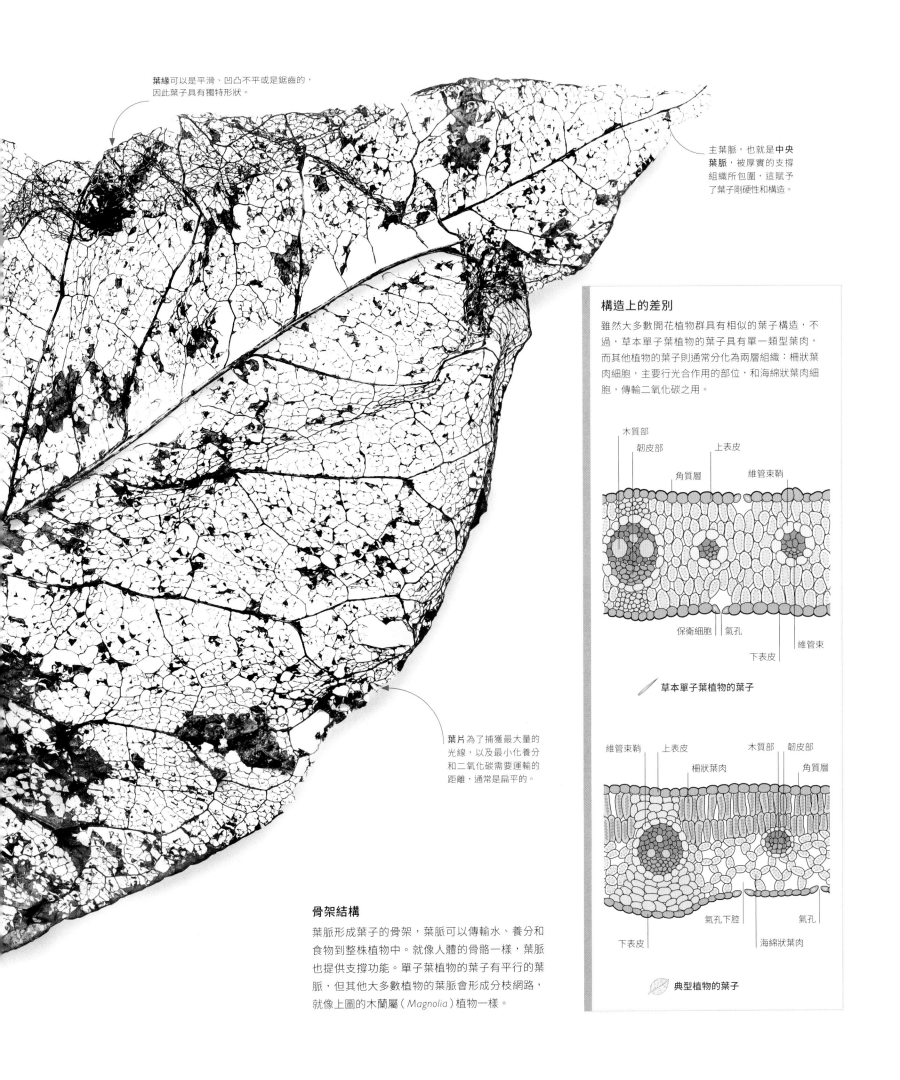

葉緣可以是平滑、凹凸不平或是鋸齒的，因此葉子具有獨特形狀。

主葉脈，也就是**中央葉脈**，被厚實的支撐組織所包圍，這賦予了葉子剛硬性和構造。

構造上的差別

雖然大多數開花植物群具有相似的葉子構造，不過，草本單子葉植物的葉子具有單一類型葉肉，而其他植物的葉子則通常分化為兩層組織：柵狀葉肉細胞，主要行光合作用的部位，和海綿狀葉肉細胞，傳輸二氧化碳之用。

木質部
韌皮部
上表皮
角質層
維管束鞘
保衛細胞
氣孔
維管束
下表皮

草本單子葉植物的葉子

維管束鞘
上表皮
木質部
韌皮部
柵狀葉肉
角質層
氣孔下腔
氣孔
下表皮
海綿狀葉肉

典型植物的葉子

葉片為了捕獲最大量的光線，以及最小化養分和二氧化碳需要運輸的距離，通常是扁平的。

骨架結構

葉脈形成葉子的骨架，葉脈可以傳輸水、養分和食物到整株植物中。就像人體的骨骼一樣，葉脈也提供支撐功能。單子葉植物的葉子有平行的葉脈，但其他大多數植物的葉脈會形成分枝網路，就像上圖的木蘭屬（*Magnolia*）植物一樣。

複葉

複葉指的是一個葉柄上有兩片以上的多片小葉；以投入相同的生長所需資源而言，這種構造為植物提供了更多可以行光合作用的表面積，對於樹枝這類在生長上屬於較高耗能的支持組織來說，可以滿足生長所需。大於三片小葉從單一共同生長點長出的葉子，稱為「掌狀複葉」，而小葉從沿著中央莖或葉軸的不同位置長出時，被稱為「羽狀複葉」。

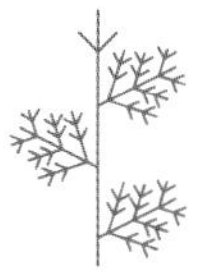

三回羽狀複葉（互生）
蕨類

羽片

葉軸

裂片

小羽片

羽片沿著葉軸以交錯的方式排列。

蕨葉

大多數蕨類植物，就如上圖這片蕨葉，展現出不同程度的羽片。小葉被稱為羽片，而且這些小葉通常會進一步再細分為小羽片。小羽片又再細分成裂片。

成對的小葉沿著
葉軸發育。

一回羽狀複葉（偶數羽狀複葉）
羅望子（*Tamarindus indica*）

頂生小葉在葉軸
的末端形成。

一回羽狀複葉（奇數羽狀複葉）
卵形山核桃（*Carya ovata*）

小葉本身呈現
羽狀分裂。

二回羽狀複葉（對生）
銀合歡（*Leucaena leucocephala*）

具翼葉柄（葉柄）看起
來就像真正的葉子。

單葉的
馬蜂橙（*Citrus hystrix*）

兩個小葉由單個葉
柄長出。

二葉的
南美叉葉樹（*Hymenaea courbaril*）

三個小葉組成
單個掌狀葉。

三葉的
三葉草（*Trifolium sp.*）

在一個葉柄上有四個
掌狀排列的小葉。

四葉的
南國田字草（*Marsilea crenata*）

具有五個小葉的
掌形複葉。

五葉掌狀的
紅花七葉樹（*Aesculus pavia*）

小葉的數量取決於
其生長條件。

多葉的
大麻屬植物（*Cannabis sp.*）

莨苕壁紙設計，1875 年

威廉‧莫里斯（William Morris）的壁紙和布料圖案設計，採用了重複的大型花朵、葉子或果實。在他最昂貴的壁紙中，他採用莨苕（Acanthus）葉子為圖案，「莨苕」是一種自古以來就出現在建築和藝術作品中的植物圖案。這個壁紙作品由倫敦傑佛瑞公司（Jeffrey & Co）印刷，每一組圖案都用 15 種天然染料和 30 個獨立木塊來進行。

> 當一個裝飾無法讓你想起某些更深沉的生命意義，那麼這一類的裝飾都將是徒勞……

威廉‧莫里斯，《圖騰講座》（*Lecture on pattern*，1881 年）

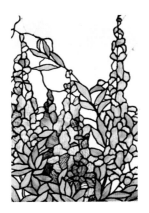

玻璃藝術

這種裝飾性彩色玻璃窗設計來自義大利藝術家喬瓦尼・貝爾特拉米（Giovanni Beltrami，1860~1926）之手。精緻的葉子和花卉圖案呈現出典型的新藝術風格。

藝術創作中的植物

自然的設計

十九世紀後期的美術工藝運動（The Arts and Crafts movement），是針對工業化之後對一般人生活的影響，以及大規模生產劣質商品與設計所做出的反應。運動的核心價值在於緬懷舊時代的簡單、精美材料和誠實的工藝，領導運動的工匠和設計師們主要受到自然界中的各種不同形狀樣式所啟發。

〈七葉樹（馬栗）〉（Horse chestnut，1901年）
蘇格蘭藝術家珍妮・福德（Jeannie Foord）的植物畫是由設計師觀點所完成的作品。這些畫作是對日常所見的葉子和花朵簡單自然美的頌揚，更代表了美術工藝運動的價值。

美術工藝運動背後的推手是英國工匠威廉・莫里斯。幾乎所有這些壁紙和紡織品的設計都呈現出纏繞的卷鬚、葉子和花朵。通常，這些圖案會以所根據的植物來命名，但莫里斯的設計風格是被植物的不同形式所喚起，而不是直接複製植物學上的特徵。

莫里斯對古代的藥草書、中世紀木刻、掛毯和裝飾手稿的研究，為他的設計帶來了許多靈感，而且，他還復興了木版印刷和手工編織等傳統工藝。他敦促設計科系的學生可藉由勤奮的自然研究、不同時代的藝術研究和想像力來校正「矯揉造作的作品」。

受到美術工藝運動的影響，新藝術派藝術家和設計師將自然視為生命的潛在力量，並根據旋轉生長的植物根、卷鬚和花的自然形狀，經常還融入賞心悅目的女性圖像，形成了這個派別的獨特風格。

正在發育的葉子

就像植物的所有部分一樣，葉子是從一簇分裂細胞發展而來。許多樹種，特別是針葉樹，會不斷產生葉子，但落葉闊葉樹就只能在一年的特定時間生長葉子。秋季時節，落葉樹會長出硬化的休眠芽，這些休眠芽當中含有部分已發育的葉子。這些芽受到保護度過寒冬，並在春天來臨、凍傷的風險解除之後，迅速生長建立新葉。

隨著芽開始膨大，芽鱗會變大以保護幼葉。

芽內葉片的褶皺數決定了它的最終形狀。

葉子在每個芽內成對形成，彼此推擠進而生長成正確的形狀。

被稱為鱗片的特化葉子可用來保護幼芽。

在芽內，葉子的葉片（葉身）沿著葉脈摺疊。

新迸出的葉子仍然皺縮。

楓樹葉芽在莖的相對側成對生長。

隨著葉子的生長，芽鱗最終會脫落。

新長出的葉子慢慢會
展開並且變平坦。

紅色素可以保護年輕的
楓樹葉免受光線傷害。

幼葉的組織柔軟，
容易損壞。

正確的時機

新葉子必須在恰當的時間萌發；如果
芽苞太早迸裂，幼葉會有被霜凍損壞
的危險；如果太晚萌發，它們會失去
寶貴的生長時間。如本跨頁圖中這
株岩槭（學名：*Acer pseudoplatanus*；
俗名：Sycamore maple）會監測低溫
的日子已過了多少天，並在天氣回暖
後，芽才會開始迸裂。

為什麼葉子是綠色的

葉子含有「葉綠素」。葉綠素是一種能捕獲光能，並將之
用於光合作用的色素（參見第128~129頁）。葉綠素被儲
存在有層層疊起膜狀結構的微小顆粒內，這些微小顆粒存
在於葉片細胞內，並被稱為「葉綠體」。葉綠體會吸收光
譜中除了綠色以外其他波長的光，因此綠光會從葉子中反
射出來，或是直接穿透葉子，葉子才會看起來是綠色的。

光　　　　　反射光

葉綠體

穿透光

葉綠體吸收光裡面的顏色

展開的楓樹葉有五個
掌狀裂片。

孢子葉

蕨類植物不開花，但葉背的斑點處會產生孢子（參見第338頁）。每個斑點或附著物都有一個保護性的覆蓋物——孢膜，如圖中所顯示的半圓形結構。當孢膜皺縮時，蕨類植物就能釋放孢子。

歐洲鱗毛蕨（*Dryopteris filix-mas*）

展開的蕨

正在生長的蕨葉會緊密地捲曲成稱為「提琴頭」的構造，這個結構可以保護嬌嫩的生長端。當它們慢慢展開時，葉子的下部會變硬並開始行光合作用，提供葉子其餘部分發育所需的能量。這種伸直的過程稱為「拳卷幼葉展開」，主要存在於蕨類植物和類似棕櫚的蘇鐵類植物中。

為什麼蕨類會捲收

蕨類植物的大型葉子相對較少，但每一葉都是資源的主要投資。雖然捲葉的光合作用能力有限，卻可以保護不受食草動物破壞。減少食草昆蟲造成的損害，往往比損失光合作用重要。

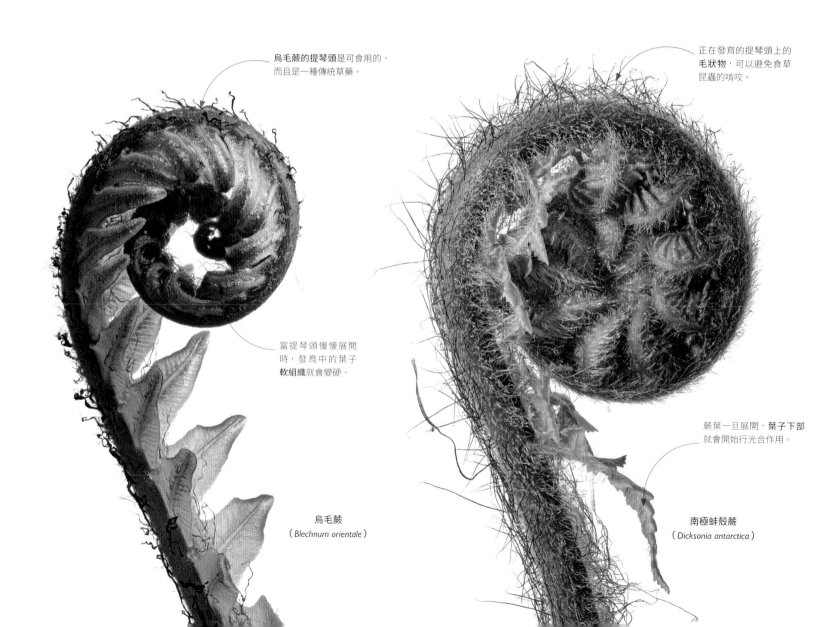

烏毛蕨的提琴頭是可食用的，而且是一種傳統草藥。

正在發育的提琴頭上的**毛狀物**，可以避免食草昆蟲的啃咬。

當提琴頭慢慢展開時，發育中的葉子軟組織就會變硬。

蕨葉一旦展開，**葉子下部**就會開始行光合作用。

烏毛蕨
（*Blechnum orientale*）

南極蚌殼蕨
（*Dicksonia antarctica*）

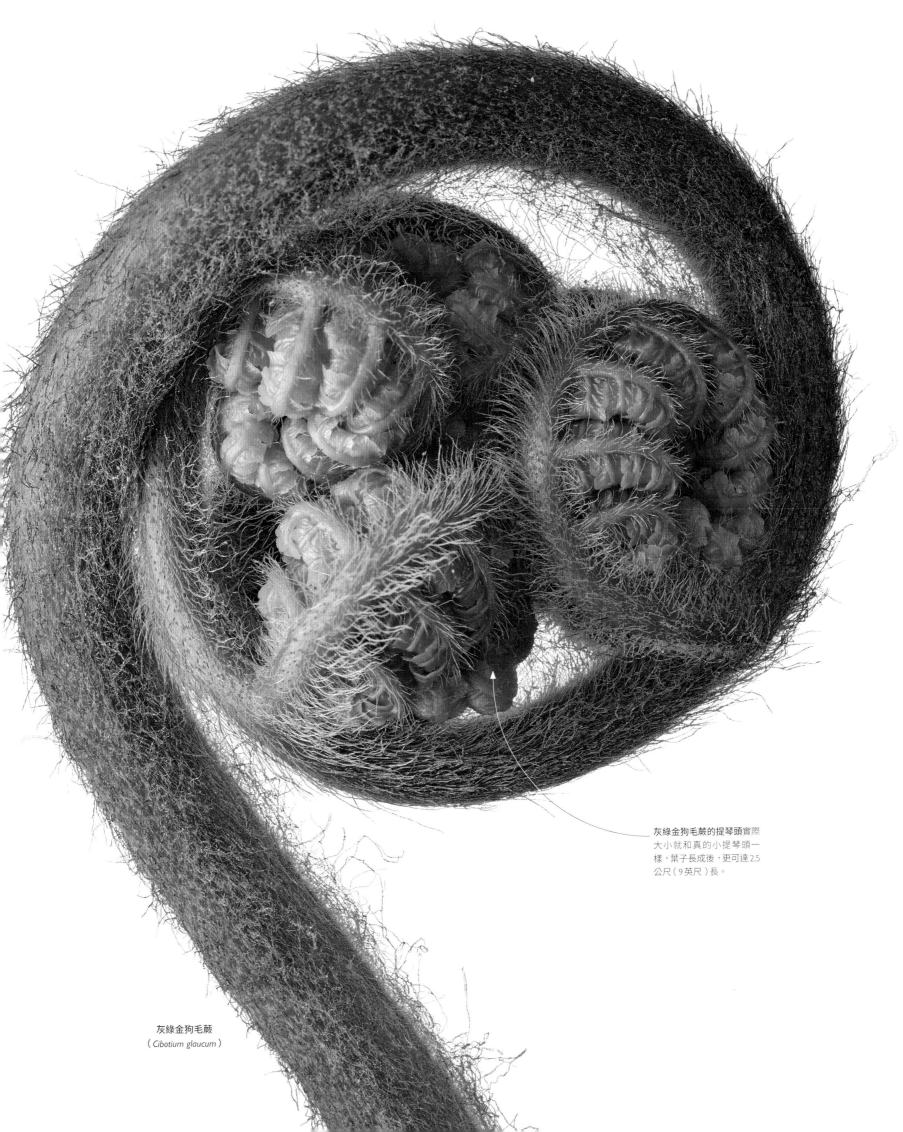

灰綠金狗毛蕨的提琴頭實際
大小就和真的小提琴頭一
樣，葉子長成後，更可達2.5
公尺（9英尺）長。

灰綠金狗毛蕨
（Cibotium glaucum）

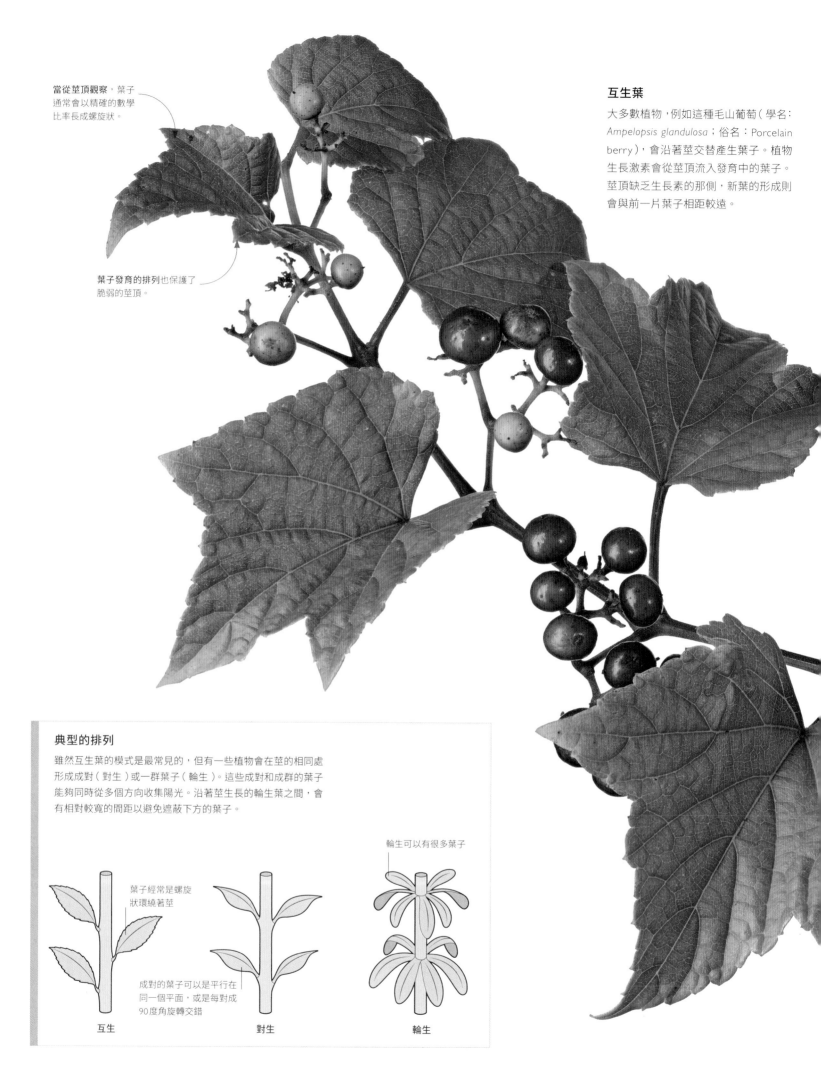

當從莖頂觀察，葉子
通常會以精確的數學
比率長成螺旋狀。

葉子發育的排列也保護了
脆弱的莖頂。

互生葉

大多數植物，例如這種毛山葡萄（學名：
Ampelopsis glandulosa；俗名：Porcelain
berry），會沿著莖交替產生葉子。植物
生長激素會從莖頂流入發育中的葉子。
莖頂缺乏生長素的那側，新葉的形成則
會與前一片葉子相距較遠。

典型的排列

雖然互生葉的模式是最常見的，但有一些植物會在莖的相同處
形成成對（對生）或一群葉子（輪生）。這些成對和成群的葉子
能夠同時從多個方向收集陽光。沿著莖生長的輪生葉之間，會
有相對較寬的間距以避免遮蔽下方的葉子。

輪生可以有很多葉子

葉子經常是螺旋
狀環繞著莖

成對的葉子可以是平行在
同一個平面，或是每對成
90度角旋轉交錯

互生　　　　　　　對生　　　　　　　輪生

葉子的排列

植物除了要避免被鄰近植物遮擋，也必須避免自己的葉子相互遮擋。發生在每個物種上的葉子的排列（或稱「葉序」）都有其特有的模式來防止上層的葉子阻擋到下層分枝的光線，使植物能吸收到最多陽光。

吸引鳥類或是其他種子播遷者且有著**鮮豔色彩的漿果**，位於葉與葉之間的空隙中。

複雜的組成

由潘朵拉・賽勒斯（Pandora Sellars）所繪的暗色蕾麗雅蘭（*Laelia tenebrosa*）、蔓綠絨雜交種（*Philodendron hybrid*）、紅羽竹芋（*Calathea ornata*）、賴克林蔓綠絨（*Philodendron leichtlinii*）、水龍骨科蕨類（*Polypodiaceae*，1989年），不僅展現了賽勒斯精確地彩繪植物的卓越能力，也表現出富藝術性的構圖。她精采地捕捉了光線在所有葉子上所產生的效果。

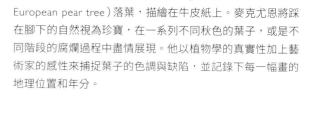

〈布列塔尼〉（細部，*Brittany*，1979年）

右頁這幅精緻的西洋梨（學名：*Pyrus communis*；俗名：European pear tree）落葉，描繪在牛皮紙上。麥克尤恩將踩在腳下的自然視為珍寶，在一系列不同秋色的葉子，或是不同階段的腐爛過程中盡情展現。他以植物學的真實性加上藝術家的感性來捕捉葉子的色調與缺陷，並記錄下每一幅畫的地理位置和年分。

— 124・125 葉 Leaves —

藝術創作中的植物

藝術家對植物學的重新詮釋

當藝術家們停止尋找完美的樣本，並選擇帶有細微缺陷的一般蔬菜、果實和花朵，以及被甲蟲摧殘與在腐爛階段的葉子來展現它們的美麗時，植物藝術發生了革命性的變化。二十世紀的英國藝術家羅瑞・麥克尤恩（Rory McEwen）是採用這種畫風的先驅，而且被廣泛地認為是第一位以現代藝術家的思想，來描繪自然世界的植物學畫家。

自1960年代以來，植物藝術逐漸演變，到麥克尤恩手上進入全新境界。他用牛皮紙而不是白紙來創作。他發現他的水彩畫在牛皮紙的如絲綢般光滑無孔隙的表面上，具有非凡的透明度和強度，就像中世紀裝飾手稿中的插畫一樣。

麥克尤恩用科學的精確度來繪圖，使用小又精細的刷子，並應用相同的細緻技巧在每個主題上，無論是從路面拾起的遺留花朵、洋蔥還是落葉。他花很多時間在微小的細節上描繪他的主題，強調它們的形式和顏色的美麗，甚至把所謂的缺陷都細細描繪。另一位將植物藝術帶到了二十世紀新高峰的英國藝術家是潘朵拉・賽勒斯。她的作品出現在許多植物學的出版品當中，藝術才能和感受力得到了全世界認可。當賽勒斯發現相機無法捕捉到丈夫種植在溫室中蘭花的顏色和形狀時，便開啟了植物藝術家的職業生涯。

〈在瓦拉那西所繪的印度洋蔥〉（細部，*Indian Onion painted in Benares*，1971年）

紫色和粉紅色的發光色調，描繪出洋蔥充滿質感的棕色表皮，表現出似乎伸手就可以觸摸到的真實感。這幅畫以半透明水彩上色，洋蔥看起來像懸空一樣。麥克尤恩的洋蔥系列畫作是他最具影響力也最引人入勝的作品之一。

> 66 一片垂死的葉子可以負起難以承受的重擔。99

羅瑞・麥克尤恩，《信件》（*Letters*）

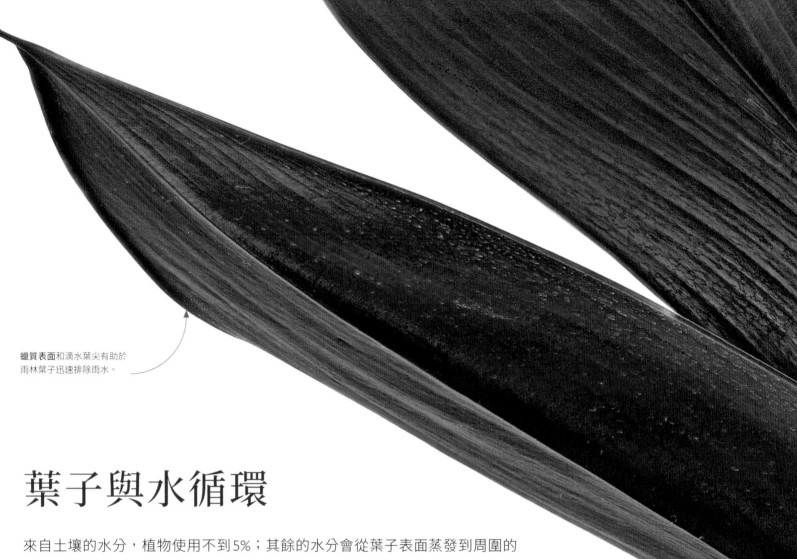

蠟質表面和滴水葉尖有助於
雨林葉子迅速排除雨水。

紅色的葉背在遮蔭
的條件下可以最大
化光吸收量。

葉子與水循環

來自土壤的水分，植物使用不到5%；其餘的水分會從葉子表面蒸發到周圍的
空氣中。這種看似浪費的過程稱為「蒸散作用」，在乾燥的氣候中，可能會造
成問題，但就許多層面上，這是非常重要的程序。蒸散作用讓即使是很高的
樹木，仍可以抵抗重力，將水向上傳輸，從而攜帶生長所需要的土壤養分一
路向上。在炎熱的氣候中，蒸發的水也可以冷卻葉子，就像人類皮膚出汗可
以降低溫度一樣。

蒸散作用

當氣孔為了吸收二氧化碳而打開
時，水分就會從葉子中不斷蒸
發，產生負壓，讓根部吸收的水
分經由維管系統（被稱為「木質
部」的細管束）向上傳輸。

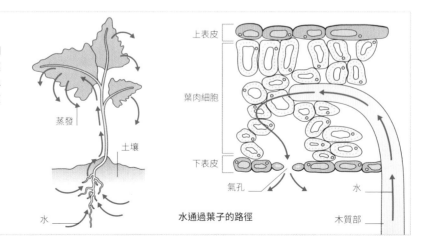

蒸發

土壤

水

水通過葉子的路徑

上表皮

葉肉細胞

下表皮

氣孔　　　　水

木質部

浪費水？

絹毛鳶尾（*Costus guanaiensis*，又
名閉鞘薑）生長南美洲的熱帶地
區。雨林中有充沛的水量，因此植
物可以產生大型的葉子，將吸收光
線達到最大化，又不會因為迅速的
蒸散作用而出現脫水的風險。每年
落在陸地上的所有降雨中，約有
30%會通過雨林植物的葉子。

雨林植物的葉子有許多氣孔，可以最大化吸收二氧化碳的量。

絹毛鳶尾的長葉子可以長到60公分（2英尺）。

葉子與光線

植物的葉子收集陽光，並藉由光合作用這複雜的過程將能量轉化成食物。植物的葉子利用光，以及一種稱為葉綠素的綠色光敏色素，將空氣中的二氧化碳和土壤中的水轉化為可以利用的糖類。整個過程的副產品，就是支持著地球上幾乎所有生命的「氧氣」。

葉子的綠色來自葉綠素，那是一種能夠吸收光能的色素。

寬闊的表面區域

因為裝飾蔓綠絨（*Philodendron ornatum*）生長在遮蔭的地方，需要在光線不足的情況下生存，所以它們的葉子都很大。與大多數植物一樣，葉脈網路將根部吸收的水輸送到葉子上；它還將光合作用產生的糖帶到植物的其他部分。

長葉莖讓植物可以將葉子傾向太陽。

裝飾蔓綠絨的葉子可以長到
60公分（2英尺）長，收穫
盡可能多的光。

葉子的頂部

葉子的背面

滴水葉尖讓葉子可以
容易排除雨水。

葉背顏色黯淡是因為
含有較少葉綠體。

光合作用

葉子表面下，有著可以進行光合作用，
稱為「葉肉細胞」的特化細胞。葉肉細
胞有稱為「葉綠體」的微小顆粒，這些
顆粒中含有吸收光的色素：葉綠素。葉
綠體從太陽光當中獲得光能，從空氣
中吸收二氧化碳，以及水（經由根從
土壤中吸收，並藉由植物的維管系統
輸送到葉子中）並將其全部轉化為葡
萄糖。這些葡萄糖會以蔗糖的方式保
存，蔗糖是植物生長所需的一種糖類。
在光合作用期間，氧氣藉由葉子的氣
孔釋放到空氣中。

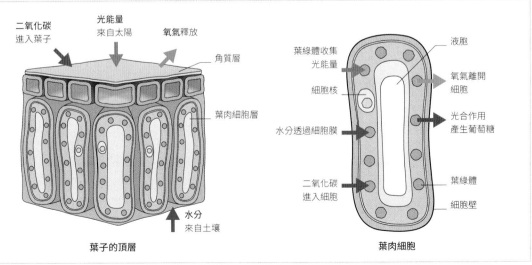

二氧化碳
進入葉子

光能量
來自太陽

氧氣釋放

角質層

葉肉細胞層

水分
來自土壤

葉子的頂層

液胞

葉綠體收集
光能量

氧氣離開
細胞

細胞核

水分透過細胞膜

光合作用
產生葡萄糖

二氧化碳
進入細胞

葉綠體

細胞壁

葉肉細胞

厚組織與硬葉脈
可以幫助大型葉
子維持形狀。

較小的表面區域可以將
熱量流失與蒸發作用達
到最小化。

微小的表面區域
使位於寒冷氣候
地區的植物，降低
熱量與水分的流
失，並擺脫積雪。

大型葉子讓林下植物可
以收穫足夠的光線。

小型葉子
密藏花屬植物（*Eucryphia* sp.）

窄葉子
松樹

大型葉子
芋（*Colocasia esculenta*）

巨型葉子
長袖大葉草（大葉蟻塔）

巨大的樹冠

大葉蟻塔（學名：*Gunnera manicata*；俗名：Giant rhubarb）
的巨大葉子，直徑可達3公尺（10英尺）。
這種植物源自於巴西溫暖濕潤的山脈，超大的葉子讓它能
在陽光爭奪戰中佔上風。

葉子的尺寸

葉子的尺寸從小於1公厘（1/25英寸），到有如羅非亞椰子屬（*Raphia* sp.）的
羅非亞椰子般、長度超過25公尺（82英尺）的巨大葉子都有。大葉子具有更
大的光合作用表面積，但也會蒸發更多水分，可以為濕熱帶地區的植物降溫。
位在寒冷高山地區的植物，有較小的葉子，所以熱量的損失也較少，可以讓
霜凍損害的可能性降至最小，然而沙漠物種所形成的微小葉子（或根本就沒
有葉子），目的是減少水分蒸發量。

在溫帶氣候中的**中等大小葉子**，
能最大化光合作用並且幫助避免
過多的水分流失。

中等大小葉子
日本槭（*Acer japonicum*）

葉子的外型

葉子有各種各樣的形狀和大小，它們使植物在自然棲息地裡
茁壯成長。葉子的形狀讓植物在對光線的需求與避免水分流
失或抵抗風雨所造成的損壞之間取得了平衡。「單葉」顧名
思義就是一片，而「複葉」則由好幾個部分組成。

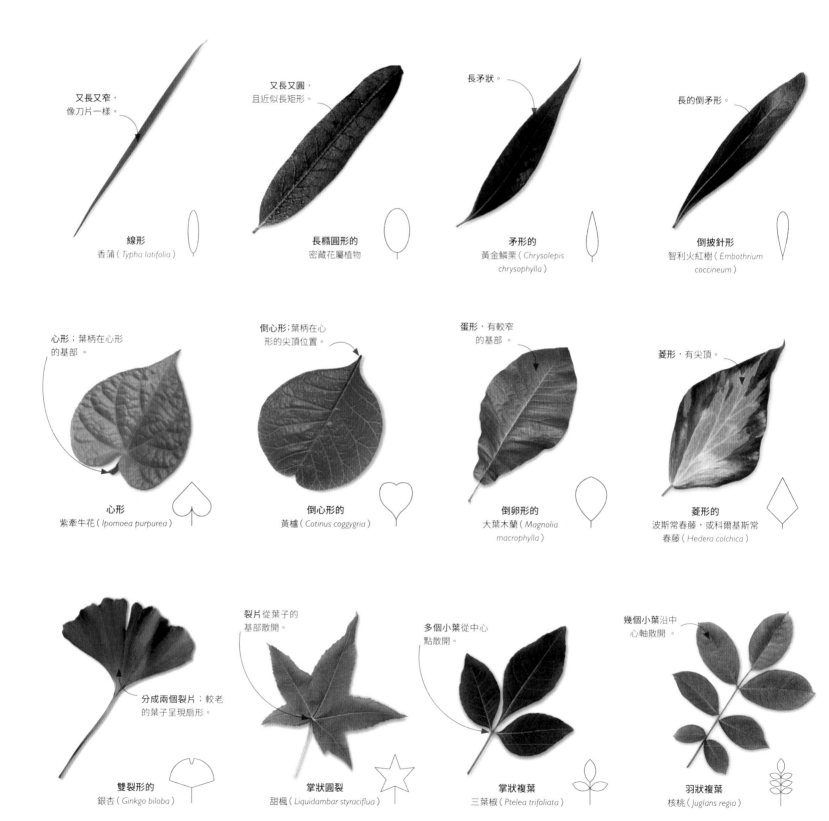

又長又窄，
像刀片一樣。

線形
香蒲（ *Typha latifolia* ）

又長又圓，
且近似長矩形。

長橢圓形的
密藏花屬植物

長矛狀。

矛形的
黃金鱗栗（ *Chrysolepis
chrysophylla* ）

長的倒矛形。

倒披針形
智利火紅樹（ *Embothrium
coccineum* ）

心形；葉柄在心形
的基部。

心形
紫牽牛花（ *Ipomoea purpurea* ）

倒心形；葉柄在心
形的尖頂位置。

倒心形的
黃櫨（ *Cotinus coggygria* ）

蛋形，有較窄
的基部。

倒卵形的
大葉木蘭（ *Magnolia
macrophylla* ）

菱形，有尖頂。

菱形的
波斯常春藤，或科爾基斯常
春藤（ *Hedera colchica* ）

分成兩個裂片；較老
的葉子呈現扇形。

雙裂形的
銀杏（ *Ginkgo biloba* ）

裂片從葉子的
基部散開。

掌狀圓裂
甜楓（ *Liquidambar styraciflua* ）

多個小葉從中心
點散開。

掌狀複葉
三葉椒（ *Ptelea trifoliata* ）

幾個小葉沿中
心軸散開。

羽狀複葉
核桃（ *Juglans regia* ）

平行演化或趨同演化

為什麼在相同環境中生長的物種會具有相似形狀的葉子？演化是關鍵原因。隨著時間推移，葉子形狀越能適應環境的植物，就越能存活下來並繁殖，因此，植物的DNA會隨之改變。葉子形狀不太理想的植物會死亡。演化不會總是創造出完美的葉子形狀，而是會選擇留下最好的。

湯匙狀，有圓頂。

匙狀
阿拉伯芥（ *Arabidopsis thaliana* ）

橢圓形
且尖端細的。

橢圓形的
榕樹

蛋形，由更寬的
基部逐漸變細。

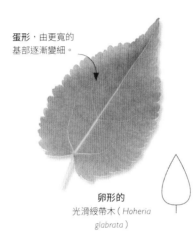

卵形的
光滑綬帶木（ *Hoheria glabrata* ）

圓形中間有葉柄。

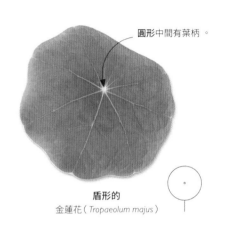

盾形的
金蓮花（ *Tropaeolum majus* ）

三角形，
在基部有葉柄。

三角形的
香蜂草（ *Melissa officinalis* ）

矛狀，有指向外的裂片。

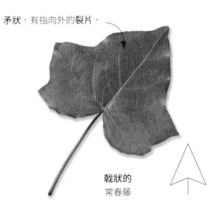

戟狀的
常春藤

箭頭狀，裂片
指向葉柄。

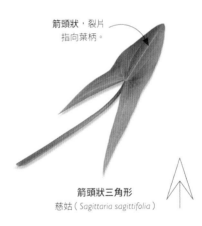

箭頭狀三角形
慈姑（ *Sagittaria sagittifolia* ）

深裂片。

羽狀粉裂的
櫟樹（ *Quercus sp.* ）

尖尖的葉緣。

有刺的
冬青屬植物

腎形，在基部
有刻口。

腎形的
白睡蓮（ *Nymphaea alba* ）

扇形，
有許多裂片。

多葉扇形
垂葉棕櫚（ *Trachycarpus fortune* ）

葉片上有洞。

網狀的
龜背芋（ *Monstera deliciosa* ）

專為排水設計

滴水葉尖通常與排水的主要葉脈排成一列。更複雜葉子的每個裂片,如右圖所示的裂片或蕨葉的裂片(羽片),會形成其自己的滴水葉尖。結合葉子的防水層,也就是蠟質外層(角質層),滴水葉尖使雨林植物能夠應付極端的強降雨。

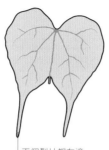

兩個裂片都有滴水葉尖

攀援羊蹄甲
(*Bauhinia scandens*)

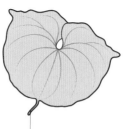

一個中央滴水葉尖的兩側還有另外兩個滴水葉尖

非洲薯蕷
(*Dioscorea sansibarensis*)

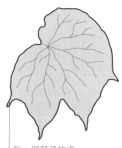

每一個葉子的滴水葉尖數量不一

總苞秋海棠
(*Begonia involucrata*)

每一個裂片都有一個滴水葉尖

龜背芋
(*Monstera deliciosa*)

皇后花燭

原生於南美洲的皇后花燭(長葉花燭,學名:*Anthurium warocqueanum*;俗名:Queen anthurium)具有長度超過1公尺(3英尺)的葉子。這麼大的表面區域會接收到很多的雨水,但在滴水葉尖的協助下,水會被迅速排除。滴水葉尖如火鶴(Anthurium)這一類的林下植物中,比在雨林樹冠頂部生長的植物葉子更常見,雨林樹冠在陽光下乾燥得很迅速。

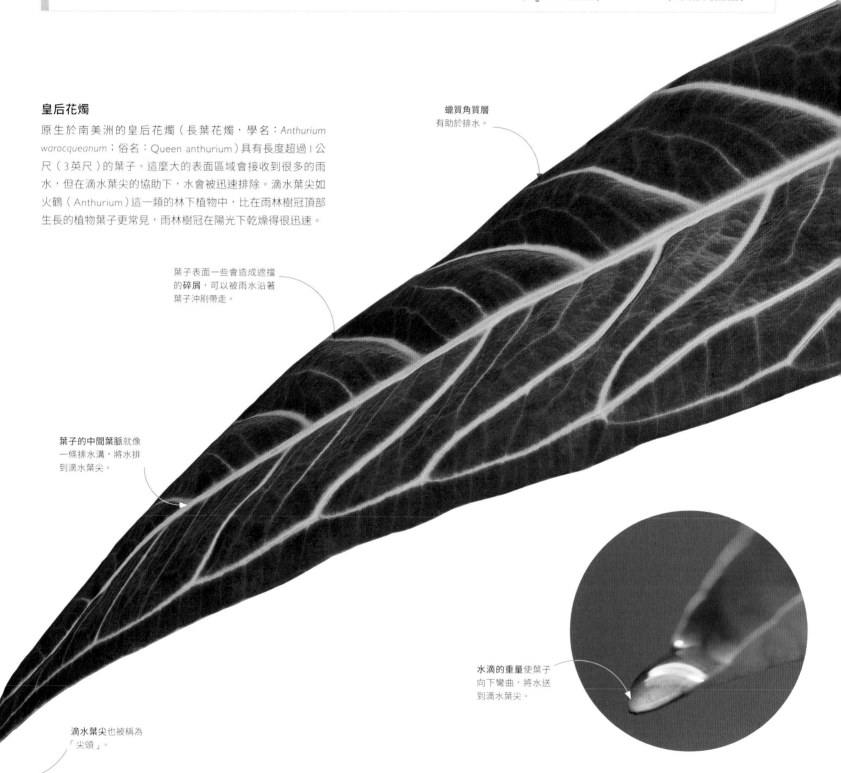

蠟質角質層
有助於排水。

葉子表面一些會造成遮擋的**碎屑**,可以被雨水沿著葉子沖刷帶走。

葉子的中間葉脈就像一條排水溝,將水排到滴水葉尖。

水滴的重量使葉子向下彎曲,將水送到滴水葉尖。

滴水葉尖也被稱為「尖頭」。

長葉子可以轉向最亮的光源。

匯流葉脈環繞在葉子靠近邊緣處，可以將水引入葉子的中央排水溝。所有的紅鶴屬植物都有匯流葉脈。

亞洲榕樹上的葉子有因應強降雨的滴水葉尖。

榕屬植物的葉片

葉柄以一定角度固定葉子，將水向下引導。

滴水葉尖

為了適應強降雨，許多熱帶雨林的葉子會形成滴水葉尖，也就是葉尖拉長，可以讓水迅速排掉。這個構造的確切好處尚不清楚，一些研究人員認為留在葉子上的水可能會促進有害真菌、藻類或細菌生長，而另一些研究人員則認為去除積水可能有助於葉子調節溫度，或防止水滴反射陽光而阻礙光合作用。

葉緣

葉子的邊緣，也稱為「葉緣」，是有區別作用的特徵，可用
於識別植物物種。葉緣形狀有助於植物適應環境——裂片狀
或是鋸齒狀邊緣增加了葉子周圍的空氣流動，會導致更多的
水分流失，但也讓葉片能夠吸收更多的二氧化碳進行光合作
用；平滑的葉緣有助於雨林植物迅速排出雨水。

邊緣光滑，沒有鋸齒
（齒）或凹痕。

全緣葉
密藏花屬植物

鋸齒狀，帶有指向
葉尖的鋸齒。

鋸齒狀
薄荷（*Mentha sp.*）

非常精細，指向葉尖的
鋸齒，比鋸齒狀葉子的
鋸齒更精細。

有細鋸齒的
小彼岸櫻（*Prunus x subhirtella*）

葉緣的鋸齒上
有小鋸齒。

雙鋸齒狀
掌葉楓（*Acer palmatum*）

邊緣有扇貝形狀凸
起，也稱為「鈍鋸
齒狀」。

重鈍齒狀的
賴興巴赫菫（*Viola reichenbachiana*）

扇貝形狀凸起（鈍
鋸齒）比重鈍齒狀
葉子上的還要小。

圓鋸齒狀
連香樹（*Cercidiphyllum japonicum*）

葉緣包覆著細毛。

有纖毛的
臭椿（*Ailanthus altissima*）

具深波狀
波斯橡 (*Quercus macranthera*)

呈波浪形葉子邊緣。

裂口狀
沼生櫟 (*Quercus palustris*)

葉緣深深內縮。

切裂
欒樹 (*Koelreuteria paniculata*)

不規則的凹口會使葉子邊緣出現撕裂或切割。

齒狀的
土耳其櫟 (*Quercus cerris*)

葉緣的齒指向外。

細齒狀的
紅桑 (*Morus rubra*)

非常精細且指向外的齒，比齒狀葉子的齒更精細。

葉具裂片的
岩生櫟 (*Quercus petraea*)

葉緣上的圓形凹口。

棘狀的
冬青

葉緣的齒有尖銳的防禦針刺。

波狀多齒的
灰銀葉蔓綠絨
(*Philodendron ornatum*)

葉緣有立體波浪，這讓葉子很難被壓平。

葉緣與氣候

來自溫暖又乾燥氣候的植物通常具有完整（光滑）的葉緣，和鋸齒狀邊緣的葉子比起來，光滑葉緣能損失更少的水。樹液在鋸齒狀葉子中流動得更快，讓溫帶地區的植物可以在溫暖的天氣期間迅速開始光合作用。觀察化石葉子的葉緣，則可以了解到古代地球的氣候細節。

多毛葉

植物在葉子、莖和花苞上使用稱為「毛狀體」的毛狀結構，來達成除了制止食草動物、對抗極端天氣以及利用除草劑驅逐競爭植物。毛狀體可以阻礙昆蟲啃食或產卵，並可能分泌毒素來保護自己。一些帶有毛狀體的植物會將刺激性化學物質注入哺乳動物的皮膚，來警告動物遠離。

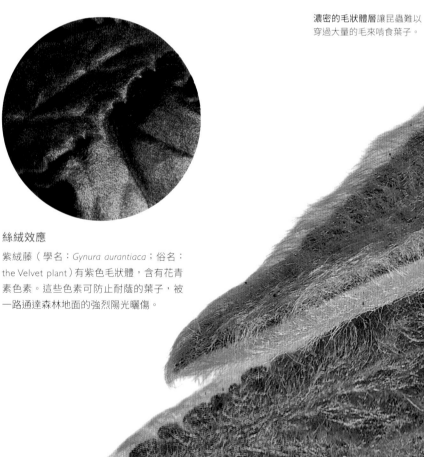

錦毛水蘇（*Stachys byzantina*）

濃密的毛狀體層讓昆蟲難以穿過大量的毛來啃食葉子。

薄荷的防禦

許多植物的毛狀體可以阻擾昆蟲啃食，有些還會主動攻擊害蟲。薄荷（學名：*Mentha* sp.；俗名：Mint）的毛狀體產生精油「薄荷醇」，既可以驅蟲，又可以殺死那些真的咬上一口的昆蟲。

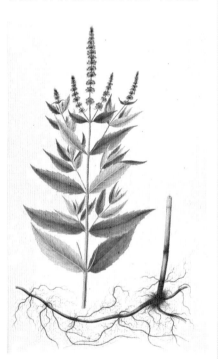

綠薄荷（*Mentha spicata*）

絲絨效應

紫絨藤（學名：*Gynura aurantiaca*；俗名：the Velvet plant）有紫色毛狀體，含有花青素色素。這些色素可防止耐蔭的葉子，被一路通達森林地面的強烈陽光曬傷。

防禦自然要素

錦毛水蘇（學名：*Stachys byzantina*；俗名：Lamb's ears）被一層絲綢般的毛狀體所覆蓋，以抵抗乾旱。這些毛可以捕捉葉子旁的水分並使風偏離，將蒸發作用降到最低，銀色可以反射過多的太陽光線和熱量。

毛茸茸的毛狀體會被一些蜜蜂採集，利用於築巢。

毛狀體覆蓋葉子、莖和花蕾苞，使它們隔絕霜凍和炎熱。

錦毛水蘇也有「腺體毛狀體」，會排出具有抗菌特性、有助於使植物免於疾病的化合物。

Gatos

Rubus sijluestris s. leninus

83

容易鑑定

容易鑑定

尼可拉斯·庫爾佩珀的著作《英國醫生》當中,相似的植物常常被放置在一起,使鑑定更容易。如左圖,粗毛春菊(Corn marigold)與法國菊(Ox-eye daisy)被描繪在一起。

藝術創作中的植物

古代本草書

「本草書」指的是當中含有對植物屬性與藥用描述和資訊的書籍或手稿。它們也被用做植物鑑定和植物研究的參考指南。本草書是最早被出版的書籍和文學之一,而且它們之中,包含了最早的已知植物素描與繪畫。

本草書內容可能來自植物傳說和古代世界的傳統藥物。一些最早的例子,來自中東和亞洲,可以追溯到西元前幾千年。本草書在古典時期很受歡迎,最具影響力的是《藥物論》(De Materia Medica,約西元50~70年),由羅馬軍隊的希臘醫生戴奧科里斯(Pedanius Dioscorides)所創作。這本書包含五百多種植物的詳細資訊,被廣泛地複製並連續使用了超過一千五百年。目前尚不清楚原始版本是否有插畫,但在公認最古老的手抄版本:《維也納抄本》(Vienna Dioscorides)中,附有自然主義風格的細緻繪畫。木版畫和木版印刷增加了複製的規模,但直到十五世紀印刷機發明後,才正式出現有大量插圖的本草書,圖畫品質也提高了。儘管後來它們受歡迎的程度不如當初,但本草書可被視為科學書籍的先驅,精確的植物學插畫價值始終不減。

CAMPANULA
2
21

Campanula
Latifolia.
Broad Leaved Bellflower.

Campanula
Trachelium.
Throatwort Bellflower.

〈庫爾佩珀的本草〉(Culpeper's herbal)

這幅手工上色的植物銅版雕刻畫出自尼可拉斯·庫爾佩珀(Nicholas Culpeper)的《英國醫生》(The English Physitian,1652年)。它價格實惠且實用易懂,因此成為同類書籍中最受歡迎的成功作品之一。

藥物論

左頁圖出自戴奧科里斯《藥物論》當中的野生樹梅(Wild bramble,希臘字「batos」指的是「就在上方」的意思)插畫,被鑑定為森林懸鉤子(Rubus sÿlvestris)。這個手抄複製本是在1460年製作的,離原本著作被製作有將近一千四百年的歷史。它是英國著名的植物學家和自然學家約瑟夫·班克斯爵士所擁有收藏品的一部分。

" ……這是一種罕見的手稿形式,從古希臘時代以降,到中世紀末期一脈相傳、不斷修訂。 "

敏塔·科林斯(Minta Collin),《中世紀本草書:2000年的插圖傳統》(Medieval Herbals: the Illustrative Traditions)

數珠星

數珠星（學名：*Crassula rupestris* subsp. marnieriana；俗名：Jade necklace）緊密堆疊的葉子，為了減少表面積以及將儲存在特化細胞當中的水分蒸發降到最低，所以長得又小又圓。它們的角質層通常覆有一層白色蠟質的「水華」，能反射來自太陽造成損害的光與熱。

緊密堆疊的葉子看起來就像一群表面有塊狀物的莖。

多肉葉

很少植物能在缺水的情況下存活很長時間，但多肉植物將水儲存在加厚的葉子或莖當中，小心保存每一滴水。葉子不僅具有緻密、防水、蠟質的角質層，且氣孔（微小的孔）經常凹陷，以減少氣流並增加周圍的濕度。與大多數植物不同，多肉植物在夜間才打開氣孔，將晝間炎熱時蒸發作用造成的水分流失減到最低。

景天酸代謝光合作用

為了達到節水目的，多肉植物會使用一種稱為「景天酸代謝」（crassulacean acid metabolism）的光合作用。進行景天酸代謝的植物不是在晝間吸收二氧化碳，而是在夜間打開氣孔以減少蒸散作用（參見第126頁）。二氧化碳被以有機酸化合物的方式儲存，然後在晝間移動到葉綠體中並釋放用於光合作用。

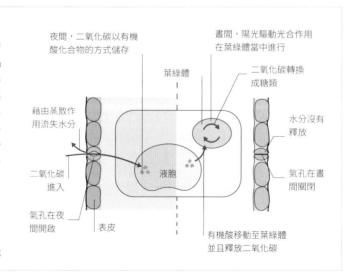

夜間，二氧化碳以有機酸化合物的方式儲存

晝間，陽光驅動光合作用在葉綠體當中進行

葉綠體

二氧化碳轉換成糖類

藉由蒸散作用流失水分

水分沒有釋放

二氧化碳進入

液胞

氣孔在晝間關閉

氣孔在夜間開啟

表皮

有機酸移動至葉綠體並且釋放二氧化碳

葉肉細胞的內部

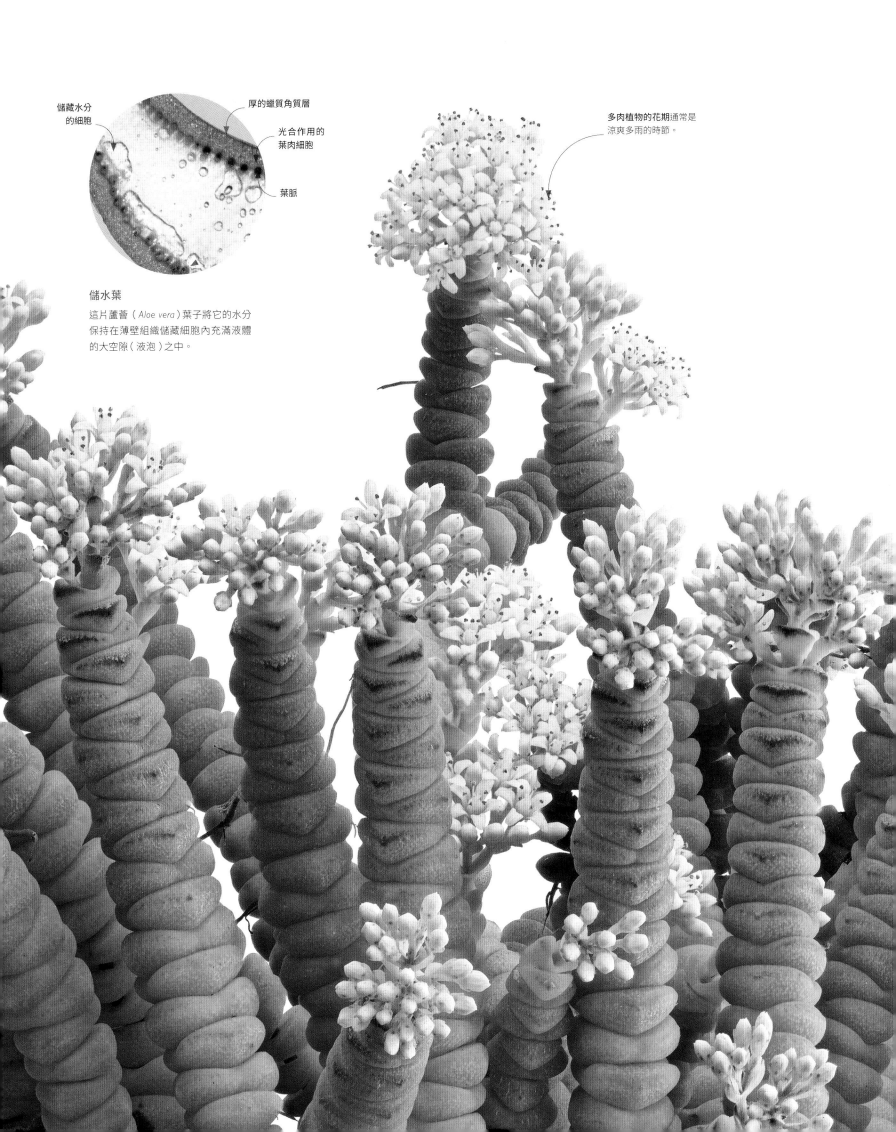

儲藏水分
的細胞

厚的蠟質角質層

光合作用的
葉肉細胞

葉脈

儲水葉

這片蘆薈（*Aloe vera*）葉子將它的水分
保持在薄壁組織儲藏細胞內充滿液體
的大空隙（液泡）之中。

多肉植物的花期通常是
涼爽多雨的時節。

自我淨潔的葉子

蓮（學名：*Nelumbo nucifera*；俗名：Sacred lotus）的葉子上覆蓋著微小的凸起和防水蠟質角質層。水滴會被角質層保護排斥並迅速滑落，但當水滴沿著葉子滾動的同時，也會拾起汙垢顆粒，清潔葉子的表面並確保光線可以到達葉面下行光合作用的細胞。人類的實驗室複製了這種機制，以創造出自我淨潔的塗層。

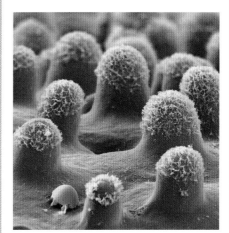

大戟屬植物的葉子表面

蠟質葉

植物最初是在水中演化，但大約4億5千萬年前，它們開始登陸移植。為了防止脫水，它們在葉子和莖上形成了一種稱為角質層的防水蠟質覆層。角質層還保護植物免受微生物感染。半透明的角質層可以讓光進入行光合作用，同時也反射過多的光和熱，以防止對植物造成損害。

傘形荷葉的長度可達60公分（2英尺）。

荷葉的表面可以自我淨潔，即使生活在泥濘的棲息地，也能保持一塵不染。

長葉柄將葉子與位於池塘底部的根連接。

驅逐露水

與睡蓮葉枕不同，在細長葉柄上的荷葉通常位於水面上方。當大且平衡的葉子振動時，葉子表面上的露水，會從防水的凸起之間流掉。

箭袋樹

箭袋樹（學名：*Aloidendron dichotomum*；俗名：the Quiver tree）這名字是由非洲南部的薩恩人所取的，他們會把這種植物的樹枝掏空，做成箭袋。箭袋樹是一種非常耐寒的大型多肉植物，可以長到7公尺（23英尺）高，並存活超過80年。

原生於納米比亞南部和南非北開普敦地區，箭袋樹基本上就是一種長得跟樹一樣大的蘆薈。和它較小的親戚一樣，它有蘆薈的蓮座叢特徵，但出現在叉狀分枝的頂端。

箭袋樹的樹枝上覆蓋著粉狀白色物質，其功能就像防曬保護劑。隨著氣溫上升，猛烈的南非陽光把大地燒得嘶嘶作響，那層白色粉末有助於箭袋樹將內部溫度保持在可容忍的程度。

春天，帶著亮橘黃色花朵的針刺，會從每個葉子的蓮座叢中冒出。這些針刺像是小旗幟，傳達訊息給遠處的野生動物——從蜜蜂到鳥類，甚至是狒狒，許多動物都會前來採食箭袋樹的花蜜。即使它沒有在開花，樹本身也能為鳥類提供堅固樹

枝做為寶貴的築巢地點。成熟的箭袋樹通常擁有廣大的織布鳥社群，牠們在樹枝間編織大而複雜的集體鳥巢，佔用任何小小陰涼處。

長時間乾旱，導致許多在原生環境裡較熱區域的箭袋樹死亡。隨著氣候變遷，預計這種乾旱將變得更加普遍與嚴重。箭袋樹死亡顯示出當地的降雨量正在劇烈變化。

分岔的習性

雖然它和樹一樣大，但箭袋樹不會產生木材。不過，它結實的樹枝中充滿了儲存珍貴水分的泥狀纖維。箭袋樹生長時，枝條會分裂，每次產生兩個新分枝。

在尖刺上的橘黃色花朵會產出大量對當地野生動物來說很重要的花蜜。

多肉的葉子

箭袋樹在亮白色的樹枝頂端有典型的蘆薈狀葉子。這些多肉葉子對光合作用和水分儲存來說都很重要。

銀葉

在陽光強烈以及蒸發量大的乾燥山區氣候當中，許多植物藉由可讓光線與熱偏離的銀色葉子來保持涼爽。這種顏色，是由下方綠葉細胞頂部所覆蓋的半透明蠟或毛層所形成的。蠟和毛也有助於減少水分流失：毛可以提高葉表周圍的濕度，將蒸發作用降到最低，蠟則可以產生額外的防水層。

有效率的氣體交換

胭脂蟲桉（學名：*Eucalyptus coccifera*；俗名：the Tasmanian snow gum）的葉子為了將暴露在陽光下的熱量降到最低，所以垂直生長。這也意味著每片葉子的兩側都可以有氣孔（孔隙），並吸收更多二氧化碳進行光合作用，而不會因蒸發作用而損失過多水分。

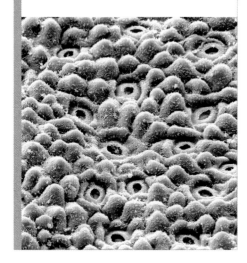

蠟在葉子剛開始形成時就會產生。

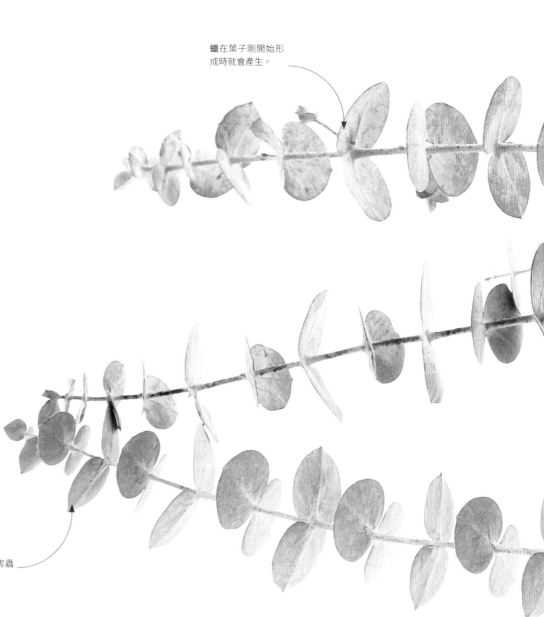

密集的蠟質覆蓋物讓害蟲很難在上面行走。

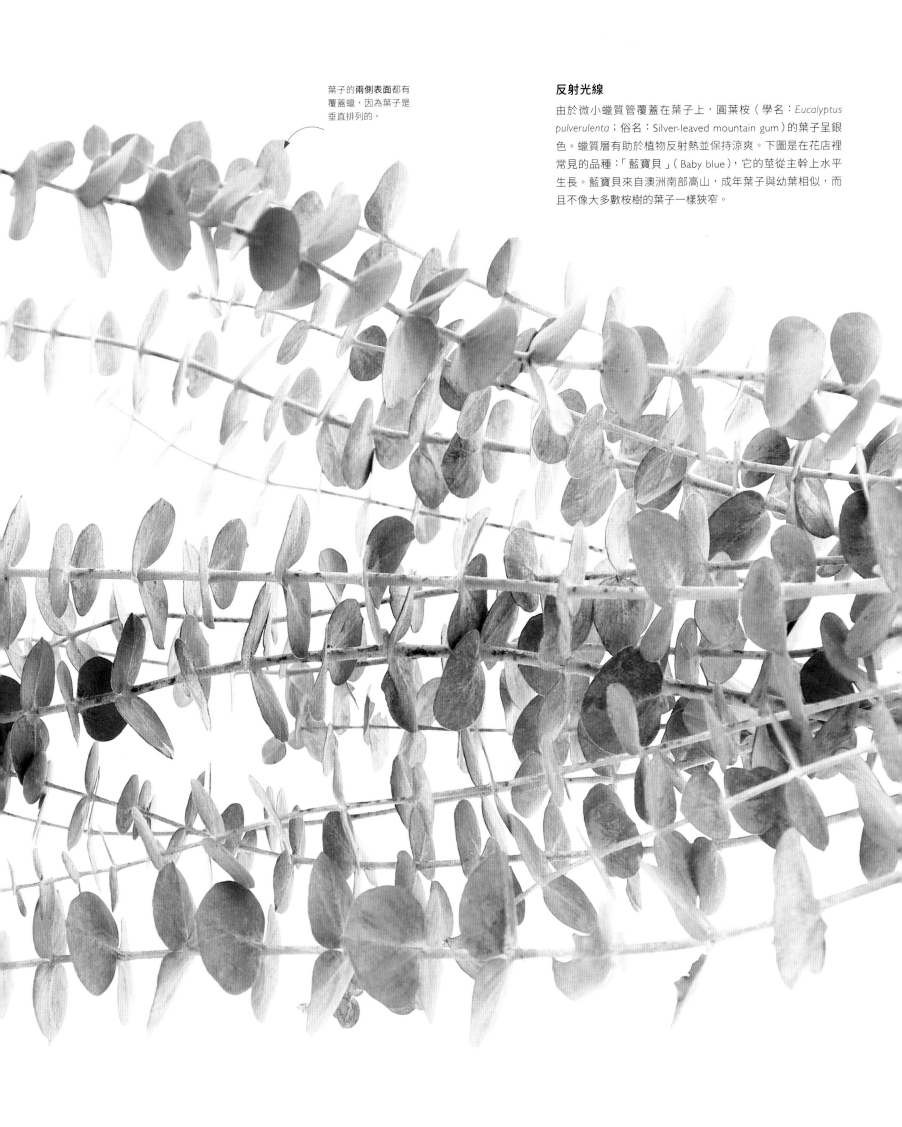

葉子的**兩側**表面都有
覆蓋蠟，因為葉子是
垂直排列的。

反射光線

由於微小蠟質管覆蓋在葉子上，圓葉桉（學名：*Eucalyptus
pulverulenta*；俗名：Silver-leaved mountain gum）的葉子呈銀
色。蠟質層有助於植物反射熱並保持涼爽。下圖是在花店裡
常見的品種：「藍寶貝」（Baby blue），它的莖從主幹上水平
生長。藍寶貝來自澳洲南部高山，成年葉子與幼葉相似，而
且不像大多數桉樹的葉子一樣狹窄。

雜斑葉片

具有兩種以上顏色的葉子稱為「雜斑」。雖然在花園中很常見，但這些葉子在自然界中卻很少見，因為只有葉子的綠色部分才能進行光合作用。有一些雨林植物會長出雜斑來避免陽光造成的傷害，或是模仿葉子受到疾病侵襲的效果，以阻止食草動物。大多數雜斑的花園植物都是「嵌合體」，指的是葉子的不同顏色部位分別來自不同遺傳背景的細胞。

外部的「皮」與其下方細胞之間的光折射氣室。

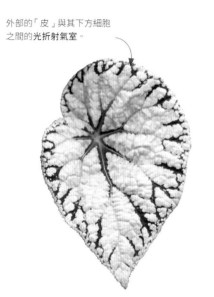

地氈秋海棠（銀色蕾絲，*Begonia* 'silver lace'）

這種螺旋雜斑的秋海棠是園藝家育種出來的。

螺葉秋海棠（*Begonia* 'escargot'）

網紋草因為其雜斑葉脈的關係，所以被又稱為「神經植物」。

網紋草（*Fittonia* sp.）

蒼白的斑塊是不能行光合作用的細胞。

麗葉斑竹芋（*Calathea bella*）

奶油色和綠色區域包含了不同遺傳背景的細胞。

斑葉挪威楓（*Acer platanoides* 'drummondii'）

不同的顏色表示存在不同的葉色素。

變葉木（*Codiaeum variegatum*）

擬態

彩葉芋（學名：*Caladium bicolor*；俗名：Angel wings）原生於中美洲和南美洲的森林。葉子上的白色和紅色斑塊不能行光合作用，但它們使葉子看起來好像已經被潛葉蟲（leaf miner）染指了。這種形式的瞞騙似乎非常有效率：在相關的物種中，像這樣的雜斑葉子被潛葉蟲感染的可能性降低了12倍。

白色的標記模仿潛葉蟲幼蟲所挖掘的隧道。

彩葉芋（*Caladium bicolor*）

雜斑紅葉和純綠色的葉子比起來，需要更多光，因為它們的光合作用效率較低。

粗肋草（*Aglaonema* sp.）

假冒的潛葉蟲隧道將葉子偽裝成被害蟲侵擾過的劣質食物源，可阻止食草動物攻擊。

彩葉芋

育種成紅色

原生種的掌葉楓有綠葉，但有些栽培品種
整個夏天都會展現紅葉。到了秋天，這些
葉子會變成更亮的紅色。

掌狀（手形）葉具有5、7或9個
鋸齒狀且尖狀的裂片。

掌葉楓

很少有葉子像掌葉楓（學名：*Acer palmatum*；俗名：the Japanese maple）
那樣容易辨認。這種吸引人的落葉樹原生於日本、北韓、韓國和俄羅
斯，因著優美的形狀、雅緻的葉子和豐富多彩的樹葉，掌葉楓已成為全
世界花園中的主流。

掌葉楓是一種相對較小、生長緩慢
的樹，高度很少超過10公尺（33英尺），
這意味著它在較高的鄰居遮蔭處，能自在
地生長。在野外，它生長在森林高度達到
1,100公尺（3,600英尺）的溫帶林地的林
下。

這種樹最吸引人的特點之一，就是多
變的外觀。不同原生種群具有多種不同的
形式，從矮小的灌木到細長的樹木都有。
而它名聞遐邇的葉子，在形狀和顏色上也
有很大的變化。這一切都與掌葉楓的DNA
有關。掌葉楓表現出相當高程度的遺傳多
樣性，來自同一棵植物的種子可以產生截
然不同的後代。

植物育種者利用這種自然變化，自
十八世紀以來創造了超過一千種不同的品
種。大部分育種都致力於讓葉子更加鮮
紅。這種鮮豔色彩來自稱為「花青素」的
植物色素，有助於保護葉子組織，使其免
於暴露於過多的紫外線輻射或有害的溫度
波動之下，也有證據顯示花青素能阻止食
草昆蟲來襲。

掌葉楓會產生小型、紅色或紫色的花
朵，藉由風力或昆蟲傳／授粉。接著產生
帶有雙翼的「翅果」種子（參見第314頁），
它們就像小型直升機，乘著風以旋轉的方
式離開親代樹。

小奇觀

有些掌葉楓直挺挺地生長；有些則樹枝低垂且往
往會長成圓頂形。秋天，葉子在脫落前會變成
令人驚豔的黃色、橘色、紅色、紫色和青銅色。

秋色

夏季即將結束，較短的日照和較涼的氣溫提醒樹木和灌木需要為冬季做
準備了。隨之而來的是壯觀的色彩——當葉子內部產生化學變化時，會
逐漸將它們從綠色變為明亮的黃色、橘色和紅色。

顏色組合

葉子的顏色來自各種化學物質的組
合。其中最明顯的是葉綠素，葉子因
此呈現綠色。類胡蘿蔔素負責黃色和
橘色色彩，而花青素則產生紅色和紫
色色調。

黃色和橘色色調是由類胡蘿
蔔素引起的，類胡蘿蔔素的
降解速度比綠色葉綠素慢。

葉綠素吸收陽光的紅色以
及藍至紫色的部分，但反
射綠光，這使葉子呈現常
見的綠色。

綠色葉綠素在強光下會降解，
但在生長季節裡會不斷被新的
葉綠素補充。

葉綠素捕獲光能，在葉綠
體進行光合作用。

一個葉子細胞的內部

葉細胞含有多種色素，在春季和夏
季，光合作用處於運作高峰時，就以
綠色葉綠素為主。葉綠素存在於稱為
葉綠體的特殊細胞結構當中，葉綠體
可以產生植物的食物。

黃色類胡蘿蔔素一直都存在，
但是當秋葉中的葉綠素被分解
時，它們就會變得更加明顯。

常見的類胡蘿蔔素，例如 β-
胡蘿蔔素呈現橘色，是因為它
們吸收藍色和綠色光並反射紅
色和黃色光。

顏色如何改變

秋天，植物產生賀爾蒙，讓葉子
組織走向死亡。葉子中的葉綠素
比類胡蘿蔔素更快分解，葉子因
此轉黃。同時，紅紫色的花青素
在稱為液泡的大細胞室中積極產
生，賦予葉子橘色色彩，當最後
的類胡蘿蔔素也消失，葉子就會
變成紅色。

綠葉變黃，
然後轉紅
角質層
上表皮
液泡中的
花青素
柵狀細胞
氣室
下表皮
氣孔
維管束（葉脈）
傳送賀爾蒙

當樹液呈酸性時會出現
紅色，如果樹液呈鹼性
時就會出現紫色。

當葉子中的澱粉分解成糖時
會出現**紅紫色**，糖與其他化
學物質反應會形成花青素。

花青素可做為保護葉子
的天然防曬劑，直到它
們被回收利用於植物的
其他部分為止。

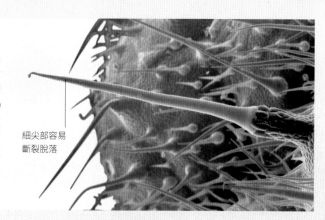

化學混合物

螯人的蕁麻毛狀體含有一系列的刺激性化學物質，包含了甲酸（formic acid）、組織胺（histamine）、血清素（serotonin）和乙醯膽鹼（acetylcholine）。這些化合物共同作用會使它們所引起的疼痛和不舒適感，比每種化學物質單獨的作用時間長很多。

細尖部容易斷裂脫落

螯葉

像蕁麻這樣會螯人的植物，被單細胞的毛（毛狀體）所覆蓋，如果動物不幸被這些充滿化學物質的毛輕輕碰觸，就會導致疼痛、發炎和刺激。脆弱的毛狀體尖端在碰觸時很容易斷裂脫落，並露出尖銳的皮下注射針，會將有毒混合物注入食草動物的皮膚下。如果蕁麻葉被食草動物破壞，它們就會產生更多毛狀體。

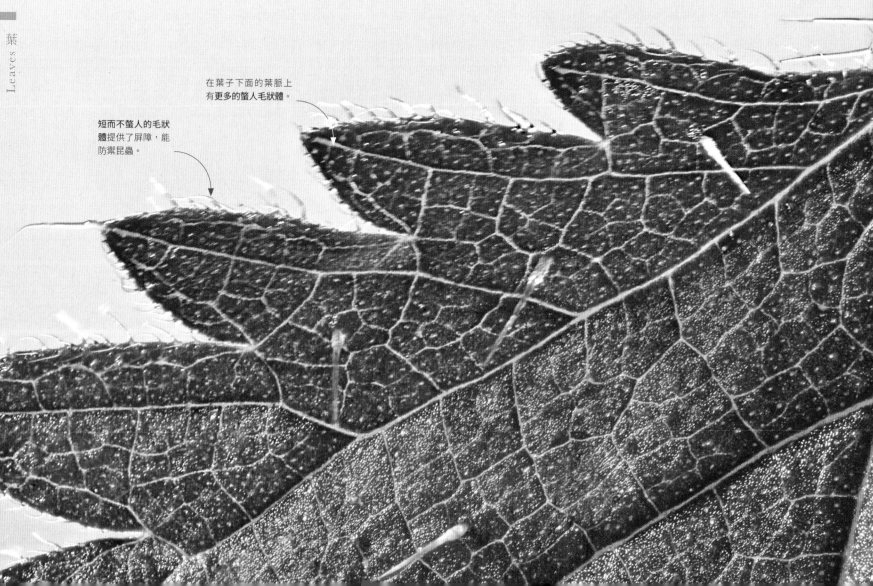

蕁麻莖與梗也帶有螯人的毛狀體。

在葉子下面的葉脈上有更多的螯人毛狀體。

短而不螯人的毛狀體提供了屏障，能防禦昆蟲。

螫人蕁麻

異株蕁麻（學名：*Urtica dioica*；俗名：the Common nettle）的針刺會對哺乳類動物和一些鳥類產生刺激，但對昆蟲沒有影響。結果，異株蕁麻就變成毛蟲和其他可能被吃掉的昆蟲幼蟲的重要棲息地。

蕁麻毛狀體很易碎，因為它們是由玻璃狀的二氧化矽形成的。

卡路相思樹

卡路相思樹（學名：*Vachellia karroo*；俗名：the Sweet thorn）氣味芬芳，以前被稱為「Acacia karroo」，是非洲南部最堅硬的樹木之一。它的適應性很強，在潮濕的森林、稀樹草原或半沙漠中都能自在生活。一旦扎根生長，卡路相思樹幾乎可以應付任何逆境，甚至是野火。

這棵樹令人生畏的「荊棘」，嚴格說來是針刺，由葉柄底部的葉狀附生物（托葉）發育而成，長達5公分（2英寸）。披覆針刺是足以阻止許多（但不是全部）食草動物。長頸鹿可以用皮革似的舌頭，輕易地在它們的枝條周圍纏繞採食精緻的含羞草狀葉子。樹皮、花朵和營養豐富的種莢也為動物提供食物，樹皮的傷口所滲出的樹膠也是如此，是黑面長尾猴（Vervet monkeys）和嬰猴（Lesser bushbabies）最喜歡的食物之一。

卡路相思樹還稱不上是一種大樹，較大的標本高達12公尺（40英尺）左右，其生命相對短暫，最長壽的為30至40年。然而，卡路相思樹能夠應付極端條件。除了具有抗霜性之外，很長的軸根使它能夠利用地下深處的水資源，在乾旱中存活下來。當養分缺乏時，它可以藉由在根部構造中生活的固氮細菌來供應所需的養分（參見第33頁）。

生長快速，又可以耐受許多不同土壤類型的卡路相思樹，能在沒有遮蔭或遮蔽的情況下成長立足，甚至不受火災的影響。一年大的幼苗只要能存活下來，儲存在根部的能量使它就算被燒成脆片，還是能再發芽長出新莖。

當卡路相思樹被引入原生地之外的區域時，因為其超強適應性，會成為一種具侵略性的入侵物種。事實上，很少有動物有足夠的勇氣採食它受到良好保護的樹葉，也因為這樣，更有助於卡路相思樹與其他植物競爭。

荊棘的牆

卡路相思樹在冬天是沒有葉子的，此時它們密集生長，又長又白的荊棘清晰可見。這些針刺使它成為鳥類最喜歡的築巢點，因為它們可以阻止除了最兇悍的鳥巢掠食者之外的所有其他掠食者。

每個絨球花序是由許多單獨的花所組成。

展示絨球

初夏，卡路相思樹的樹冠會忽然出現數百個黃色的絨球形花朵。卡路相思樹的長花期為蜜蜂提供了可靠的花粉和花蜜來源，這使得卡路相思樹成為蜜蜂生存的重要物種。

葉子的防禦

逃跑對植物來說不是一種選擇,因此植物演化出許多方法來阻止潛伏在四面八方的掠食者。有些植物將葉子變成尖銳的針刺,這些針刺會刺傷那些試圖咬一口的動物。針刺可以是葉子的部分特化,如維管組織、葉柄或托葉,也有一些植物已將整個葉子變成防禦性針刺。

用針刺保持安全

相思樹經常長有大針刺,這些針刺為有益的螞蟻提供了家園,螞蟻們會很兇暴地保護它們的宿主免受攻擊。大多數仙人掌已經將所有的葉子都變成了針刺,用多肉的莖進行光合作用。

圓頭相思樹(*Acacia sphaerocephala*)

白劍仙人球(*Mammillaria infernillensis*)

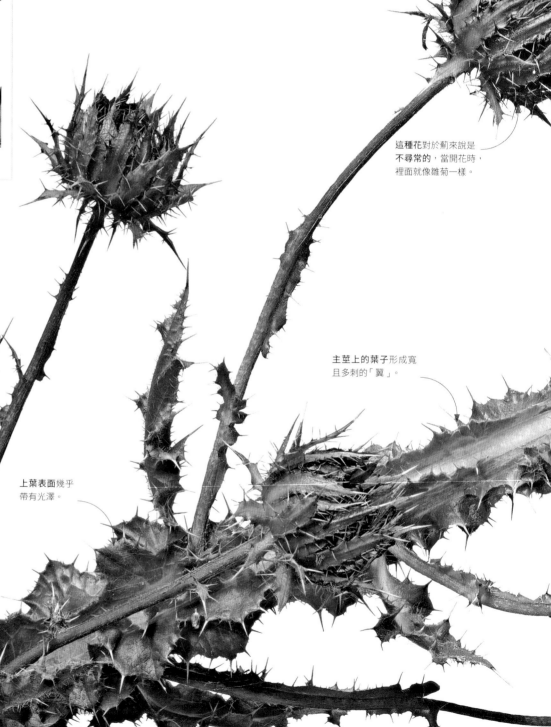

這種花對於薊來說是**不尋常的**,當開花時,裡面就像雛菊一樣。

主莖上的葉子形成寬且多刺的「翼」。

葉背是蜘蛛網狀的,覆蓋著又白又柔軟的毛。

上葉表面幾乎帶有光澤。

花附近的小刺葉主要用於防禦食草動物。

覆蓋在針刺中的苞片保護發育中的花苞。

花開在來自主莖的短側枝上。

未受保護的花有時會被象鼻蟲吃掉;葉子通常不會有害蟲侵襲。

針刺很常出現在乾旱地區的植物上,例如,南非薊。

南非薊

這種南非薊(學名:*Berkheya purpurea*;俗名:South African thistle)的針刺是突出葉子的維管組織硬化延伸。除了保護植物免受食草哺乳動物的侵害外,這些多刺的邊緣還能讓毛蟲和其他小害蟲找不到可以安心大嚼的地方。

在暴風中存活

椰子樹（學名：*Cocos nucifera*；俗名：the Coconut palm）具有極強的抗風能力，其羽狀葉子讓強風可以直接穿過它們。在狂暴的風雨當中，面向風的棕櫚葉可能會在基部突然斷裂，但這通常不會造成植物其他部分的損傷。

棕櫚葉長度可達5.5公尺
（18英尺）。

葉子環繞並保護莖頂部
細嫩的生長端。

羽狀葉子具有沿中心軸
成對排列的小葉。

極端氣候中的葉子

在颶風期間，許多樹木的葉子就像風帆一樣承受風吹，而樹枝或樹幹可能會「啪」的斷裂。然而，棕櫚樹可以在非常激烈的風吹情況之下水平彎曲，且能大致上完好如初。它們可以在風暴中倖存下來，都要感謝其富有彈性的莖以及符合空氣動力學的葉子。大多數棕櫚樹有羽毛狀的葉子，加上強壯又彎曲的主脈，颶風的時候，葉子還可以摺疊起來，避免重大損傷。

棕櫚葉的小葉像扇子一樣
摺疊起來以減少暴露在強
風中的區域。

維管組織賦予樹幹彈性，
讓其可以彎曲而不會斷裂。

霸王棕（俾斯麥棕櫚）

令人印象深刻的樹冠提供了乘涼處，俾斯麥棕櫚（學名：*Bismarckia nobilis*；俗名：the Bismarck palm）可能是所有蒲葵類椰子（Fan palms）中最優雅和最壯觀的。俾斯麥棕櫚來自馬達加斯加西北部的乾旱草原，是少數幾種目前尚未衰退的馬達加斯加特有種之一。

這種樹是以德意志帝國的首任總理奧托·馮·俾斯麥（Otto von Bismarck，1815~1898）命名，它也是這一屬的唯一成員。俾斯麥棕櫚雖然不是最高的棕櫚樹，但個頭算是較大的。它可以長到18公尺（60英尺），儘管可能需要一個世紀。

在其原生地，俾斯麥棕櫚得忍受極端氣候，因此它必須很強壯。乾燥的季節裡，折磨的炎熱、無情的陽光、幾乎沒有下雨和野火相繼來襲；潮濕的季節帶來大量

的雨水和飆高的濕度。當天氣最乾燥，太陽最猛烈的時候，樹木利用深根系統深入地底水源，而蠟質覆層使葉子呈現銀色色彩，作用如同防曬劑，保護內部敏感的光合作用結構免受過量的陽光照射。粗壯的樹幹與葉子，生長點離大多數火焰可以到達的地方很遠，使得俾斯麥棕櫚除了最嚴重的野火之外，能夠在大多數的野火中存活下來。為了充分利用雨水，彎曲的棕櫚葉葉柄將水引導至樹幹的基部。

這種棕櫚是雌雄異株，個別的樹只會產生雄花或雌花，而非兩者都有。如果雄株與雌株生長的地點夠近，可藉由昆蟲來完成傳／授粉，或是借助風力傳／授粉。只有雌株會生長果實，每朵小花都會形成單一肉質但不可食用的核果。

巨大的棕櫚葉

蒲葵類椰子因其扇形棕櫚葉而得名。俾斯麥棕櫚圓形、銀藍色到綠色的葉子可寬達3公尺（10英尺）。每片棕櫚葉由水平排列、堅硬又有鋒利邊緣小葉的小枝所組成。

雌花序的長莖上形成小而乳白色的花，結果之後會因重量而下垂。

俾斯麥棕櫚的花序

俾斯麥棕櫚的花序很長，總狀的花序全由雄花或是雌花組成。雌花序最後會形成大簇的果實

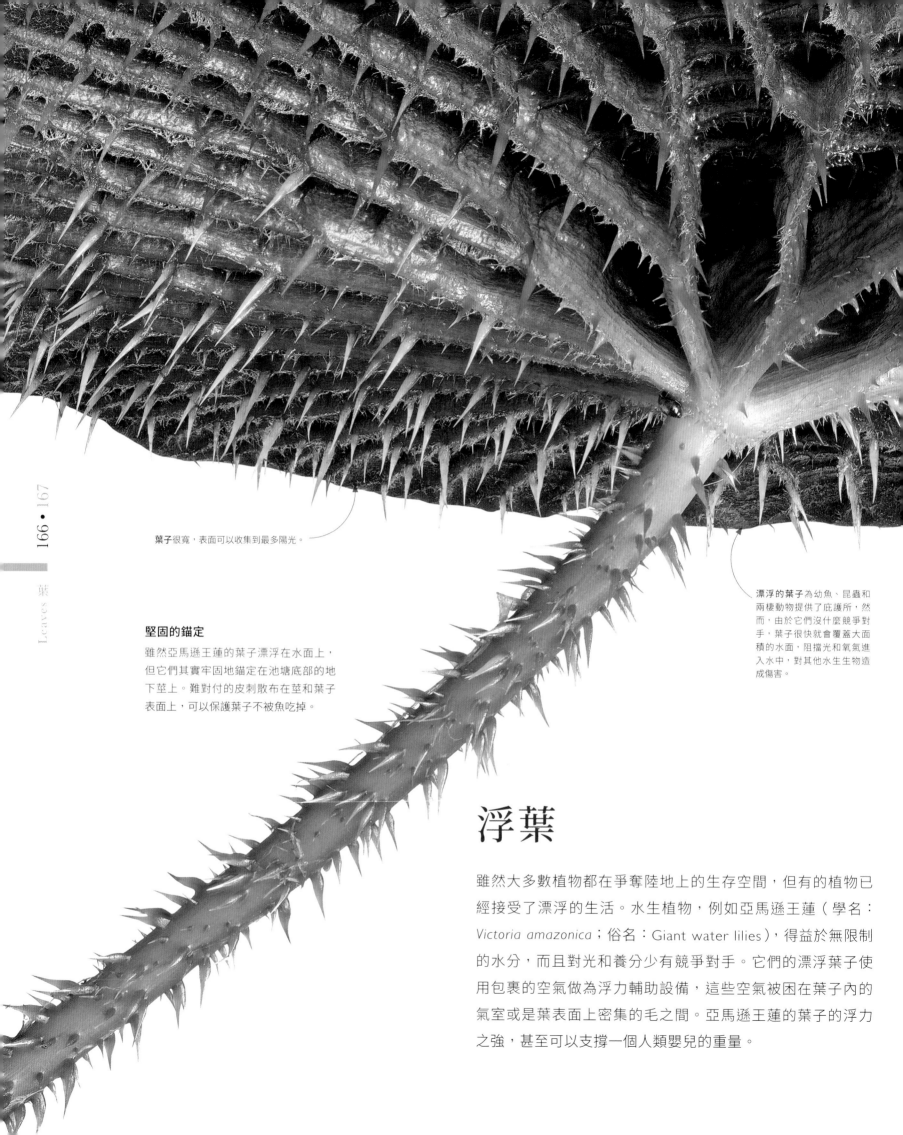

葉子很寬，表面可以收集到最多陽光。

堅固的錨定

雖然亞馬遜王蓮的葉子漂浮在水面上，但它們其實牢固地錨定在池塘底部的地下莖上。難對付的皮刺散布在莖和葉子表面上，可以保護葉子不被魚吃掉。

漂浮的葉子為幼魚、昆蟲和兩棲動物提供了庇護所，然而，由於它們沒什麼競爭對手，葉子很快就會覆蓋大面積的水面，阻擋光和氧氣進入水中，對其他水生生物造成傷害。

浮葉

雖然大多數植物都在爭奪陸地上的生存空間，但有的植物已經接受了漂浮的生活。水生植物，例如亞馬遜王蓮（學名：*Victoria amazonica*；俗名：Giant water lilies），得益於無限制的水分，而且對光和養分少有競爭對手。它們的漂浮葉子使用包裹的空氣做為浮力輔助設備，這些空氣被困在葉子內的氣室或是葉表面上密集的毛之間。亞馬遜王蓮的葉子的浮力之強，甚至可以支撐一個人類嬰兒的重量。

陽光通過上層光合作用的細胞後，多餘的能量會被葉背的**紫色組織**吸收，用以保溫。

突出的葉脈

長葉梗連接到埋在泥中的莖。

葉子下方

睡蓮會因為蒸發作用而失去大量水分。攝取更多水，也意味著會吸收重金屬這類可溶性有毒化合物，但這些化合物會被另外安全地儲存在表皮腺體中。突出的葉脈周圍是厚壁的支撐細胞結構，它們可以強化寬闊的葉子。

睡蓮如何漂浮

睡蓮葉子內的大氣室提供了漂浮生活所需的浮力。海綿狀葉片組織內，被稱為「厚壁細胞」的堅硬星形結構有助於維持葉子的形狀，這讓葉子能夠利用水的表面張力來維持漂浮。

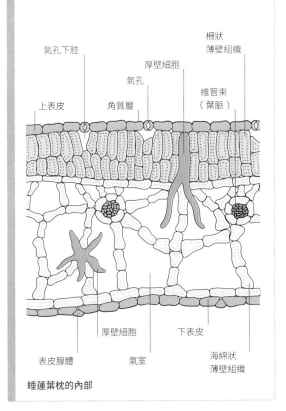

氣孔下腔
厚壁細胞
氣孔
上表皮
角質層
柵狀薄壁組織
維管束（葉脈）

厚壁細胞
氣室
表皮腺體
下表皮
海綿狀薄壁組織

睡蓮葉枕的內部

蠟質表面能讓水輕易
流入中央凹洞。

有積水池的植物

蝌蚪生活在樹上可能聽起來很奇怪，但有些樹蛙將卵產在葉片所
形成的小水池中，例如這個生長在雨林樹上的鳳梨花植物：血
紅五彩鳳梨（*Neoregelia cruenta*）。這些小水池或是「樹
上水池」可以是昆蟲、線蟲甚至小型螃蟹的住所。樹
上水池出現在葉子之間的裂縫和凹洞中、豬籠草
（*Nepenthes*）與瓶子草（*Sarracenia*）這一類囊
狀葉植物的陷阱中、樹洞和竹子的莖內。

寬闊又凹面的葉子將雨
水送往中央杯，確保植
物有穩定的供水。

會捕食的葉子

食肉植物捕獲並消化獵物以獲得土壤中所缺乏的養分。它們已經開發出巧妙的方法來誘捕它們的受害者：捕蠅草（Venus fly traps）藉由突然閉合的葉片來囚禁昆蟲，水生狸藻（Aquatic bladderworts）藉由產生部分真空的捕蟲囊來吸入附近游泳經過的小生物，另外還有茅膏菜屬的茅膏菜和毛氈苔，其黏性毛會在獵物周圍摺疊，在消化過程中緊緊抓住獵物。當昆蟲淹沒在囊狀葉植物的囊底部的液體中，螺旋狸藻（Corkscrew plants）還會引導這毫無防備的獵物進入消化室。

囊狀葉植物

囊狀葉植物主要有兩種：瓶子草科（Sarraceniaceae）和豬籠草科（Nepenthaceae，如右圖）。落入囊狀葉植物囊中的昆蟲會慢慢被溶解、消化，植物將從獵物身上得到磷和氮。有趣的是，某些昆蟲的幼蟲適應了囊狀葉內的液體，能生活在其中。

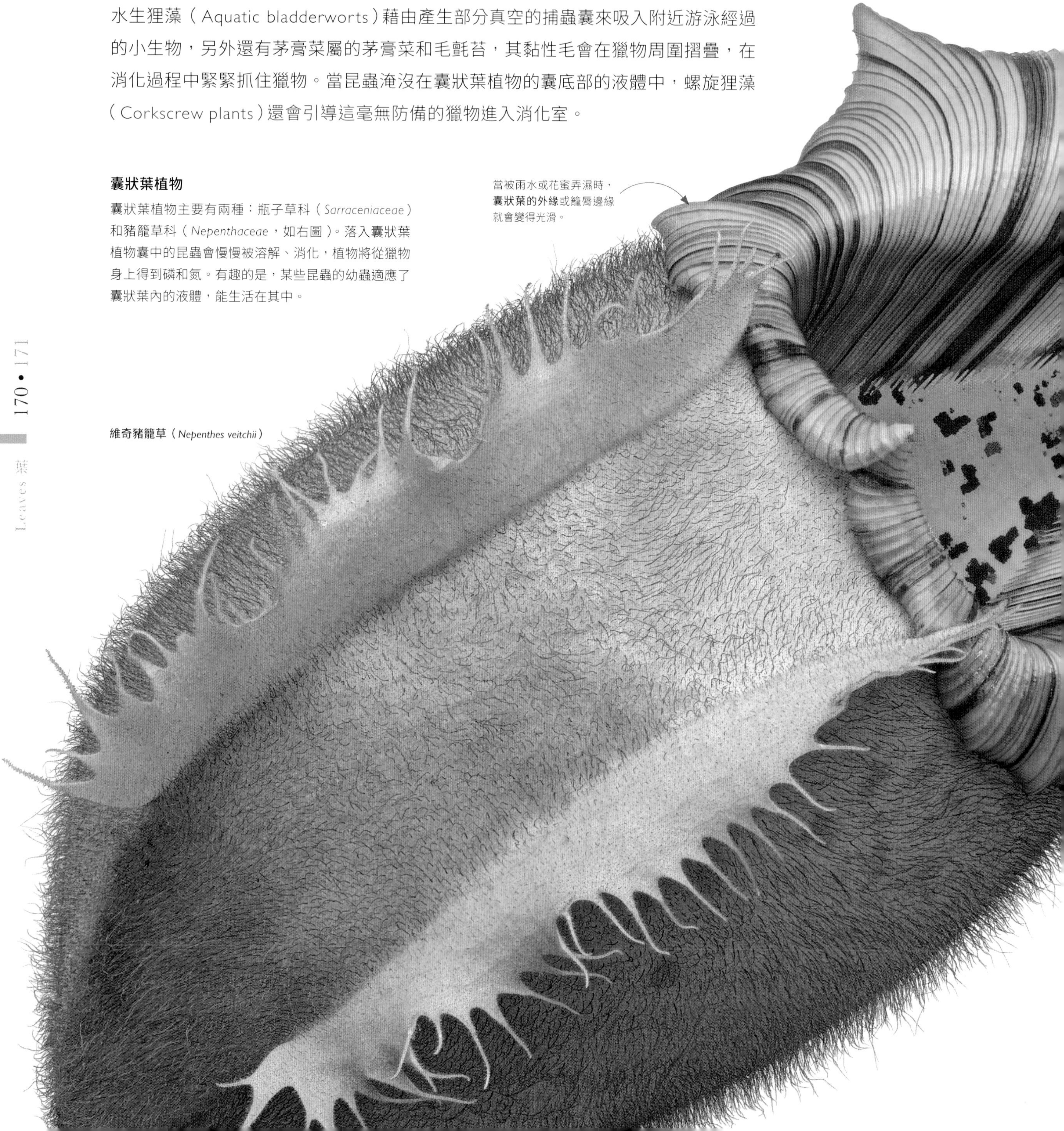

當被雨水或花蜜弄濕時，**囊狀葉的外緣或籠唇邊緣**就會變得光滑。

維奇豬籠草（*Nepenthes veitchii*）

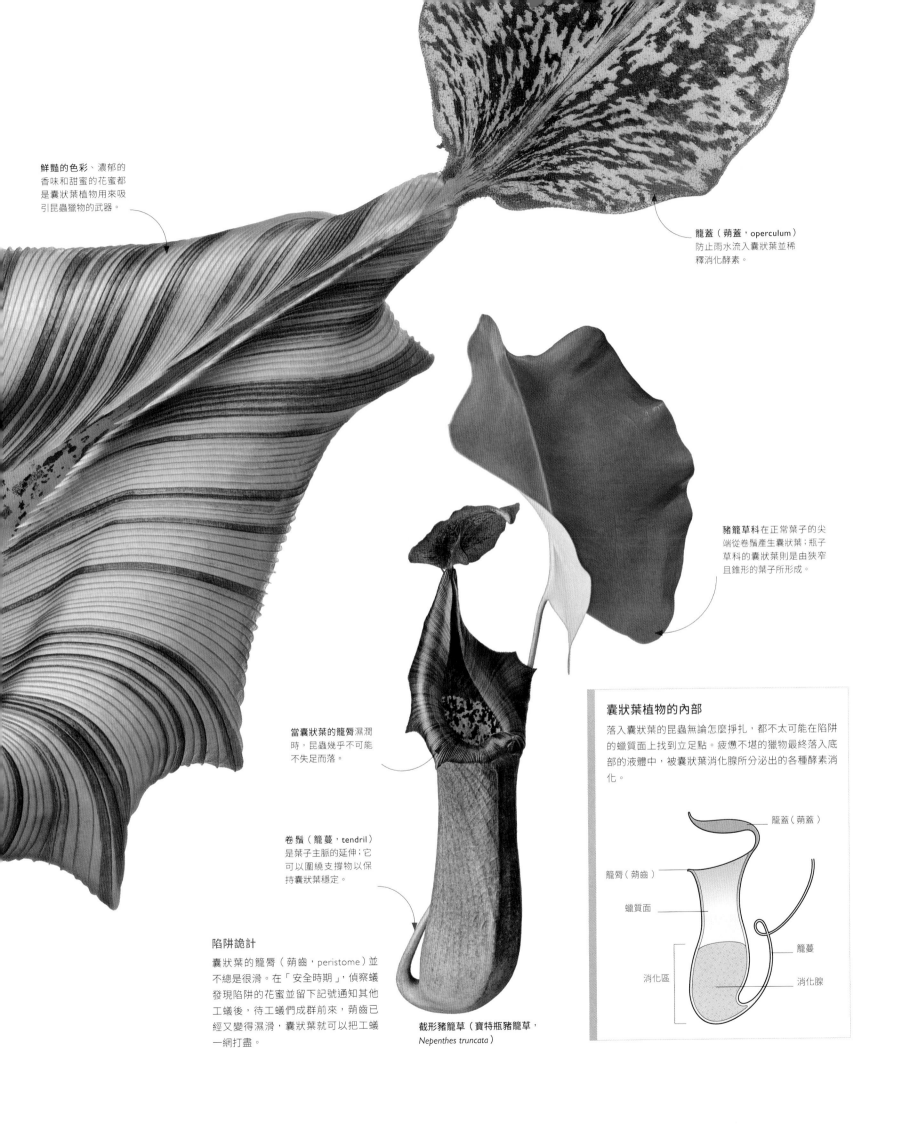

鮮豔的色彩、濃郁的香味和甜蜜的花蜜都是囊狀葉植物用來吸引昆蟲獵物的武器。

籠蓋（葫蓋，operculum）防止雨水流入囊狀葉並稀釋消化酵素。

豬籠草科在正常葉子的尖端從卷鬚產生囊狀葉；瓶子草科的囊狀葉則是由狹窄且錐形的葉子所形成。

當囊狀葉的籠脣濕潤時，昆蟲幾乎不可能不失足而落。

卷鬚（籠蔓，tendril）是葉子主脈的延伸；它可以圍繞支撐物以保持囊狀葉穩定。

陷阱詭計

囊狀葉的籠脣（葫齒，peristome）並不總是很滑。在「安全時期」，偵察蟻發現陷阱的花蜜並留下記號通知其他工蟻後，待工蟻們成群前來，葫齒已經又變得濕滑，囊狀葉就可以把工蟻一網打盡。

截形豬籠草（寶特瓶豬籠草，
Nepenthes truncata）

囊狀葉植物的內部

落入囊狀葉的昆蟲無論怎麼掙扎，都不太可能在陷阱的蠟質面上找到立足點。疲憊不堪的獵物最終落入底部的液體中，被囊狀葉消化腺所分泌出的各種酵素消化。

籠蓋（葫蓋）

籠脣（葫齒）

蠟質面

消化區

籠蔓

消化腺

茅膏菜屬植物

每片葉子上都有數百個黏性腺體，茅膏菜（學名：*Drosera sp.*；俗名：Sundews）是昆蟲最糟的噩夢。受到香甜花蜜或清新露水的誘惑，造訪的昆蟲會被葉子捲住，掙扎的身體上沾滿黏膠，然後被消化。

「食肉植物」的存在，震驚了許多早期自然學家。對林奈來說，這是對神聖計畫的自然秩序的冒犯。但並非所有想法都如此負面。達爾文在研究茅膏菜的時候就取得了很大樂趣。他在寫給同事的信中甚至說：「此刻，我更關心的是茅膏菜屬植物，而不是世界上所有物種的起源。」

茅膏菜對肉食的慾望演化自它們的典型棲息地，包含泥塘、樹沼、草沼、濕地等養分貧瘠的環境。在環境氮的短缺壓力下，茅膏菜選擇放棄了與土壤真菌共生的做法，而是自己捕獲富含氮的昆蟲獵物。它能感覺昆蟲的運動，當昆蟲前來尋找花蜜，茅膏菜的黏性腺體會迅速地靠近它們。獵物越是掙扎，就會被黏得越緊。大多數的茅膏菜，是以葉子纏繞昆蟲的方式來進行這件事，然後葉子會釋放能分解獵物身體的消化液；其他的腺體則會吸收消化後的汁液。

有趣的是，所有的茅膏菜都會在離葉子很遠的上方開出美麗花朵，以免把傳／授粉者也不小心抓住了，這也是很合理的演化。雖然茅膏菜看起來很奇特，但除了南極洲之外，各大洲都可以發現它們的蹤跡。澳洲是這一屬植物最多樣化的中心，佔所有已知物種的50%。許多物種已成為被喜愛（雖然是出於好奇心）的室內植物。

致命花飾

茅膏菜屬植物物種超過190種，有許多形狀和形式，從侏儒蓮座狀植物到塊莖的攀緣藤蔓。在它們的「觸手」末端有閃閃發光的黏性液滴，這也是這些植物的俗名為「陽光露水」的由來。

Leaves 葉

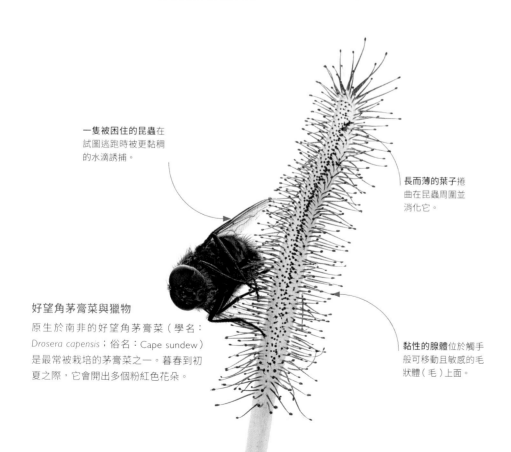

一隻被困住的昆蟲在試圖逃跑時被更黏稠的水滴誘捕。

長而薄的葉子捲曲在昆蟲周圍並消化它。

好望角茅膏菜與獵物
原生於南非的好望角茅膏菜（學名：*Drosera capensis*；俗名：Cape sundew）是最常被栽培的茅膏菜之一。暮春到初夏之際，它會開出多個粉紅色花朵。

黏性的腺體位於觸手般可移動且敏感的毛狀體（毛）上面。

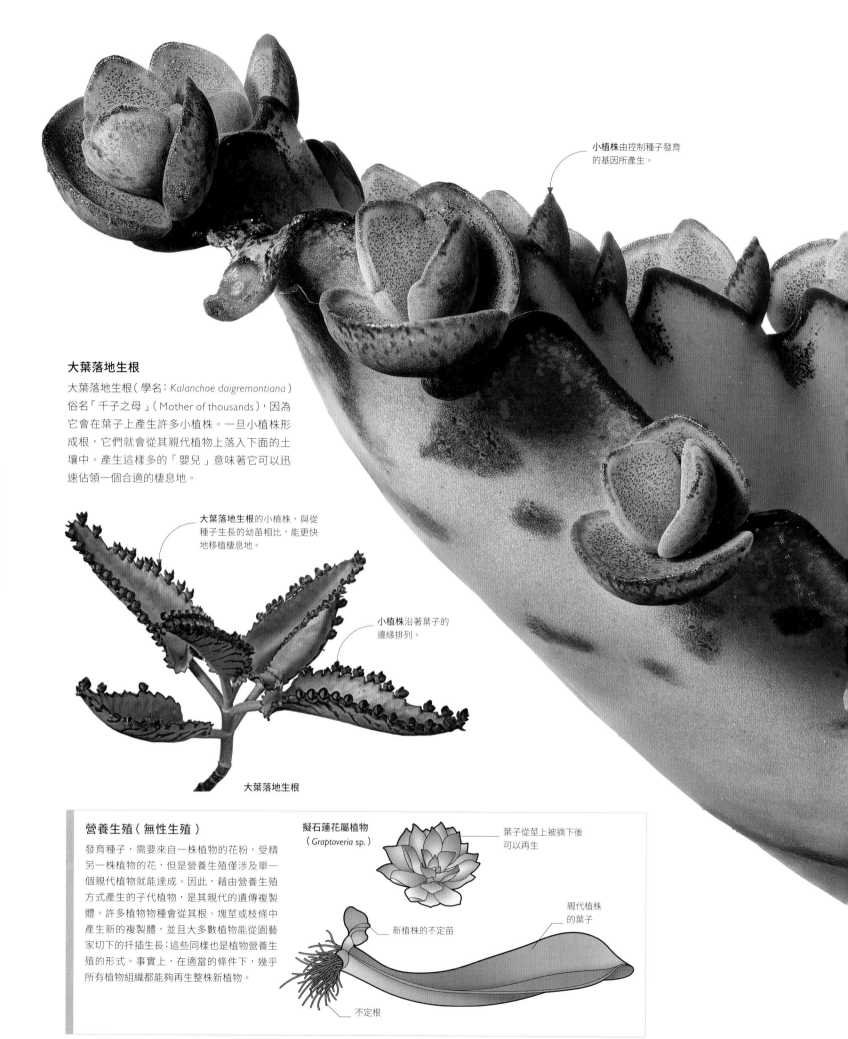

小植株由控制種子發育的基因所產生。

大葉落地生根

大葉落地生根（學名：*Kalanchoe daigremontiana*）俗名「千子之母」（Mother of thousands），因為它會在葉子上產生許多小植株。一旦小植株形成根，它們就會從其親代植物上落入下面的土壤中。產生這樣多的「嬰兒」意味著它可以迅速佔領一個合適的棲息地。

大葉落地生根的小植株，與從種子生長的幼苗相比，能更快地移植棲息地。

小植株沿著葉子的邊緣排列。

大葉落地生根

營養生殖（無性生殖）

發育種子，需要來自一株植物的花粉，受精另一株植物的花，但是營養生殖僅涉及單一個親代植物就能達成。因此，藉由營養生殖方式產生的子代植物，是其親代的遺傳複製體。許多植物物種會從其根、塊莖或枝條中產生新的複製體，並且大多數植物能從園藝家切下的扦插生長；這些同樣也是植物營養生殖的形式。事實上，在適當的條件下，幾乎所有植物組織都能夠再生整株新植物。

擬石蓮花屬植物
（*Graptoveria* sp.）

葉子從莖上被摘下後可以再生

新植株的不定苗

親代植株的葉子

不定根

可做為繁殖器官的葉子

對於植物來說，找到完美的家完全需要靠運氣。它們的種子從親代植物這裡被吹走、沖走或帶走，最後可能到達任何地方。當它們找到合適的環境時，有一些植物會開始複製自己（複製體），然後散播到新家中。其中最引人入勝的例子，就是在葉子上形成小植株的植物。幼苗由親代植物培育，直到它們足夠大到可以自己存活。

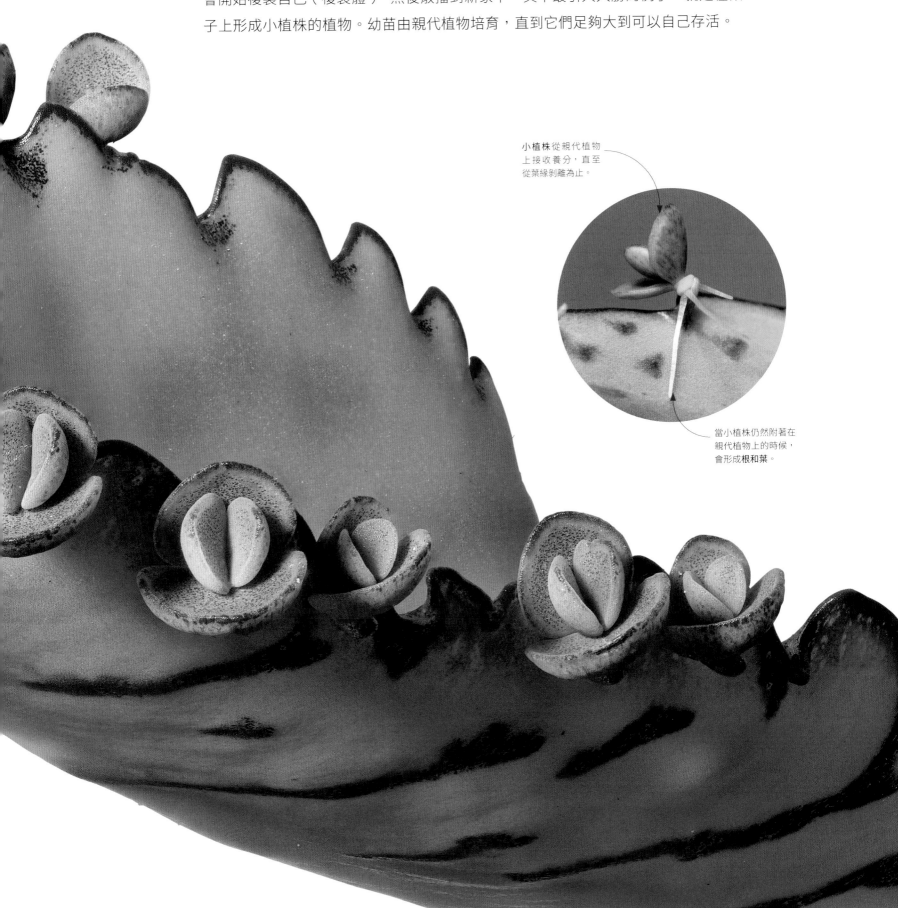

小植株從親代植物上接收養分，直至從葉緣剝離為止。

當小植株仍然附著在親代植物上的時候，會形成根和葉。

滋養的苞片

毛西番蓮（學名：*Passiflora foetida*；俗名：Stinking passionflower）的羽毛狀苞片會滲出一種黏性物質，捕捉可能會吃掉花或果實的昆蟲。它是一種原始食蟲植物，可以部分消化捕獲的昆蟲以獲得養分。

毛西番蓮

多刺的苞片

菜薊（地中海薊，學名：*Cynara cardunculus*；俗名：the Cardoon）是朝鮮薊（Globe artichoke）的近親。它引人注目的花序受到稱為「總苞」的一排厚而多尖刺的苞片所保護，它保護著正在發育的柔軟花組織免受昆蟲和哺乳類食草動物侵害。每朵花產生單一個種子或瘦果，上面有「冠毛」（特化的花萼），冠毛有助於種子借助風來擴散。

鋒利的針刺保護野生菜薊發育中的花，但人工培養的朝鮮薊就缺乏這種保護。

苞片是特化的葉子，但它們看起來不像菜薊典型的大而裂的葉子。

具保護作用的苞片

許多植物的花和花序下面，具有被稱為「苞片」的特化葉子。苞片有雙重功能：有的苞片色彩豔麗，能和花瓣一樣以吸引傳／授粉者，而有的則為發育的花或果實提供屏障，保護它們免受食草動物或氣候因素的襲擊。多毛的苞片可以讓風和熱轉向，而針刺可以阻止動物採食。

每個花序都有數以
百計的紫色花朵。

苞片含有抗菌化合物，
保護植物免受真菌和細
菌侵害。

每個苞片的肉質基部都
是可食用的，如同隱藏
在屏蔽苞片內部的朝鮮
薊心也是可食用的。

銀色的苞片、梗和葉子幫
助菜薊植物反射熱量和多
餘的光線。

葉狀苞片就像真
的葉子一樣。

葉狀
對生艾文斯鳳頭百合
(*Eucomis pole-evansii*)

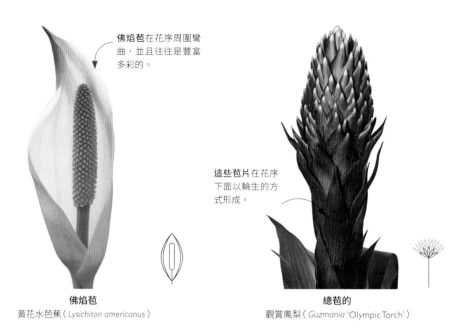

佛焰苞在花序周圍彎
曲，並且往往是豐富
多彩的。

佛焰苞
黃花水芭蕉(*Lysichiton americanus*)

這些苞片在花序
下面以輪生的方
式形成。

總苞的
觀賞鳳梨(*Guzmania* 'Olympic Torch')

外稃（lemma）與內
稃（palea）苞片在
每一個穎（glume）
裡面圍繞著禾本科
植物的花。

每個禾本科的小
穗花都被稱為
「穎」的兩個鱗片
狀苞片保護。

穎、外稃與內稃
米茅(*Melica nutans*)

木質苞片在花序基部
融合以保護果實。

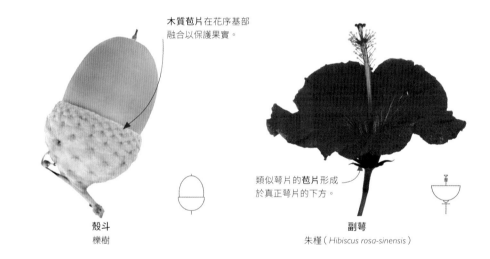

殼斗
櫟樹

類似萼片的**苞片**形成
於真正萼片的下方。

副萼
朱槿(*Hibiscus rosa-sinensis*)

苞片的類型

植物形成許多不同類型的苞片，位於花和
花序下面或周圍。有些苞片像葉子，而有
些則較像花瓣。有些苞片是落葉性的，並
且在繁殖完成之前就會脫落，而有些苞片
可以在整個花序存在期間保留，以保護發
育中的果實。

鮮艷的苞片類似花
瓣，以色彩吸引傳
／授粉者。

花瓣狀
聖誕紅(*Euphorbia pulcherrima*)

每朵花都由一個
細小又堅硬的苞
片所保護。

鱗片狀
啤酒花(*Humulus lupulus*)

紙質苞片

黃色九重葛（*Bougainvillea x buttiana*）的花瓣狀苞片薄且呈現紙質。這些豔麗的結構環繞著小花，吸引傳／授粉者的同時保護花朵。苞片產生稱為「甜菜素」的色素，這色素使它們變成鮮豔的粉紅色。

新生葉在植物的
頂部形成。

明顯的白色或紅色花
瓣狀苞片環繞著黃色
小花。

成對的針刺由每
片葉子基部的托
葉形成。

葉子和莖的汁液對許多動
物而言是有毒的。

整條莖都覆蓋著針刺。

葉與針刺

許多植物從葉子或葉子的一部分當中產生針刺,例如葉柄(柄)或稱為托
葉的葉狀生長物。針刺的主要功能是保護植物免受食草動物侵害。有些物
種,例如仙人掌,已經將所有葉子轉變成為針刺;因為葉面積減少,所以
它們在蒸發作用當中損失較少的水分。

針刺的王冠

儘管麒麟花（*Euphorbia milii*）的英文俗名叫做「荊棘植物之冠」（Crown of thorns plant），但實際上它產生的是針刺而不是荊棘（後者由枝條長出）。針刺是由植物葉子底部的托葉特化而來，幫助保護其多肉的莖免受食草動物侵害。隨著植物生長，較老的葉子會脫落，留下頂部只有幾片新葉，但覆蓋滿針刺的莖。

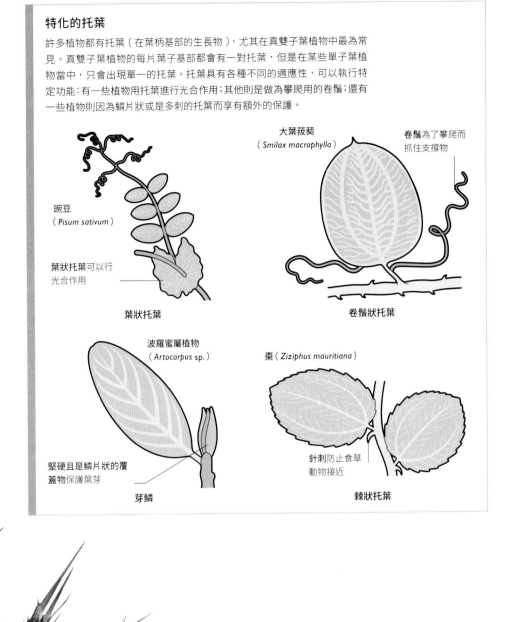

特化的托葉

許多植物都有托葉（在葉柄基部的生長物），尤其在真雙子葉植物中最為常見。真雙子葉植物的每片葉子基部都會有一對托葉，但是在某些單子葉植物當中，只會出現單一的托葉。托葉具有各種不同的適應性，可以執行特定功能：有一些植物用托葉進行光合作用；其他則是做為攀爬用的卷鬚；還有一些植物則因為鱗片狀或是多刺的托葉而享有額外的保護。

大葉菝葜
（*Smilax macrophylla*）

卷鬚為了攀爬而抓住支撐物

豌豆
（*Pisum sativum*）

葉狀托葉可以行光合作用

葉狀托葉

卷鬚狀托葉

波羅蜜屬植物
（*Artocarpus sp.*）

棗（*Ziziphus mauritiana*）

堅硬且是鱗片狀的覆蓋物保護葉芽

芽鱗

針刺防止食草動物接近

棘狀托葉

針刺幫助麒麟花攀爬過其他植物。

葉疤顯示出老葉子在莖上原本的位置。

較老的莖沒有葉子。

針刺的長度可以達到3公分（1.25英寸）。

花 Flower

花。植物的一部分，由生殖器官（雄蕊和雌蕊）組成，會發育成果實或種子，通常被豐富多彩的花瓣和綠色的萼片圍繞著。

花的組成部分

大約有百分之九十的植物都會產生花，從微小的、幾乎是微觀的禾本科植物的花到外觀像是外星生物一樣直徑超過1公尺（3英尺）的巨物都有。最為人所知的「完整花」或「完全花」指的是單一花朵中同時擁有雄性和雌性的生殖器官。

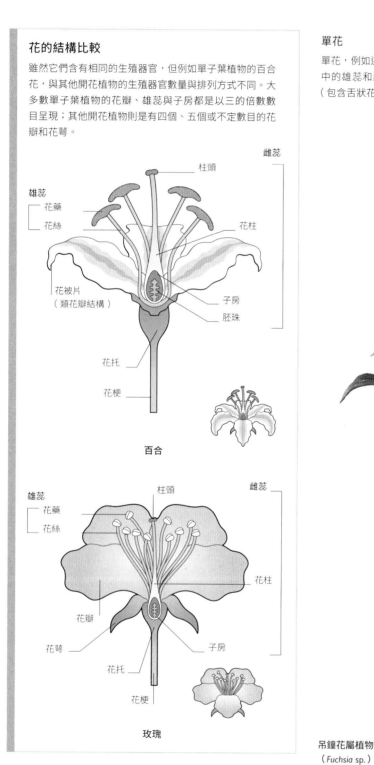

花的結構比較

雖然它們含有相同的生殖器官，但例如單子葉植物的百合花，與其他開花植物的生殖器官數量與排列方式不同。大多數單子葉植物的花瓣、雄蕊與子房都是以三的倍數數目呈現；其他開花植物則是有四個、五個或不定數目的花瓣和花萼。

雄蕊
- 花藥
- 花絲

雌蕊
- 柱頭
- 花柱

花被片（類花瓣結構）

子房
胚珠
花托
花梗

百合

雄蕊
- 花藥
- 花絲

雌蕊
- 柱頭
- 花柱

花瓣
花萼
子房
花托
花梗

玫瑰

單花

單花，例如這裡的吊鐘花，由萼片和花瓣圍繞著其中的雄蕊和雌蕊。與之不同的是複合型的假單花（包含舌狀花與盤花，參見第218頁）。

雄花的花藥受到花絲支撐並產生花粉。

萼片包圍著花的整體構造，開花時會向後剝開。

吊鐘花屬植物
（*Fuchsia* sp.）

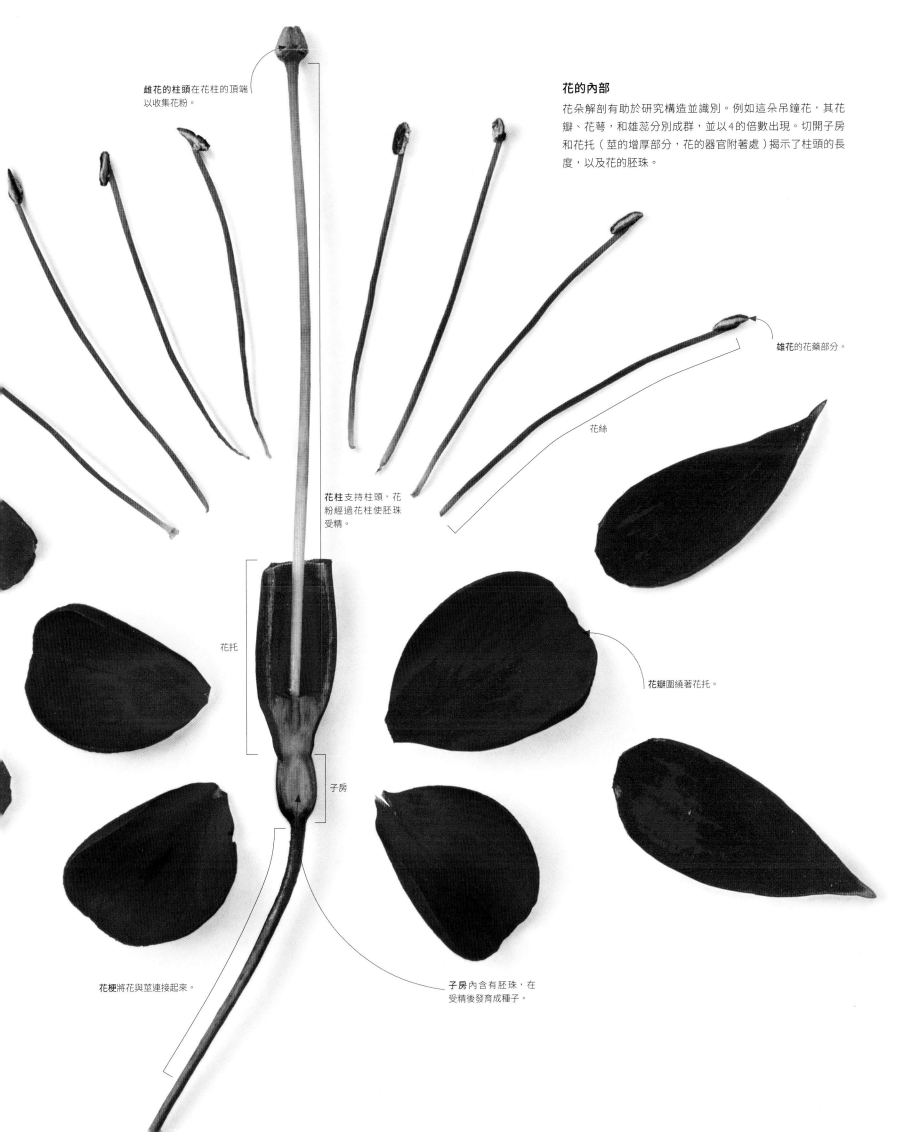

雌花的**柱頭**在花柱的頂端以收集花粉。

花的內部

花朵解剖有助於研究構造並識別。例如這朵吊鐘花，其花瓣、花萼，和雄蕊分別成群，並以4的倍數出現。切開子房和花托（莖的增厚部分，花的器官附著處）揭示了柱頭的長度，以及花的胚珠。

雄花的花藥部分。

花絲

花柱支持柱頭，花粉經過花柱使胚珠受精。

花瓣圍繞著花托。

花托

子房

花梗將花與莖連接起來。

子房內含有胚珠，在受精後發育成種子。

遠古的花

大多數開花植物能被定義為「單子葉植物」或「真雙子葉植物」，但有些卻無法歸為任何一群。這些是所謂的「原始」物種（被子植物基群），只佔有開花植物的不到5%。例如木蘭（或稱為玉蘭）、月桂樹、胡椒及其近緣群，它們被認為是最早開花植物的後代。

外部的花由屬於未分化成花萼和花瓣的花被片組成，以輪生的方式排列。

早期的花芽
與許多開花植物不同，木蘭的花芽被包裹在苞片內，而不是保護性的花萼之中。

拉長的**錐形花芽**被覆蓋在厚厚的蠟狀花被當中。

葉子以三片一組的形式圍繞著莖互生。

遠古的花開

最早的開花植物，出現在約2億4千7百萬年前，是會產生花粉和胚珠的單花型的睡蓮類植物。漸漸地，這些植物演化分成了各種木本植物、陸地草本植物和水生植物。這個古代的木本植物比其他植物更成功地存活了下來，並已演化成許多不同科的樹木和灌木植物。香料用的八角茴香（白花八角，學名：*Illicium anisatum*；俗名：Star anise）就是一個例子。隨著數量減少的胚珠合併成星狀果實，它現在被認為是最早演化出的木本植物之一。

八角茴香屬植物

同一科內的相似度

植物學家認為最早的花應該看起來很像洋玉蘭（學名：*Magnolia grandiflora*；俗名：Southern magnolia）。它的花包含許多螺旋排列的雄性和雌性器官，並在受精時產生錐狀種子花托。

花的外型

植物學家以各種方式對花進行分類：例如，注意它們的生殖器官是如何排列的，或者是否存在某些結構。然而，外型是最有用的分類依據之一。注意花型是否對稱，然後檢查花瓣（花冠）的排列方式，通常是最好的分類起點。

花冠的外型

扁平的輪狀花冠與短管成直角。

輪狀的
藍花茄（ *Lycianthes rantonnetii* ）

冠形的花冠生長物。

有副花冠的
水仙（噴射火焰， *Narcissus 'Jetfire'* ）

對稱

輻射對稱的花，由任一軸線中間分割開來的話，兩邊半部都是相同的。

輻射對稱的
普通櫻草（ *Primula vulgaris* ）

花冠由五片通常是重疊的花瓣所組成。

玫瑰狀
鏽紅薔薇（ *Rosa rubiginosa* ）

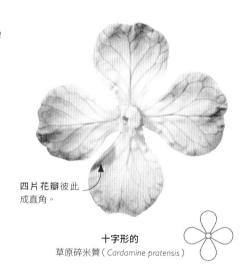

四片花瓣彼此成直角。

十字形的
草原碎米薺（ *Cardamine pratensis* ）

兩側對稱的花只有當僅以一個特定軸切割時，兩邊半部才會是相同的。

兩側對稱
蝴蝶蘭屬植物（ *Phalaenopsis sp.* ）

圓的鐘形花冠，通常是垂下的。

鐘形的
模里西斯島風鈴（ *Nesocodon mauritianus* ）

蒴壺形花冠，尖端窄底部寬。

壺形的
壺形鐵線蓮（ *Clematis viorna* ）

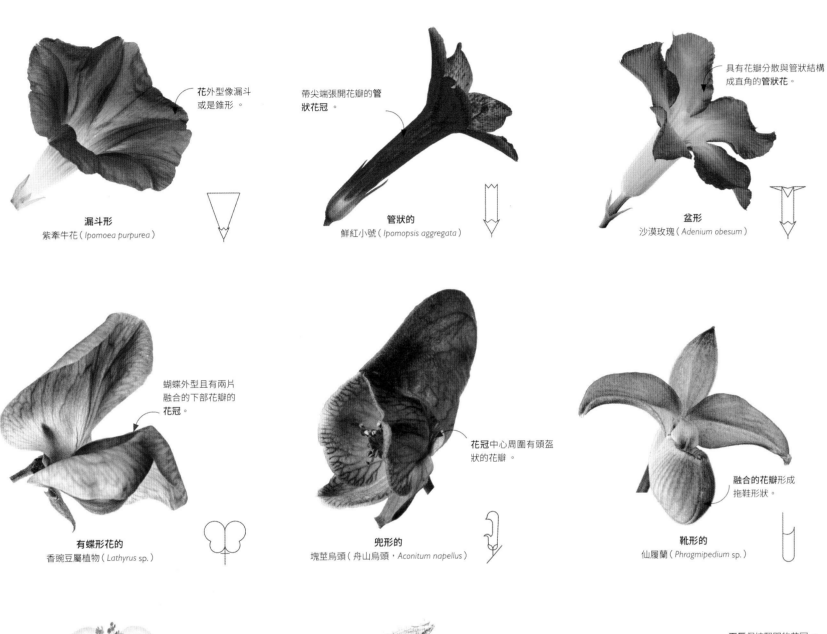

花外型像漏斗
或是錐形。

漏斗形
紫牽牛花（*Ipomoea purpurea*）

帶尖端張開花瓣的管
狀花冠。

管狀的
鮮紅小號（*Ipomopsis aggregata*）

具有花瓣分散與管狀結構
成直角的管狀花。

盆形
沙漠玫瑰（*Adenium obesum*）

蝴蝶外型且有兩片
融合的下部花瓣的
花冠。

有蝶形花的
香豌豆屬植物（*Lathyrus sp.*）

花冠中心周圍有頭盔
狀的花瓣。

兜形的
塊莖烏頭（舟山烏頭，*Aconitum napellus*）

融合的花瓣形成
拖鞋形狀。

靴形的
仙履蘭（*Phragmipedium sp.*）

花有長的「距」
（spur）狀附屬物。

萼或花冠有一部分做囊狀而挑出在外的
耬斗菜屬植物（*Aquilegia sp.*）

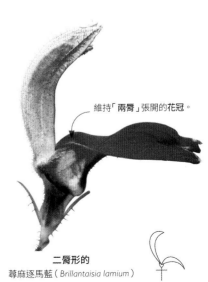

維持「兩脣」張開的花冠。

二脣形的
蓽麻逐馬藍（*Brillantaisia lamium*）

兩脣保持緊閉的花冠。

假面狀的
金魚草（*Antirrhinum majus*）

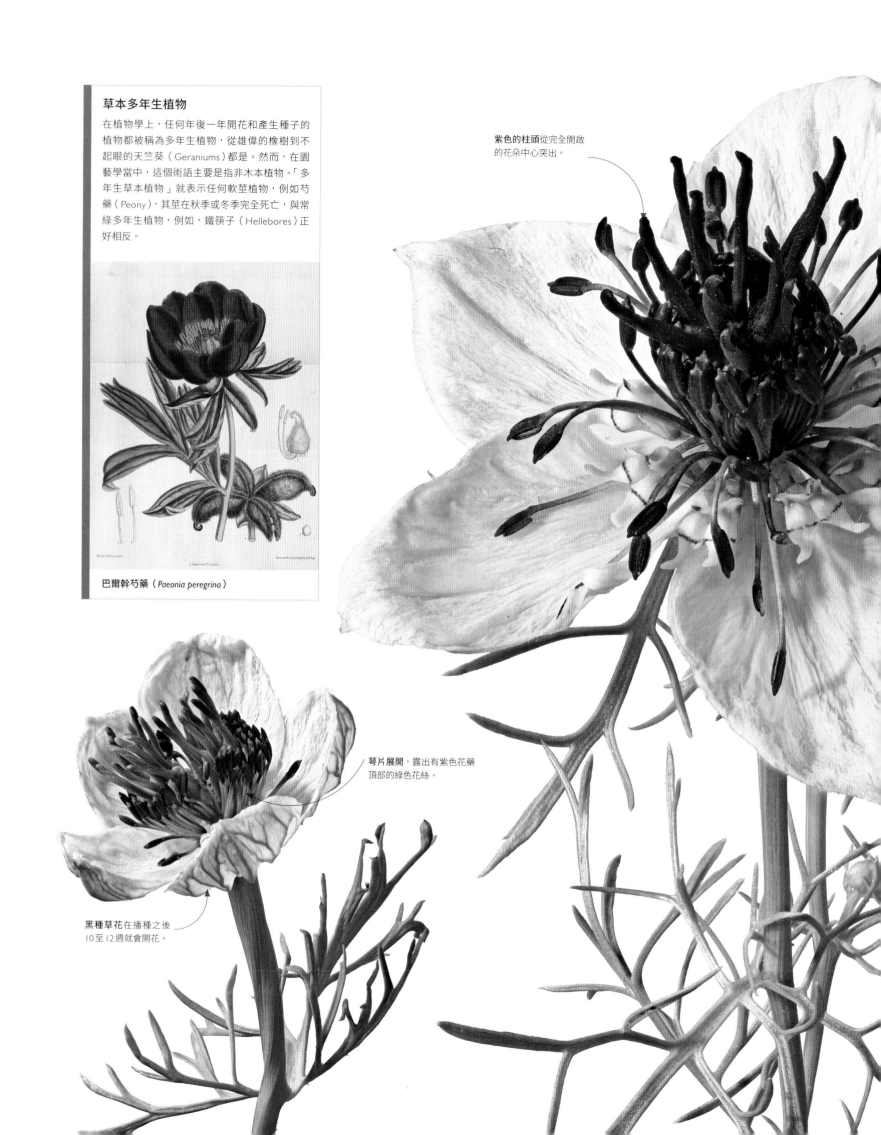

紫色的柱頭從完全開啟
的花朵中心突出。

萼片展開，露出有紫色花藥
頂部的綠色花絲。

黑種草花在播種之後
10至12週就會開花。

花的發育

只要開花植物準備好要繁殖就會發育出花朵。因為物種的不同,所以生命週期從幾週到幾年不等。一年生的植物,在一年或是更短的時間內完成發芽、開花、繁殖和死亡。二年生的植物從種子開始會花上了一個季節的時間來生長,休息過冬,並在第二年的春天開花,生命大約是兩年。多年生的植物每年開花並生存三年或更長時間。一些樹木,例如木質多年生植物,可以存活好幾個世紀之久。

萼片開始向後摺疊,遠離成熟的雄蕊和柱頭。

柱頭枯萎並捲曲,它將形成多腔室的「心皮」的一部分。

花藥萎縮死亡,最終脫落。

一朵黑種草花的生命

就像這個一年生紫色星形黑種草(學名:*Nigella papillosa*;俗名:African bride)發芽、產生種子並在一個生長季節內死亡,沒有留下任何活的根、莖或葉,它只有藉由自己的種子延續生命。

每朵小花花柱較長的尖端
隨著它們成熟而向後彎曲。

大麗花「大衛·霍華德」
（*Dahlia* 'David Howard'）

大球花薊（學名：*Echinops*
bannaticus 'taplow blue'；俗名：
Globe thistle）

日照時間

暴露在陽光下會讓葉子啟動遺傳表現上的改變，而產生一種叫做「開花激素」的賀爾蒙，這個激素可以告訴植物該在哪個時候開花。植物在對日照的反應下，或多或少都會產生開花激素，只是有些物種在產生開花激素時，比其他物種需要更長的日照時間。

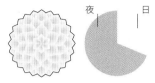

夜　日

8小時日照時間

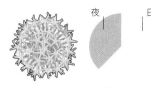

夜　日

14小時日照時間

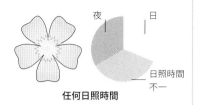

夜　日

日照時間
不一

任何日照時間

短日照植物需要8~10小時的日照與14~16小時的黑暗交替；如果黑暗完全被打斷，它們就不會開花。例如聖誕紅、大麗花、一些大豆。

長日照植物需要14~16小時的連續日光與8~10小時的黑暗交替；日照比黑暗的時間更重要。例如大球花薊、萵苣、葡萄。

日照中性植物是最有彈性的開花植物，如果暴露於連續日照5~24小時的任何日照長度都會開花。例如向日葵、番茄、一些豌豆。

花與季節

世界各地的植物都能對季節變化做出反應。無論它們是居住在北半球或是南半球，大多數植物在春季和夏季發芽、生長和繁殖，在這些季節當中，溫暖的天氣意味著傳／授粉的媒介充足。當它們的生長速度因準備過冬而變慢時，就會在夏末和秋天時將種子釋放出去。雖然這些反應部分是針對季節性溫度變化所做出的反應，但有另一個很關鍵的啟動因素是日光量的變化，稱為「光週期」。只有生長在赤道上的植物才能全年都經歷相同長度的晝夜，因而有不一樣的開花調控。

鏽紅薔薇（學名：*Rosa rubiginosa*；
俗名：Eglantine rose）

開花時間

植物需要不同長度的日光時間才能開花，而且它們的花在一年當中的不同時間開放。大球花薊的花在仲夏時節開放，而大麗花更晚才會開放。有些玫瑰只在初夏開花，而其他玫瑰，如大多數的栽培玫瑰，可能全年都可以開花。

人目之當
呼紫玉易生
并題記

花鳥繪畫是清代時期的畫家金元（活躍於1857年）眾多為人崇拜的技能之一。這幅彩墨作品畫的是中國畫眉鳥在盛開的莢迷（Viburnum）花之間。

藝術創作中的植物

中國繪畫

畫在絲綢和紙上的中國花卉繪畫，其墨水與色彩顏料的筆觸與中國書法有很多共同之處。從小就受過書法訓練的文人，在繪畫中會使用書法筆觸。花卉繪畫被視為是「沉默的詩歌」，詩歌則被視為「言說的繪畫」，隨著時間的過去，兩者在代表自然之歌的藝術作品中，也會聯袂出場。

中國花卉繪畫源自於西元一世紀，隨著裝飾著鮮花的佛教織錦，從印度傳入中國。這個藝術形式在唐代（618~907年）達到高峰，並且持續了幾個世紀。

筆、墨、紙、硯是中國傳統書法與繪畫的「文房四寶」。畫家組合四種基本技法：雙鉤填彩、沒骨、白描與寫意。從觀察使用過的毛筆，以及在施加在紙張或絲綢上的力道，可知毛筆的細尖可以產生無數種筆觸。

植物題材在畫家的眼中具有鮮明的特徵以及文化上的意涵。花鳥繪畫當中，有道家與自然和諧相處的哲學意味，某些鳥類和花朵甚至有其特定象徵意義，例如鶴與松樹都代表「長壽」。

花與詩

這幅優雅筆觸的辛夷花開圖，是來自清代藝術家陳鴻壽（1768~1822）的作品《花果冊》當中12幅有題寫詩句的水墨彩葉畫的其中一幅。早期開花的辛夷在中國很著名，因為被稱為「迎來春天的花朵」。傳說中提到，這種樹曾經只有皇帝才能種植。

花的見解

明代藝術家陳淳（1483~1544）在研究古代詩歌、散文和書法上相當出色，並將這些豐富的知識帶入他的藝術作品當中。他把花卉繪畫視為「創意寫作」，例如這幅春天盛開的桃花和棗樹（Ziziphus jujuba）。

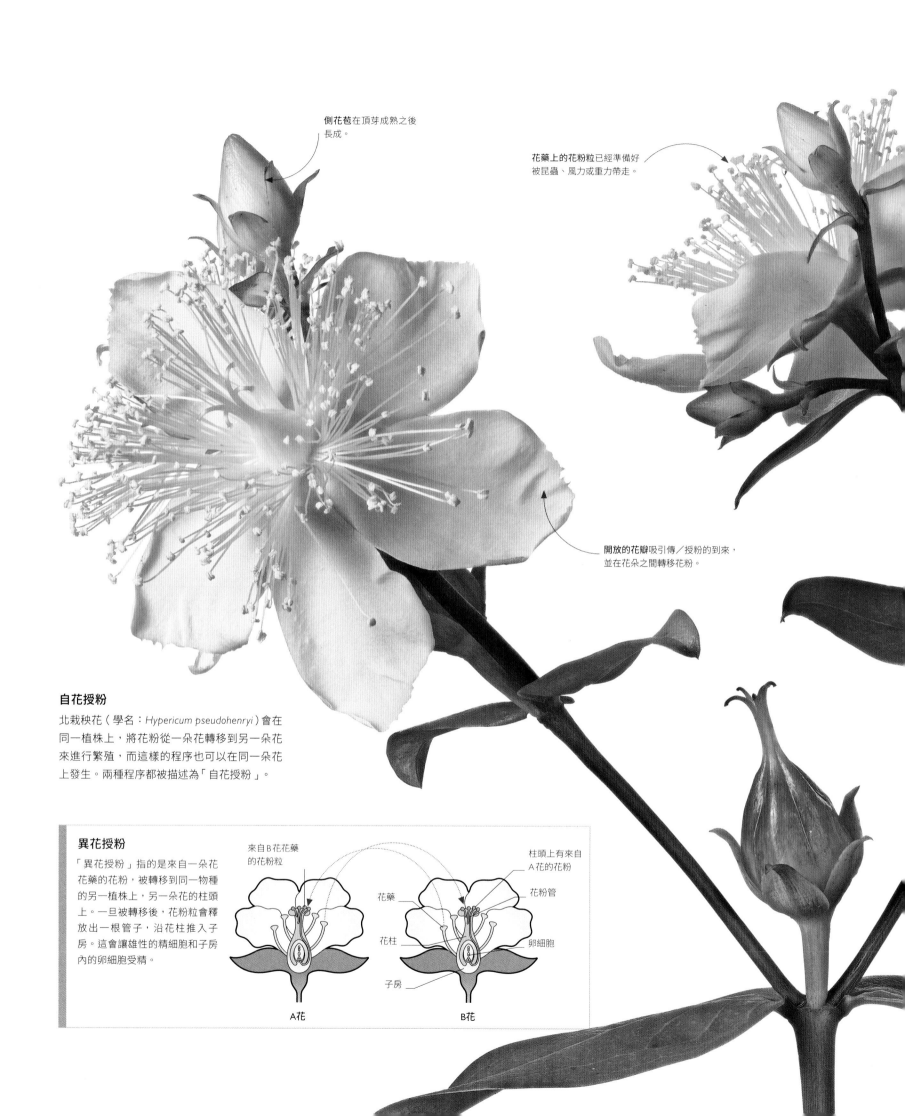

側花苞在頂芽成熟之後
長成。

花藥上的花粉粒已經準備好
被昆蟲、風力或重力帶走。

開放的花瓣吸引傳／授粉的到來，
並在花朵之間轉移花粉。

自花授粉

北栽秧花（學名：*Hypericum pseudohenryi*）會在
同一植株上，將花粉從一朵花轉移到另一朵花
來進行繁殖，而這樣的程序也可以在同一朵花
上發生。兩種程序都被描述為「自花授粉」。

異花授粉

「異花授粉」指的是來自一朵花
花藥的花粉，被轉移到同一物種
的另一植株上，另一朵花的柱頭
上。一旦被轉移後，花粉粒會釋
放出一根管子，沿花柱推入子
房。這會讓雄性的精細胞和子房
內的卵細胞受精。

來自B花花藥
的花粉粒

柱頭上有來自
A花的花粉

花藥

花粉管

花柱

卵細胞

子房

A花

B花

花的授精

花的形成顯示了植物已經準備好產生或是「結」種子，並將它們的基因傳遞下去。當帶有精子的花粉被轉移到花的雌性生殖器官或雌蕊時，就會受精，花粉與雌性生殖細胞（胚珠）融合成胚，並產生種子。

花受精之後，**花藥**就會枯萎，雄蕊下垂。

已經受精的**子房**會變成紅色的成熟果實。

花瓣摺回並在受精的子房周圍枯萎，這是花開始要產生種子的跡象。

在成熟的果實上，**柱頭**會失去黏性並變成棕色。

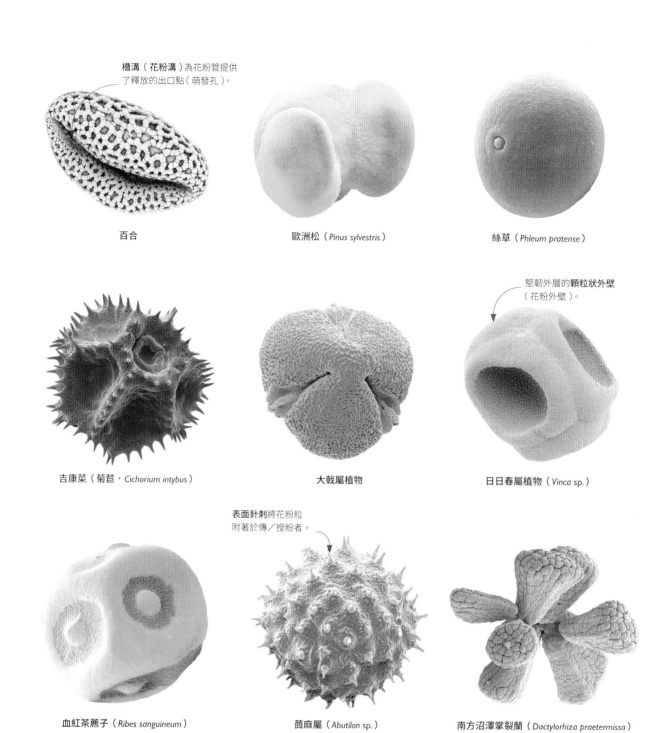

槽溝（花粉溝）為花粉管提供了釋放的出口點（萌發孔）。

百合

歐洲松（*Pinus sylvestris*）

絲草（*Phleum pratense*）

堅韌外層的顆粒狀外壁（花粉外壁）。

吉康菜（菊苣，*Cichorium intybus*）

大戟屬植物

日日春屬植物（*Vinca sp.*）

表面針刺將花粉粒附著於傳／授粉者。

血紅茶藨子（*Ribes sanguineum*）

茼麻屬（*Abutilon sp.*）

南方沼澤掌裂蘭（*Dactylorhiza praetermissa*）

花粉粒

花粉粒以肉眼看來只有灰塵大小，但每粒花粉粒的形狀、大小和質地都有非常大的差異。掃描式電子顯微鏡顯示出花粉粒呈球形、三角形、橢圓形、線形和圓盤狀以及其他形狀。顆粒的表面可以是光滑的、具黏性的、刺狀的、條紋狀的、網狀的或有溝的，並且有顯著的孔洞或槽溝。

豐富的花粉

一隻蜜蜂在一趟前往像這一株仙人掌花朵的採蜜之旅，就可以在牠的腿部花粉籃中填充大約15毫克（0.0005盎司）的花粉。

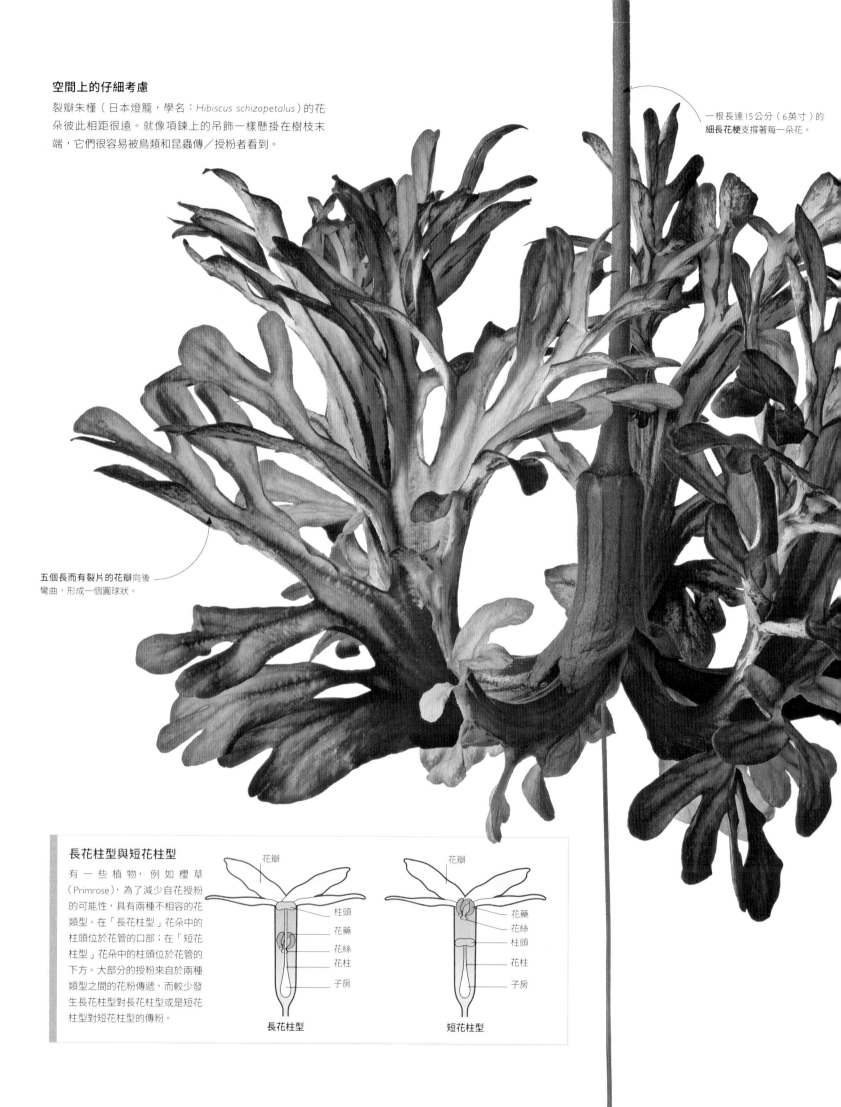

空間上的仔細考慮

裂瓣朱槿（日本燈籠，學名：*Hibiscus schizopetalus*）的花朵彼此相距很遠。就像項鍊上的吊飾一樣懸掛在樹枝末端，它們很容易被鳥類和昆蟲傳／授粉者看到。

一根長達15公分（6英寸）的**細長花梗**支撐著每一朵花。

五個長而有裂片的花瓣向後彎曲，形成一個圓球狀。

長花柱型與短花柱型

有一些植物，例如櫻草（Primrose），為了減少自花授粉的可能性，具有兩種不相容的花類型。在「長花柱型」花朵中的柱頭位於花管的口部；在「短花柱型」花朵中的柱頭位於花管的下方。大部分的授粉來自於兩種類型之間的花粉傳遞，而較少發生長花柱型對長花柱型或是短花柱型對短花柱型的傳粉。

長花柱型

花瓣
柱頭
花藥
花絲
花柱
子房

短花柱型

花瓣
花藥
花絲
柱頭
花柱
子房

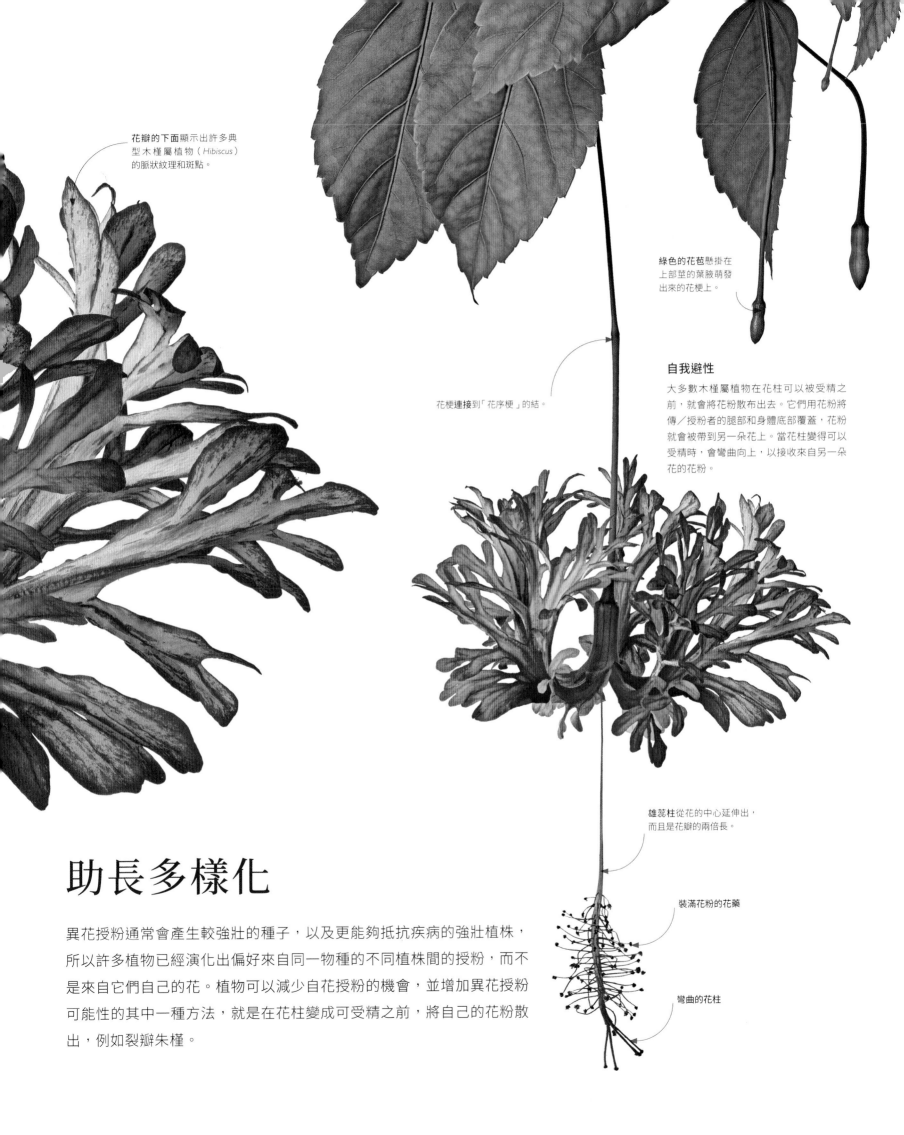

花瓣的下面顯示出許多典型木槿屬植物（Hibiscus）的脈狀紋理和斑點。

綠色的花苞懸掛在上部莖的葉腋萌發出來的花梗上。

花梗連接到「花序梗」的結。

自我避性

大多數木槿屬植物在花柱可以被受精之前，就會將花粉散布出去。它們用花粉將傳／授粉者的腿部和身體底部覆蓋，花粉就會被帶到另一朵花上。當花柱變得可以受精時，會彎曲向上，以接收來自另一朵花的花粉。

雄蕊柱從花的中心延伸出，而且是花瓣的兩倍長。

裝滿花粉的花藥

彎曲的花柱

助長多樣化

異花授粉通常會產生較強壯的種子，以及更能夠抵抗疾病的強壯植株，所以許多植物已經演化出偏好來自同一物種的不同植株間的授粉，而不是來自它們自己的花。植物可以減少自花授粉的機會，並增加異花授粉可能性的其中一種方法，就是在花柱變成可受精之前，將自己的花粉散出，例如裂瓣朱槿。

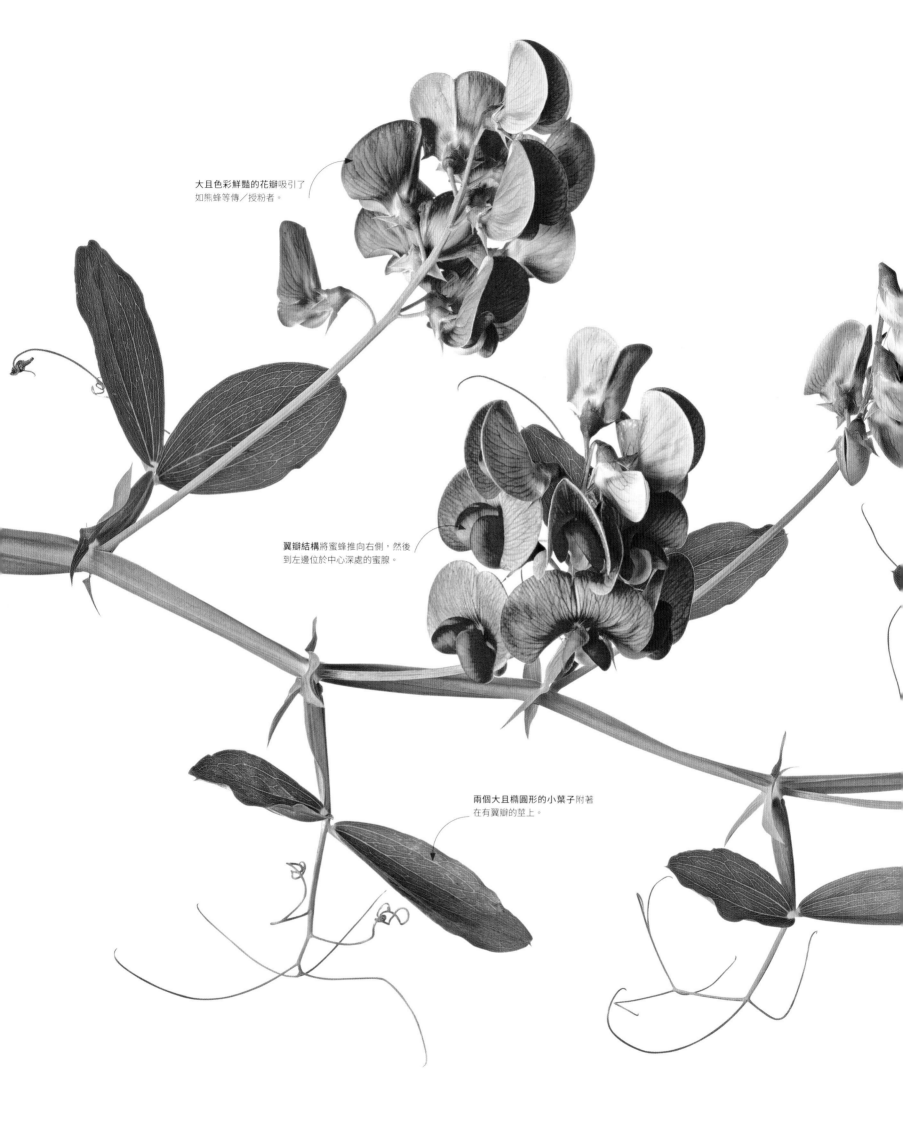

大且色彩鮮豔的花瓣吸引了
如熊蜂等傳／授粉者。

翼瓣結構將蜜蜂推向右側，然後
到左邊位於中心深處的蜜腺。

兩個大且橢圓形的小葉子附著
在有翼瓣的莖上。

管理花粉

花的形狀可以影響植物如何釋放和接收花粉，有一些植物甚至
已經演化出讓自花授粉變得很困難，或是不可能發生的花朵。
例如豌豆的不對稱的花只允許最強壯的昆蟲進入；一旦進入花
內，其內部構造可以確保花粉在兩個不同的階段接收和分散，
如此就可以避免自花授粉。

卷鬚讓植物可以在不同的
地形上爬行。

兩階段授粉

廣葉小鸝豆（學名：*Lathyrus latifolius*；俗名：Everlasting pea）的
花有兩個蜜腺。當一隻蜜蜂強行進入花裡面時，花瓣會將蜜蜂
先導向右邊，再導向左邊，然後推出一個具有多毛刷狀區域的
花柱，這個區域就在柱頭的下方，也是花粉安頓的地方。柱頭
會接觸蜜蜂，從蜜蜂身上收集來自其他花朵的花粉。當蜜蜂移
動到另一側時，刷子再次輕拍蜜蜂，這次是轉移自己的花粉到
蜜蜂身上，這樣蜜蜂就可以將花粉運輸到其他植株上。

一種 千葉鋸歯ありて
紫色淡紫辺の物

一種
厚弁鋸歯
ありて紫色
淡紫辺の
物

富士山與盛開的櫻花

葛飾北齋的彩色木版畫，大約製作於1805年。由盛開的櫻花和薄霧看富士山積雪的山峰來慶祝春天的到來。這種在厚紙上使用銅和銀粉等金屬顏料的奢華印刷，被稱為「摺物」（すりもの）。

藝術創作中的植物

日本版畫

菊花

在北齋身為風景畫家的職業生涯高峰期時，他將注意力轉向了花朵，並製作了被稱為《大花》的一系列十件非寫實的木版畫。上圖是一幅大型作品的局部，捕捉了菊花花瓣的細節。

《本草圖譜》

植物學家岩崎常正從鄉間收集植物和種子，並將它們種植在花園，以便在作品中記錄它們的精緻細節。左頁這張明亮的鴉片罌粟木版畫取自他的《本草圖譜》。前四冊於1828年印刷，全部92冊的作品最終於1921年印刷。

木版印刷做為日本藝術的中流砥柱已有幾百年的歷史，並在十九世紀時達到了顛峰。可增豔色彩、亮度和透明度的水性墨，大膽精簡化的形式，與微妙的色彩是捕捉日本風景和日本原生植物的完美媒介。

末代幕府政權衰落、旅行限制取消，日本的植物學家們紛紛被西方的科學方法所吸引。岩崎常正（1786~1842）是一位對自然世界充滿熱情的年輕幕府將軍，曾與荷蘭東印度公司的德國科學家西博德（Philipp Franz von Siebold）共事。岩崎，有時又名「寬延」，漫遊在鄉間，帶回標本進行描繪、上色與命名，然後收錄到他的巨作《本草圖譜》（Honzo Zufu）當中。《本草圖譜》是一部植物圖集，當中列有2000種植物。

江戶時代最著名的藝術家葛飾北齋（1760~1849），學會了被稱為「浮世繪」的木版畫藝術，身為一名年輕的學徒並且在每一種藝術風格中的繪圖與印刷上表現出色。他在晚年的時候寫道：「七十三歲時，我開始掌握鳥獸、蟲魚以及植物生長方式的結構。如果我繼續努力，到了八十六歲的時候，我肯定會對牠（它）們有更深一層的理解，所以到九十歲時，我將可以參透其本質。」

> 66 插畫必須以所有可能的技巧和準確性來描繪。如果不是，那麼如何區分彼此非常相似的植物呢？ 99

岩崎常正，《本草圖譜》前言

雄性和雌性植物

微小且單性的花,通常比兩性的花更小,但往往成熟得更快。藉由產生一整朵都是花藥的花,左圖的雄性冬青(學名:*Ilex aquifolium*;俗名:Holly)增加了吸引昆蟲前來攜帶花粉到雌株的機會(唯有雌株會產生漿果)。

在冬青雌花上的**子房**清晰可見。

花藥是空的。

冬青的雌花

雌株上的冬青漿果

單性植物

在動物界的繁殖系統當中,具有單獨的雄性和雌性個體是一種常態,但在植物的世界中,當一種植物只有一種性別的花朵時,意味著它將面臨巨大的挑戰。許多雌雄異株植物包含許多樹木,雖然可以避免自花授粉,但授粉的工作完全依賴花粉從雄株到雌株的成功運輸,而且通常兩者間的距離相當遠。

不完全花的結構

僅含有雄性或雌性生殖結構的花,被歸類為單性或稱「不完全」,並且「自交不親和」(self-incompatible)。這意味著它們無法透過自花授粉來繁殖。當兩種性別的不完全花出現在同一株植物上時,就稱作「雌雄同株」,例如南瓜和黃瓜。然而,無論是存在於同一株植物上還是存在於兩個獨立的個體上,雄性不完全花可以具有許多單獨的雄蕊,或者是一個融合花藥、花絲或者兩者兼具的中央雄蕊結構。

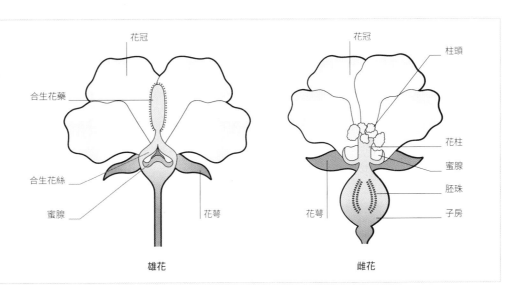

花冠

合生花藥

合生花絲

蜜腺

花萼

雄花

花冠

柱頭

花柱

蜜腺

胚珠

子房

花萼

雌花

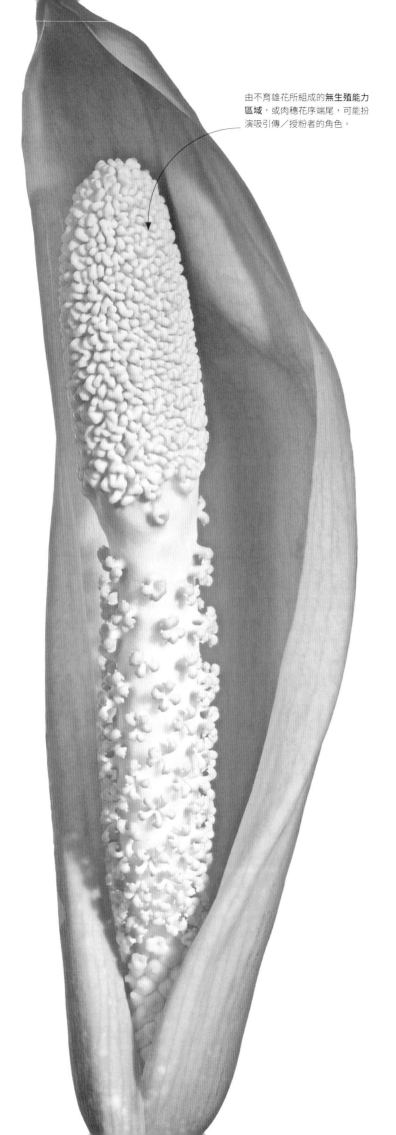

由不育雄花所組成的**無生殖能力區域**，或肉穗花序端尾，可能扮演吸引傳／授粉者的角色。

不親和花

許多有兩性花的物種藉由精密的構造，或是藉由個別植物上只有單性的雄花和雌花來避免自花授粉，有的物種即使一個花朵當中含有兩性花的花序，也有辦法避免自花授粉。利用將成熟時間錯開、葉狀屏蔽和緩衝區來確保這些植物大部分都能夠異花授粉，創造更健康的基因組合。

分隔策略

許多天南星科植物，例如黛粉葉屬植物（啞蔗，學名：*Dieffenbachia* sp.；俗名：Dumb canes），在肉穗花序中間具有無生殖能力的區域，能將雄花和雌花隔開。這些花不會完全發育，但有助於防止具生殖能力的雄性花粉接觸到具生殖能力的雌性花序。

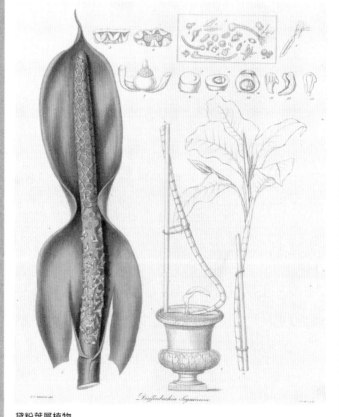

黛粉葉屬植物

雄花

雌花

雌花被佛焰苞包圍，而且比雄花早 1 至 2 天成熟，這樣可以降低自花授粉的風險。

一切都取決於時機

天南星科（學名：*Araceae*；俗名：Arum family）中的植物，例如拉庫魔芋（Pseudodracontium lacourii）包含有生殖能力的雄花和雌花的肉穗花序（佛燄花序），以及在頂部或中央分隔區域的無生殖能力花（通常是雄花）。雌花位於基部，包裹在鞘狀的佛焰苞中，當雌性已經被甲蟲由其他雄花帶來的花粉授粉時，雄花才會釋放花粉。

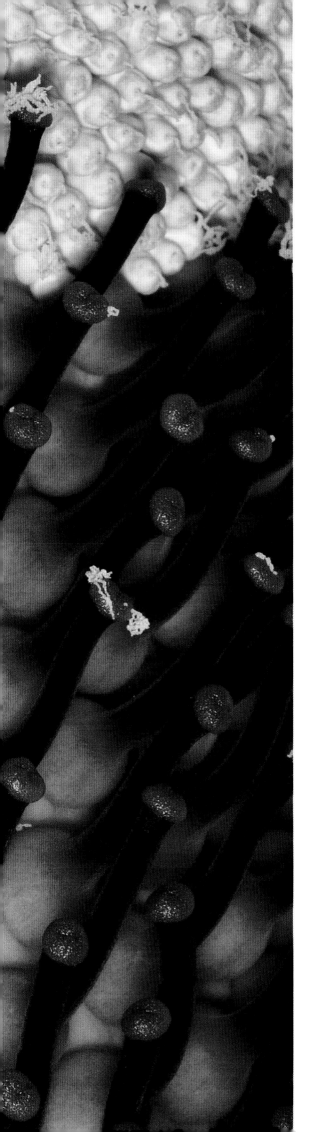

巨花魔芋

在蘇門答臘雨林中，這株龐然大物擁有世界上最大的無分枝花序。巨大的花序與其強烈的氣味相輔相成，這種氣味有如腐肉，它因而得到「屍體草」和「腐屍花」的 綽號。

巨花魔芋（學名：*Amorphophallus titanum*；俗名：the Titan arum）的外觀是騙人的：看起來像一朵3公尺（10英尺）高的花，實際上是那只是它的「肉穗花序」，底部被稱為「佛焰苞」的多褶邊組織圍繞。花本身躲在肉穗花序的深處。

這種植物不僅花序引人注目，它還能自己產生熱量。隨著花序的成熟，儲存在其地面下方巨大球莖中的能量，可以被用來將花朵加熱到大約32°C（90°F）。它的球莖重達50公斤（110磅），是世界上最大的植物球莖。巨花魔芋產生熱量，有助於散發臭味，在茂密的雨林中吸引傳／授粉者。

可以說，巨花魔芋用詭計達成授粉目的。腐肉的味道吸引了如肉蠅（flesh flies）和埋葬蟲（carrion beetles）這類正在尋找飽餐一頓、交配與產卵地方的昆蟲。這些昆蟲不會找到這些獎勵，反而是被撒了滿身的花粉。如果幸運的話，這些昆蟲會在第二天晚上再次掉進另一朵盛開的巨花魔芋，並為其授粉。

24至36小時後，花序就會塌陷。要產生這樣的花很費力，因此個別植物每3到10年才會開花一次。不開花的時候，巨花魔芋就是一片大約4.5公尺（15英尺）高的巨大葉子。不過，巨花魔芋再高調，也比不過其棲息地森林的砍伐速度——再這樣下去，這種植物就有可能瀕臨滅絕。

巨花綻放

巨花魔芋的花朵以密集的簇狀排列，頂部是雄花（白色），底部是雌花（紅色），整體結構像一個煙囪，腐臭氣味被向上引入空氣柱，遠遠地擴散開來。

肉質誘惑

巨花魔芋巨大花瓣般的佛焰苞裡，隱藏著數百朵小花。佛焰苞的酒紅色，被認為是擬態腐肉的外觀。

肉質且空心的肉穗花序保留了產自地下莖的熱量。

多褶邊的佛焰苞圍繞並保護肉穗花序底部的花朵。

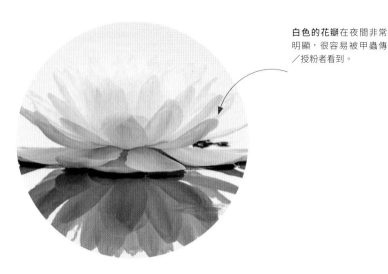

白色的花瓣在夜間非常明顯,很容易被甲蟲傳／授粉者看到。

女士優先

巨型睡蓮的花壽命相對較短。它們在黃昏時開啟、升溫,並散發出一種鳳梨香味,這種氣味對圓頭犀金龜屬(*Cyclocephala*)的金龜子而言難以抗拒。花瓣會在甲蟲進入後關閉,將牠們囚禁到第二天晚上為止。

改變性別的花

當開花植物具有雙性表現的花時,通常會包含雄性(雄蕊)和雌性(雌蕊)部分。這些獨立的性器官通常在開花期間同時成熟,然而,在一些雙性花中,生殖器官分別在不同的階段成熟,有效地改變了特定時間的性別表現,不是從雌性到雄性(雌蕊先熟),就是從雄性轉換到到雌性(雄蕊先熟)。巨型睡蓮(學名:*Victoria amazonica*;俗名:the Giant water lily)由被困在花中的甲蟲授粉,花的雌性器官在雄性器官之前成熟。

俘虜傳／授粉者

巨型睡蓮給傳／授粉的甲蟲的回報,是花心皮基部富含高熱量澱粉的組織,甲蟲在牠們被囚禁的期間會以此為食。當甲蟲糊里糊塗地從一個心皮到另一個心皮的時候,牠們會把從雄熟期階段花朵採集到的花粉,轉移到另一朵花卉監獄內的柱頭,然後隨著雌熟期花變成雄熟期花,牠們將攜帶更多花粉離開。

內部花瓣緊密貼合,將甲蟲密封在花朵內

甲蟲被關在花卉監獄裡

外部花瓣在花冠周圍保持環狀開啟

正在發生變化

從白色到粉紫的顏色變化,顯示出巨型睡蓮正在進入雄熟期階段。甲蟲們被困在花裡一天後,全身撒滿睡蓮成熟花藥所散落的花粉。當第二天晚上花開時,甲蟲會飛走,尋找更多的雌花。然後那個釋放出甲蟲的花就會沉入水面以下,完成任務。

鐘形花朵在成熟
時呈粉紅色。

鼓槌花蔥

鼓槌花蔥（*Allium sphaerocephalon*）具有
圓的蛋狀繖形花序。在繖形花序中，花
序柄或花序梗具有較寬的圓形末端。這
種梗可以做為許多花的「平臺」，其莖或
花梗的長度都相同。

繖形花序

在柱頭完全發育之前，**花藥**在花開後
的 1 至 2 天內，會將大部分的花粉散
發出去。柱頭成熟後的幾天內都是可
孕的，且可接受到來自較低位置的較
年輕花朵的花粉。

當蜜蜂從較年輕的花朵移動
到較老的花朵時，**花粉就會
被轉移**到最頂端的花朵上。

花瓣改變顏色，以引
導傳／授粉者前來最
多獎勵的花朵。

在基部的花至多可比最
頂部的花慢兩週開放。

花序

單一莖上花序產生許多小花，這種植物並不少見，例如裝飾用的蔥
屬植物，非常引人注目。從遠處看，石蒜科（*Allioideae*）的這些成
員給人的印象就是有一個大花朵，但仔細觀察就會發現每個「花朵」
都由許多微小花朵或是小花（florets）所組成。如果單個花序的小花
在幾天甚至幾週內的不同時間開啟，並且每朵小花所產生的花粉能
夠使同一植物的鄰近花朵受精，那麼自花授粉的機會就會變得很巨
大。

蓬勃發展的個別花朵

多花的花序將多個花蜜和花粉來源塞入一個狹小的空間，讓傳／
授粉者在享受盛宴的同時，花費更少的能量在花與花之間移動。
花序上的花通常會有不同的成熟時間，這樣可以鼓勵傳／授粉者
再度造訪；這種積極策略促進了同一花序的自花授粉以及不同個
體之間的異花授粉。

最頂端的花通常先打開；隨著老
化，花朵可能會增加花蜜量，
以鼓勵昆蟲的回訪。

花序的類型

花序，是由花如何在主梗與側梗周圍的排列來定義，這些梗則被稱為「花序梗」和「花梗」。花序可以是有限的或是無限的。有限花序的梗末端會以一朵花結束，而無限花序的梗的末端則是以一個花苞結束。一旦末端花苞形成，往那個方向的生長就會因為是有限花序而停止。相反的，無限花序會繼續生長，且可以在相同的花序上產生不同成熟階段的花。以下是部分例子。

有限花序

花序梗，或主莖，支撐一朵大花。

單獨的
鬱金香屬

無限花序

花長在中央主花序梗周圍。

在底層的花先成熟。

總狀花序
飛燕草屬（ *Delphinium* sp. ）

每一支側枝支撐著一些花。

圓錐花序
阿勃勒（ *Cassia fistula* ）

花序梗類似於總狀花序，且會繼續生長，但側枝末端以花苞結束，像聚繖花序一樣。

圓錐狀聚繖花序
丁香屬植物（ *Syringa* sp. ）

有梗的花在花序梗上互生排列。

複繖房花序
八仙花屬（ *Hydrangea* sp. ）

有梗的小花在花序梗末端的單一個點長出。

繖形花序
熊蔥（ *Allium ursinum* ）

花梗末端有一個小的繖形花序。

複繖形花序
胡蘿蔔

末端的花通常盛
開在其側向的花
開之前。

花從中心點出現，
形成一個簡單的聚
繖花序。

聚繖花序
石竹（ *Dianthus chinensis* ）

二次分枝由簡單的聚
繖花序所組成。

複聚繖花序
草原毛茛（尖銳毛茛，*Ranunculus acris* ）

在每一邊的互生花
梗，形成一個「之」
字形花朵圖案。

蠍尾狀聚繖花序
鳶尾屬植物（ *Iris* sp. ）

無梗（無柄的）花直接
附著在花序梗上。

穗狀花序
瓶刷子樹屬植物（ *Callistemon* sp. ）

密生而延長，常是下
垂的雄花。

柔荑花序
黑赤楊（ *Alnus glutinosa* ）

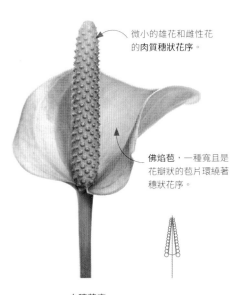

微小的雄花和雌性花
的肉質穗狀花序。

佛焰苞，一種寬且是
花瓣狀的苞片環繞著
穗狀花序。

肉穗花序
花燭屬（ *Anthurium* sp. ）

密集擁擠的小花
直接附著在花序
梗的末端上。

頭狀花序
蒲公英（ *Taraxacum* sp. ）

密集擁擠的無梗小花在
盤狀花頭上。

頭狀花序
紫花紫錐菊（ *Echinacea purpurea* ）

花序以輪狀排列。

輪生聚繖花序
沼生水蘇（ *Stachys palustris* ）

隨著舌狀花的展開，就可以看見每一個個別花瓣的帶狀外型。

當舌狀花伸長時，中央盤花開始變色並膨脹。

輪生苞片向後摺疊，使花頭擴張。

紫花紫錐菊（*Echinacea purpurea* 'maxima'）

菊花的頭狀花序如何開花

菊花的頭狀花序由外向內開花。盤花的花朵在成熟時會膨脹並變色，但只有在周圍的舌狀花完全展開後才會開花。

舌狀花與盤花

菊科（學名：*Asteraceae*；俗名：the Daisy family）是最大的開花植物類群之一。它們具有獨特的花卉結構，每個明顯看起來是「單一」的頭狀花序，實則由許多被稱為「舌狀小花」與「盤小花」的微小花朵所組成。有些像蒲公英一樣，由花瓣狀的舌狀花組成；有些像薊一樣，只含有管狀盤花；而其他例如紫錐菊則是舌狀小花與盤小花兩者都有。

花的構造

雖然舌狀花與盤花的舌狀花瓣有很大的差別，但是它們都會形成圓柱狀的融合花藥，以及幫助種子散布的「冠毛」，取代了典型花朵中萼片或花萼的「毛狀剛毛」。

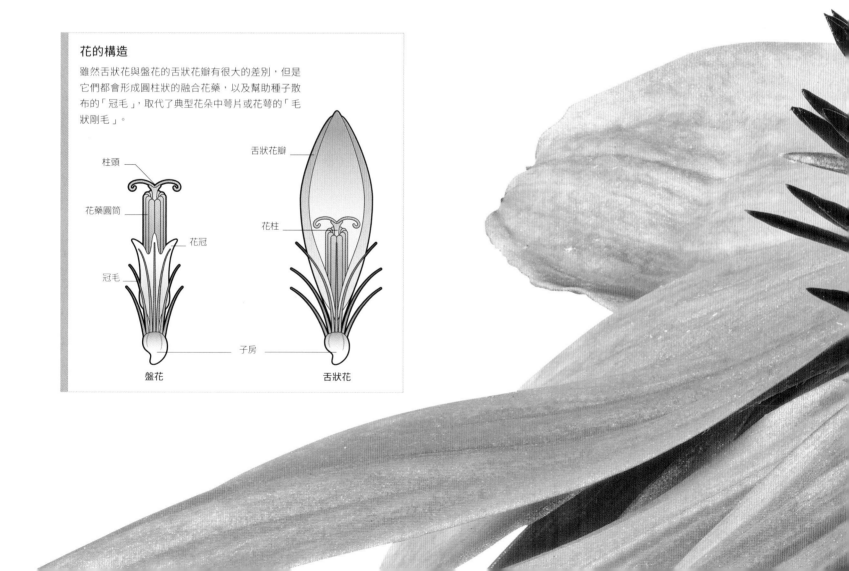

柱頭

花藥圓筒

花冠

冠毛

舌狀花瓣

花柱

子房

盤花

舌狀花

多花綻放

在紫錐花的頭部，成熟的盤花變大形成一個圓形中心。橢圓形且粉紅色的舌狀花盤花向後展平與彎曲，它們可能是不育的，但可以幫助吸引傳／授粉者。管狀花冠呈橘紅色，在它們開啟露出分岔又披覆著花粉的花柱時顏色變深，每個花柱被五個小又尖銳的邊緣圍繞著。

外部盤花從底部的綠色朝向尖端變為橘紅色。

向日葵

至少從西元前2600年開始，向日葵（學名：*Helianthus* sp.；俗名：the Sunflower）就被人類種植，不僅因為它們亮黃色的花朵與太陽相呼應，而且還因為它們營養豐富的種子。向日葵原生於美洲，後來遍布全球。

向日葵因其有追蹤太陽軌跡的習性而聞名。不過，這種向日性其實只會隨著植物的發育而發生：葉子和花苞兩者都會跟蹤太陽的路徑，讓它們可以最大化地將自己暴露在賦予生命的光線之下，一旦花朵盛開，這種日常運動就會停止，此時的花朵通常朝向東方。藉此，它們可以在太陽由地平線上升起的時候，就開始利用太陽的熱量，從而增加傳／授粉者的造訪數量以及種子發育的速度。

大的黃色花序
花序中心的每朵花（被稱為盤花的花朵）在結果後，會產生單一種子。左圖中的大多數盤花還尚未開啟。植物產生的種子越多，來年產生後代的機會就越大。

那個看起來像單一朵花的結構，其實是由許多小花所組成的花序。花序中的花從外圍往裡面成熟，為整個開花期的傳／授粉者提供了充足的造訪機會。

向日葵屬植物有大約70種不同的向日葵種類，大多數是一年生植物或雙年生植物。最常見的向日葵是學名為「*Helianthus annuus*」的向日葵，它已經被選擇性地栽培了幾個世紀，成為了一種在長而堅硬的莖上生長著巨大花序的物種。野生的向日葵看起來完全不同，它們有許多分枝梗，每個梗的末端有很多小花序。有一些向日葵有相剋作用：它們會產生一種化學混合物，抑制其他植物生長。藉由毒害周圍的植物，向日葵消滅競爭對手，增加自己的種子數量。

每個「花瓣」由單一個舌狀花的合生花瓣所組成。

假花瓣
向日葵的亮黃色「花瓣」實際上是不育花，被稱為舌狀花，存在的目的只是用於吸引傳／授粉者到花序中心有生殖能力的盤花那裡。

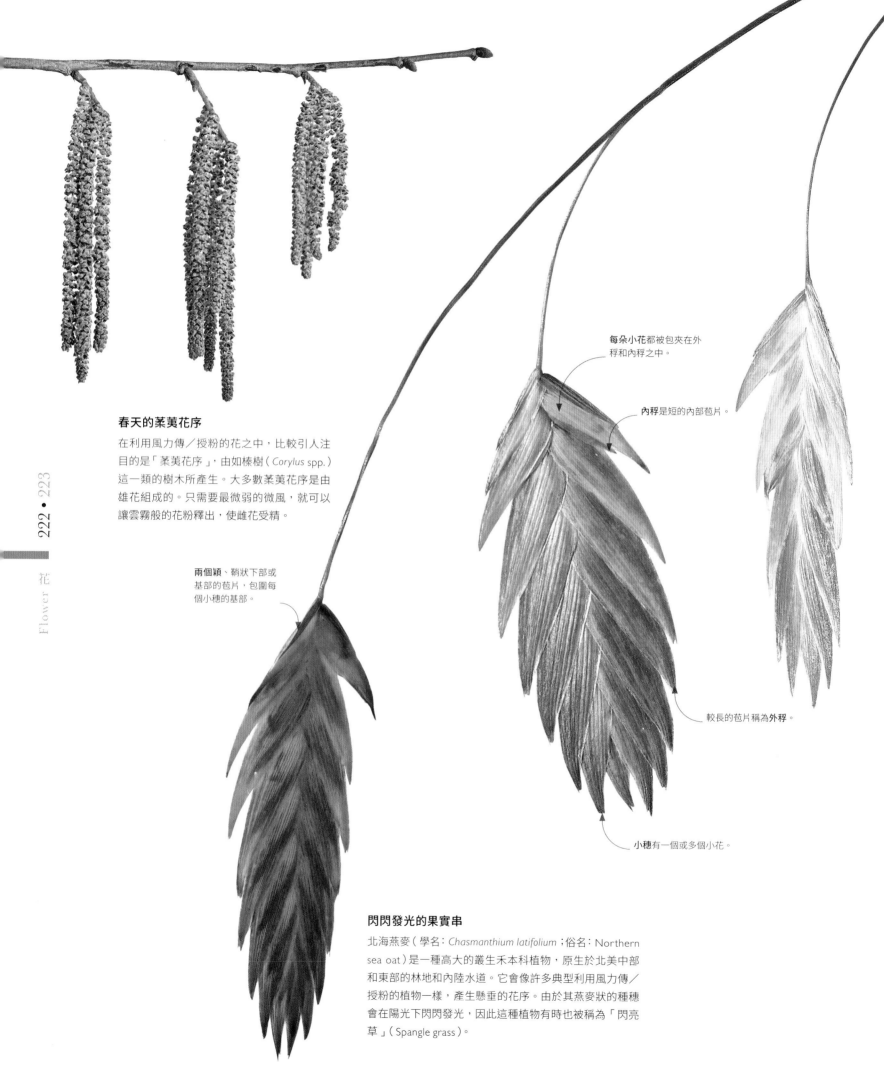

春天的葇荑花序

在利用風力傳／授粉的花之中，比較引人注目的是「葇荑花序」，由如榛樹（*Corylus* spp.）這一類的樹木所產生。大多數葇荑花序是由雄花組成的。只需要最微弱的微風，就可以讓雲霧般的花粉釋出，使雌花受精。

每朵小花都被包夾在外稃和內稃之中。

內稃是短的內部苞片。

兩個穎、鞘狀下部或基部的苞片，包圍每個小穗的基部。

較長的苞片稱為**外稃**。

小穗有一個或多個小花。

閃閃發光的果實串

北海燕麥（學名：*Chasmanthium latifolium*；俗名：Northern sea oat）是一種高大的叢生禾本科植物，原生於北美中部和東部的林地和內陸水道。它會像許多典型利用風力傳／授粉的植物一樣，產生懸垂的花序。由於其燕麥狀的種穗會在陽光下閃閃發光，因此這種植物有時也被稱為「閃亮草」（Spangle grass）。

稃或主莖讓大又下垂的小穗能夠盡可能地暴露在微風中。

已經受精的小花在釋放種子之前會變得更堅硬。

小花

抓住這一天
從春季到秋季，雄花和雌花從濱海海燕麥（學名：*Uniola paniculata*；俗名：Beach-dwelling sea oats）的綠色小穗中冒出。小花只在清晨開放一次，然後就迅速關閉。

利用風力傳／授粉的花

大多數利用風力傳／授粉的花（又稱「風媒花」），都會藉助風來帶走花粉，所以它們不需要用鮮豔的花瓣來吸引注意力。許多使用風力傳／授粉的植物，例如禾本科植物和榛樹的葇荑花序將它們的花隱藏在保護生殖器官的特殊苞片之中，直到它們冒出剛好足夠被受精的時間。

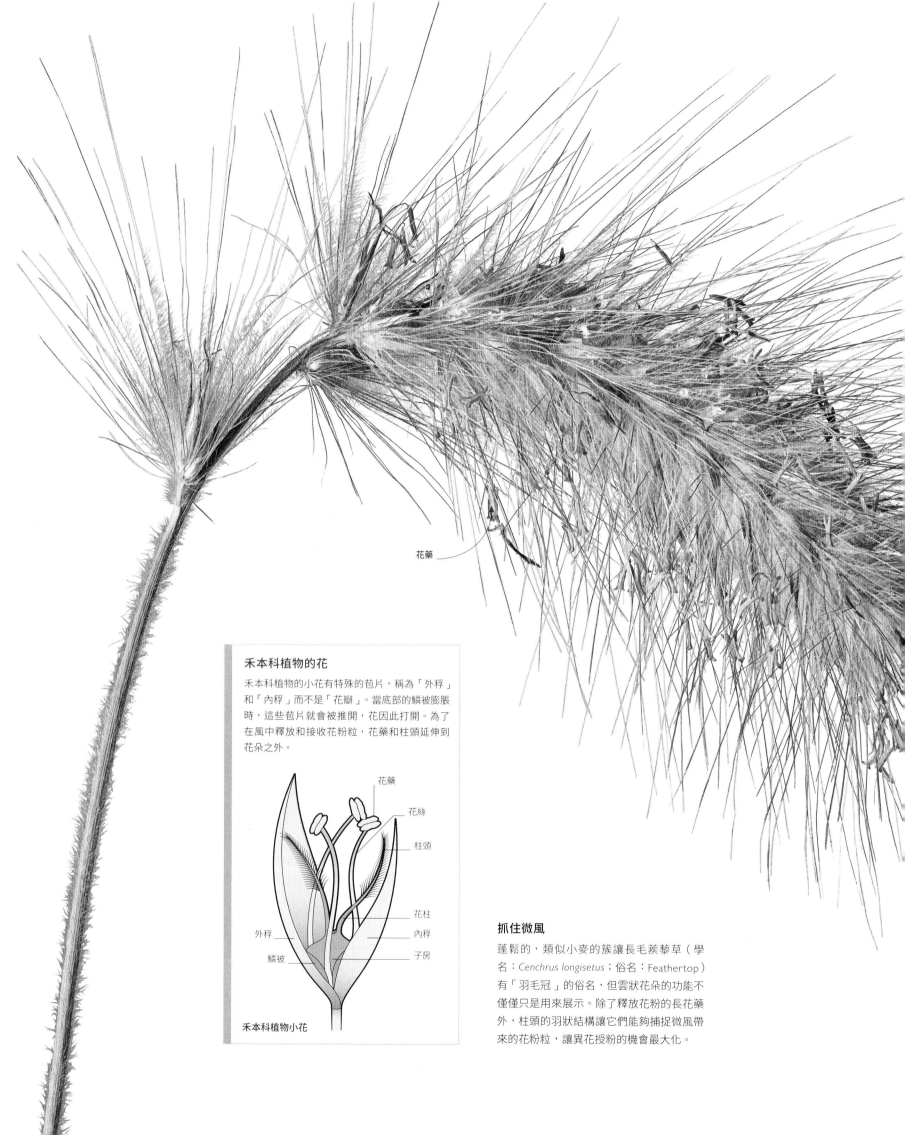

花藥

禾本科植物的花

禾本科植物的小花有特殊的苞片，稱為「外稃」和「內稃」而不是「花瓣」。當底部的鱗被膨脹時，這些苞片就會被推開，花因此打開。為了在風中釋放和接收花粉粒，花藥和柱頭延伸到花朵之外。

花藥

花絲

柱頭

花柱

外稃

內稃

鱗被

子房

禾本科植物小花

抓住微風

蓬鬆的，類似小麥的簇讓長毛蒺藜草（學名：*Cenchrus longisetus*；俗名：Feathertop）有「羽毛冠」的俗名，但雲狀花朵的功能不僅僅只是用來展示。除了釋放花粉的長花藥外，柱頭的羽狀結構讓它們能夠捕捉微風帶來的花粉粒，讓異花授粉的機會最大化。

禾本科植物的花

禾本科植物是地球上第三大的植物群。雖然它們都會開花，但很少有人會喜歡它們的花朵。部分是因為尺寸，低矮的禾草物種的個體花朵通常很小，肉眼難以察覺，還有一部分是因為構造——禾本科植物的花利用風力傳／授粉，因此它們不會開出顏色鮮豔的花朵，而是外觀不明顯的簇狀頭，通常長在長莖上，並依靠氣流進行傳／授粉和散播種子。

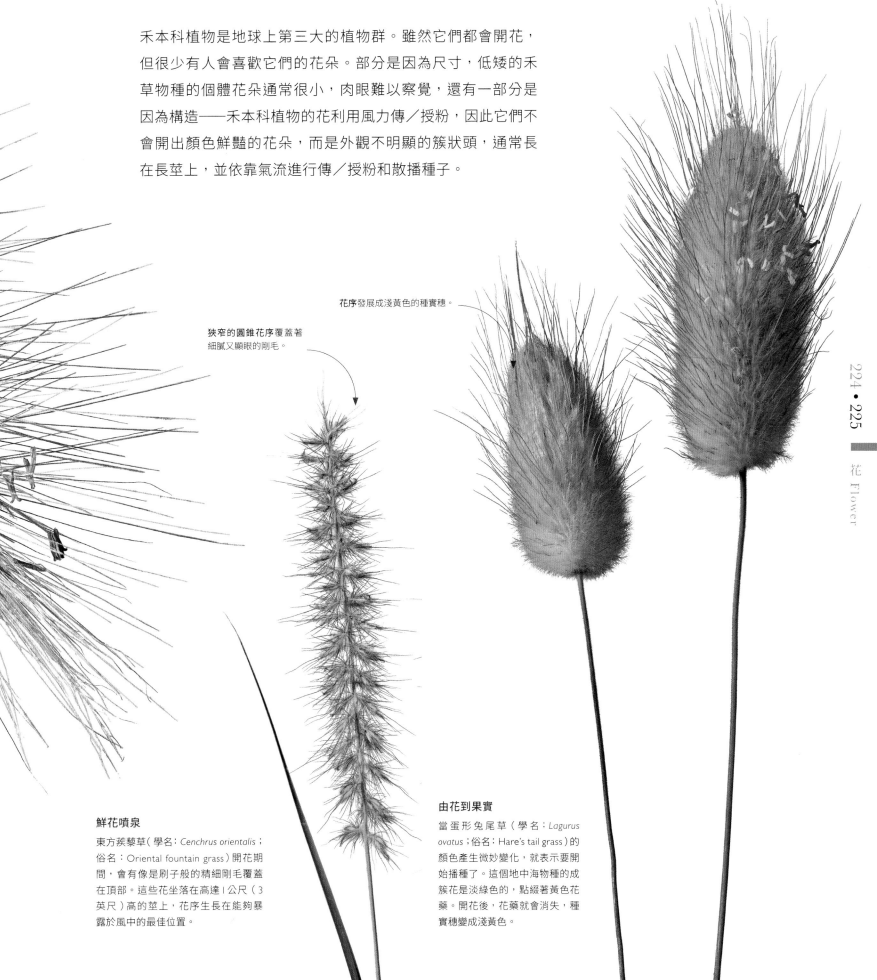

花序發展成淺黃色的種實穗。

狹窄的圓錐花序覆蓋著細膩又顯眼的剛毛。

鮮花噴泉

東方蒺藜草（學名：*Cenchrus orientalis*；俗名：Oriental fountain grass）開花期間，會有像是刷子般的精細剛毛覆蓋在頂部。這些花坐落在高達1公尺（3英尺）高的莖上，花序生長在能夠暴露於風中的最佳位置。

由花到果實

當蛋形兔尾草（學名：*Lagurus ovatus*；俗名：Hare's tail grass）的顏色產生微妙變化，就表示要開始播種了。這個地中海物種的成簇花是淡綠色的，點綴著黃色花藥。開花後，花藥就會消失，種實穗變成淺黃色。

花 Flower

尋找花蜜的守宮爬上
花朵，離開時身上收
集了有黏性的花粉。

模里西斯島風鈴

極其重要的關係

在某些棲息地中，爬蟲類動物扮演主要的傳／授粉者角色。
在模里西斯，華麗日守宮（Ornate day gecko）從模里西斯南
洋參（學名：*Polyscias maraisiana*；俗名：Ox tree）的花朵中舔
食花蜜，並在此過程中為這種瀕臨滅絕的物種傳／授粉。

綻放的鐘形花朵向下懸掛，
只有嫻熟的攀爬者才能獲得
甜蜜的獎勵。

花與花蜜

花蜜是植物的終極賄賂。被稱為「蜜腺」的腺體產生甜而黏稠的液體，吸引大量
的傳／授粉者。雖然蜜腺也出現在莖、葉和芽上，但它們還是與花的關係最密
切，花中的花蜜可以做為傳／授粉的獎勵。蔗糖、葡萄糖和果糖這一類的糖類是
花蜜的主要成分，當中還含有微量的氨基酸和其他物質。每一朵花的花蜜類型、
量甚至顏色都因物種而異，是為幫助它們傳／授粉的動物量身訂做的口味。

淡藍色的花瓣能完美襯托
血紅色蜜腺，吸引守宮。

不尋常的顏色

大多數花蜜是無色的，依靠香味來吸引傳／授
粉者，但模里西斯島風鈴是個例外。為了增加
繁殖的機會，它會從血紅色的蜜腺中分泌出猩
紅液體。紅色對華麗日守宮來說非常有吸引
力，這些守宮在牠們多岩石的棲息地為這些稀
有的風鈴草傳／授粉。

花的蜜腺

花朵中最常見的蜜腺位置有三處：子房
基部、雄蕊基部（特別是花絲）和花瓣
基部。這些位置都需要傳／授粉者推
開花朵的繁殖器官，才能進入獲得花
蜜，這是一種獎勵設計。然而，花蜜
分泌的腺體也可能出現在子房的其他
部分如花藥、雄蕊、雌蕊、柱頭以及
在花瓣組織上。

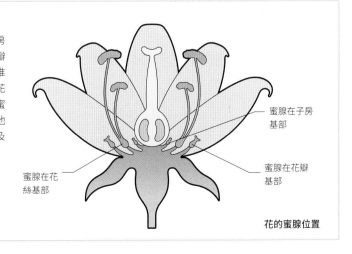

蜜腺在子房
基部

蜜腺在花瓣
基部

蜜腺在花
絲基部

花的蜜腺位置

花瓣的蜜腺環繞著中心。

鐵筷子的花

特化的蜜腺

金穗斗菜（學名：*Aquilegia chrysantha*；俗名：Golden columbine）的蜜腺是高度特化的。隱藏在花距的腔室裡，只有某些具有長舌的天蛾物種才能觸及。鐵筷子的蜜腺位於錐體中，只能被具有長吻的熊蜂觸及。

蜜腺

蜜腺的位置根據協助的傳／授粉者而有所不同。秋季開花的常春藤分泌出短舌土蜂和蒼蠅青睞的花蜜「池」。在初春時節，花蜜可以在鐵筷子圓錐形花瓣的蜜腺基部收集到，而在夏季開花的烏頭（學名：*Aconitum*；俗名：Monkshood），兩個大蜜腺隱藏在花的兜狀瓣內。兩者都會吸引熊蜂。

表面分泌

常春藤

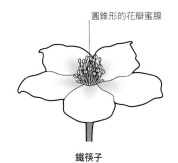

圓錐形的花瓣蜜腺

鐵筷子

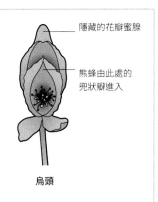

隱藏的花瓣蜜腺

熊蜂由此處的兜狀瓣進入

烏頭

貯藏花蜜

隨著開花植物的演化，蜜腺（分泌花蜜的腺體）越來越集中在「花」這個繁殖構造上，花色和香味也已經發展成用來宣告花蜜的存在。一些花的表面有許多蜜腺能吸引廣大的傳／授粉者，但有些植物的蜜腺則演化成只能被某些動物接近。

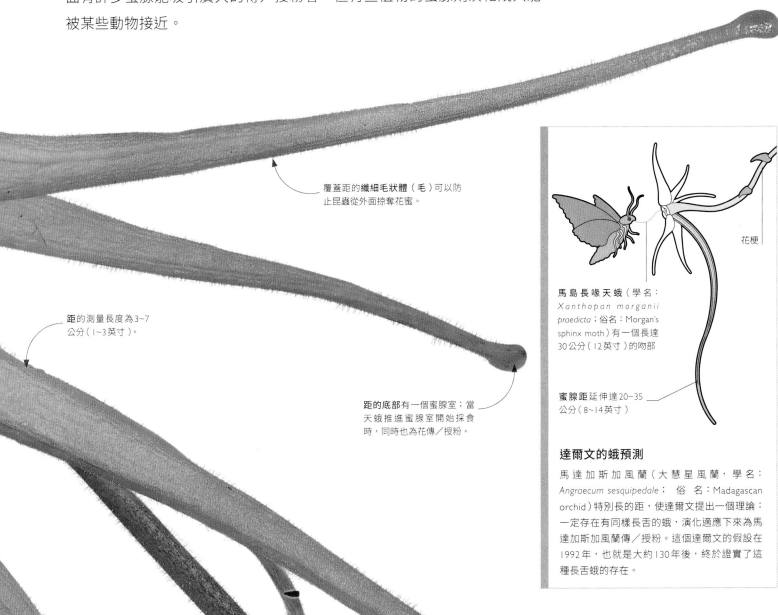

覆蓋距的纖細毛狀體（毛）可以防止昆蟲從外面掠奪花蜜。

距的測量長度為3~7公分（1~3英寸）。

距的底部有一個蜜腺室；當天蛾推進蜜腺室開始採食時，同時也為花傳／授粉。

花梗

馬島長喙天蛾（學名：*Xanthopan morganii praedicta*；俗名：Morgan's sphinx moth）有一個長達30公分（12英寸）的吻部

蜜腺距延伸達20~35公分（8~14英寸）

達爾文的蛾預測

馬達加斯加風蘭（大慧星風蘭，學名：*Angraecum sesquipedale*； 俗名：Madagascan orchid）特別長的距，使達爾文提出一個理論：一定存在有同樣長舌的蛾，演化適應下來為馬達加斯加風蘭傳／授粉。這個達爾文的假設在1992年，也就是大約130年後，終於證實了這種長舌蛾的存在。

碗狀花

像罌粟花一樣寬闊敞開的花朵非常適合飛行昆蟲，尤其是蜜蜂，它們可以很容易地降落在個別的碗狀花上。能夠輕鬆地降落在暴露的花卉上，意味著傳／授粉者採蜜時所花費的能量更少。這對花是有益的，因為如此一來，傳／授粉者能在更短的時間內造訪更多的罌粟花，完成受精。

寬闊的花瓣提供了理想的著陸點

花粉豐富的花藥很容易被探取

冰島罌粟（學名：*Papaver nudicaule*；俗名：Icelandic poppy）

專為訪客設計

花的顏色與香味無疑在吸引傳／授粉者的注意力上，扮演非常關鍵的角色，但花的形狀也可以決定傳／授粉者的身分。鳥類（除了蜂鳥）需要棲架，而蜜蜂等昆蟲需要著陸的平臺。提供這些特徵，不僅可以吸引合適的訪客，還可以讓花卉在適當的時刻引導正確的傳／授粉者進入其生殖構造。

著陸平臺

著陸的階段有多種形式。羽毛薊（學名：*Cirsium rivulare*；俗名：Plume thistles）頭狀花序的海綿狀圓頂可以幫助蝴蝶和蜜蜂在飛近時抓穩固定。

多個小花誘使傳／授粉者可以悠閒地採食更長的時間。

鱗狀苞片保護未成熟的花朵免受傷害。

滿足昆蟲的需求

大葉牛防風（學名：*Heracleum mantegazzianum*；俗名：Giant hogweed）的汁液對人類具有腐蝕性，但其巨大的繖形花為蝴蝶、蒼蠅和甲蟲提供了大量的花蜜和花粉。這些昆蟲可以舒適地「坐著」探索每一朵花。

當蜜蜂沿著隧道移向花蜜
儲藏處時，鐘形構造會迫
使蜜蜂收起翅膀。

蜜蜂進入隧道時，會刷過
在隧道頂的**花藥**，花藥就
會釋放花粉。

花蜜在「鐘」的
狹窄端內部。

護毛阻止小型昆蟲
進入花朵。

為熊蜂量身訂做

毛地黃（*Digitalis purpurea*）結合了「蜜蜂專屬色」、花蜜指引以及「著陸區」來吸引熊蜂。花依次從底部到頂部開放，且花藥在柱頭之前成熟。

毛地黃

精準授粉

一些植物已經演化只限定某些傳／授粉者進入花朵。毛地黃的所有特徵，似乎都是設計來招待單一種昆蟲——熊蜂。延長又封閉的花朵所產生的花蜜，只有舌頭夠長的昆蟲才有辦法觸及，而防護毛則防止較小的蜜蜂進入。熊蜂的大小、形狀和重量都剛好適合在這些管狀花內收集花粉與授粉。

互利

毛地黃的雌雄蕊生殖器官位在花冠筒的內部上方，所以當熊蜂在尋找子房底部的蜜腺時，會被迫鑽到雌雄蕊下方。緊密的管狀花確保熊蜂會被花藥上的花粉以及掉落在花底部的花粉所覆蓋。如此一來，當熊蜂在不同毛地黃植物的花間移動時，花粉交換將達到最大化。

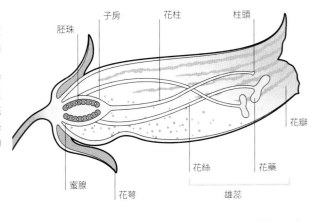

胚珠　子房　花柱　柱頭

花瓣

花絲　花藥

蜜腺　花萼　雄蕊

毛地黃花朵內部

振動授粉

大約有兩萬種植物，使用高蛋白花粉做為誘餌來吸引傳／授粉者。為了增加傳遞基因的機會，大多數物種，如馬鈴薯和番茄，都具有獨特構造，允許特定的昆蟲接觸到花粉。而昆蟲也已經演化出巧妙的方式來收集「獎勵」。例如，某些蜜蜂利用翅膀和花藥達到相同的共振頻率，振動抖出花藥的花粉粒，這就是「振動授粉」。

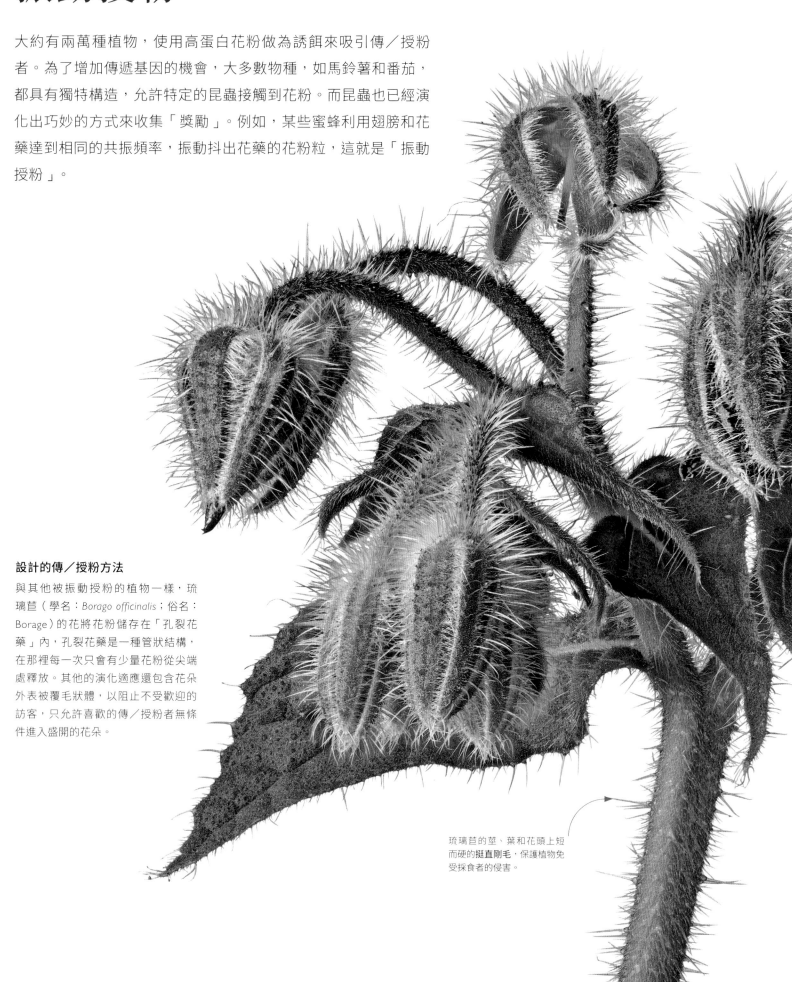

設計的傳／授粉方法

與其他被振動授粉的植物一樣，琉璃苣（學名：*Borago officinalis*；俗名：Borage）的花將花粉儲存在「孔裂花藥」內，孔裂花藥是一種管狀結構，在那裡每一次只會有少量花粉從尖端處釋放。其他的演化適應還包含花朵外表被覆毛狀體，以阻止不受歡迎的訪客，只允許喜歡的傳／授粉者無條件進入盛開的花朵。

琉璃苣的莖、葉和花頭上短而硬的**挺直剛毛**，保護植物免受採食者的侵害。

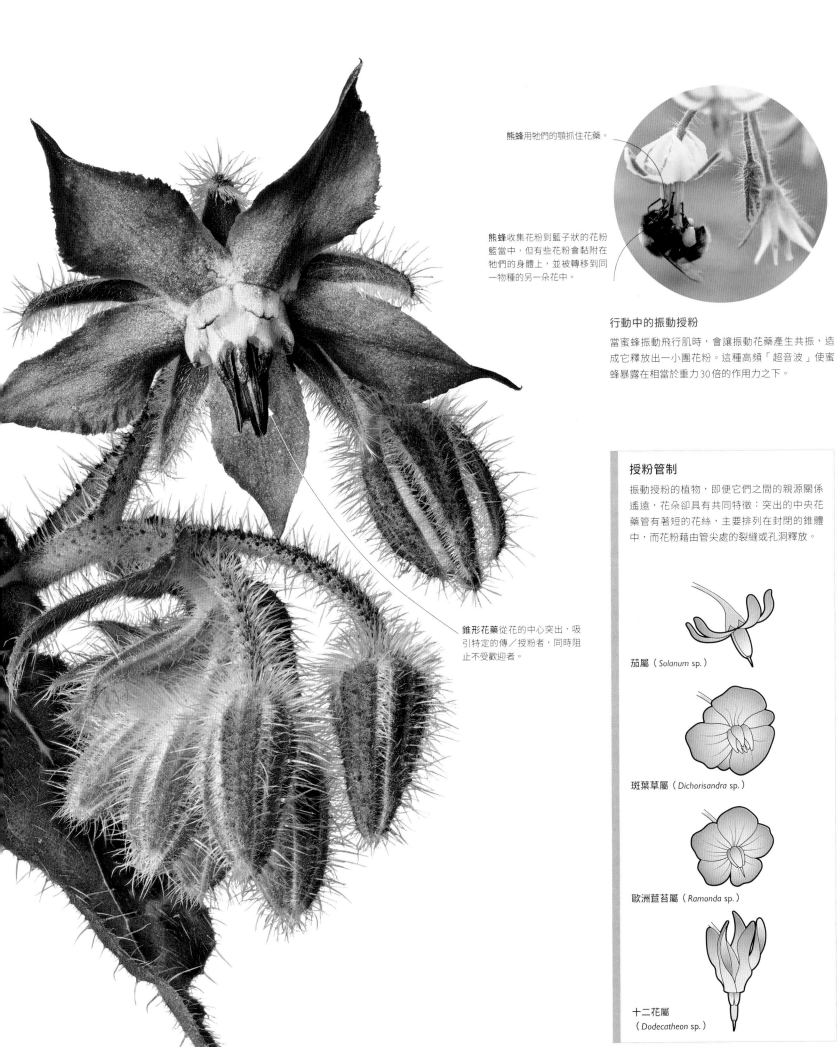

熊蜂用牠們的顎抓住花藥。

熊蜂收集花粉到籃子狀的花粉籃當中，但有些花粉會黏附在牠們的身體上，並被轉移到同一物種的另一朵花中。

行動中的振動授粉

當蜜蜂振動飛行肌時，會讓振動花藥產生共振，造成它釋放出一小團花粉。這種高頻「超音波」使蜜蜂暴露在相當於重力30倍的作用力之下。

錐形花藥從花的中心突出，吸引特定的傳／授粉者，同時阻止不受歡迎者。

授粉管制

振動授粉的植物，即便它們之間的親源關係遙遠，花朵卻具有共同特徵：突出的中央花藥管有著短的花絲，主要排列在封閉的錐體中，而花粉藉由管尖處的裂縫或孔洞釋放。

茄屬（*Solanum* sp.）

斑葉草屬（*Dichorisandra* sp.）

歐洲苣苔屬（*Ramonda* sp.）

十二花屬
（*Dodecatheon* sp.）

曼陀羅，1936年

曼陀羅（學名：*Datura wrightii*；俗名：Jimson weed）花，曼陀羅是一種常見的沙漠植物，在美國路邊或是荒地上都可以看見其生長茂盛，喬治婭·歐姬芙將之放大繪在自己最大的花卉畫布上。儘管它的種子有毒，歐姬芙還是非常鍾愛這種植物，並且在這個充滿活力的構圖當中捕捉它充滿能量與風車般律動的生長習性。

> " ……他們花些時間去觀賞，一定會感到驚訝，我會讓忙碌的紐約人願意花時間去觀賞我所見到的鮮花。"
>
> 喬治婭·歐姬芙（Georgia o'keeffe）

藝術創作中的植物

前衛視角

現代主義藝術家尋求新技巧，來反映二十世紀初包圍他們的城市機械化景觀時，自然世界強調忠實和真實的表現技法就被捨棄了。他們所使用的創新方法拒絕了幾個世紀以來的具象派藝術，轉而專注於抽象、內省以及回歸到原始主義。隨著時間發展，這些受到新自由啟發的藝術家，創作出對自然有著強烈反應的現代作品。

1920與1930年代，美國藝術家喬治婭·歐姬芙創作了個人最具代表性的花卉繪畫作品，那時她已經是現代主義運動的早期提倡者。這些巨型畫布上的大型特寫，採用透技法，將觀眾吸引到玫瑰的內心，或者將觀眾的注視焦點向上移動到高聳的海芋上。

現代主義充滿了佛洛伊德心理學，歐姬芙的摺疊花瓣和開放花朵，不經意地詮釋了女性性慾的沉重。但這並不是她的意圖，她只是想捕捉植物的微小細節，並將其放大檢視，這樣人們就可以暢睹平凡植物的美麗奇蹟。

「權力歸花兒」（flower power）這句宣言，在1960年代重新浮出檯面成為嬉皮的和平象徵；具有簡單形狀、大膽圖案和鮮豔色彩的花朵成為當代設計的固定元素。安迪·沃荷（Andy Warhol）的俏皮後現代絹版印刷，以《花》（Flower）為名的系列作品，展現出背於以往基於商業品牌和流行文化的作品風格，又完美契合當下時空背景，震驚世人。

後現代主義藝術

在他的普普藝術《花》系列中，安迪·沃荷以四朵朱槿的花照片，用不同顏色的色板做絹版印刷。花朵的顏色從黃色、紅色和藍色變為粉紅色和橘色或全白色，與背景的草叢相對應。

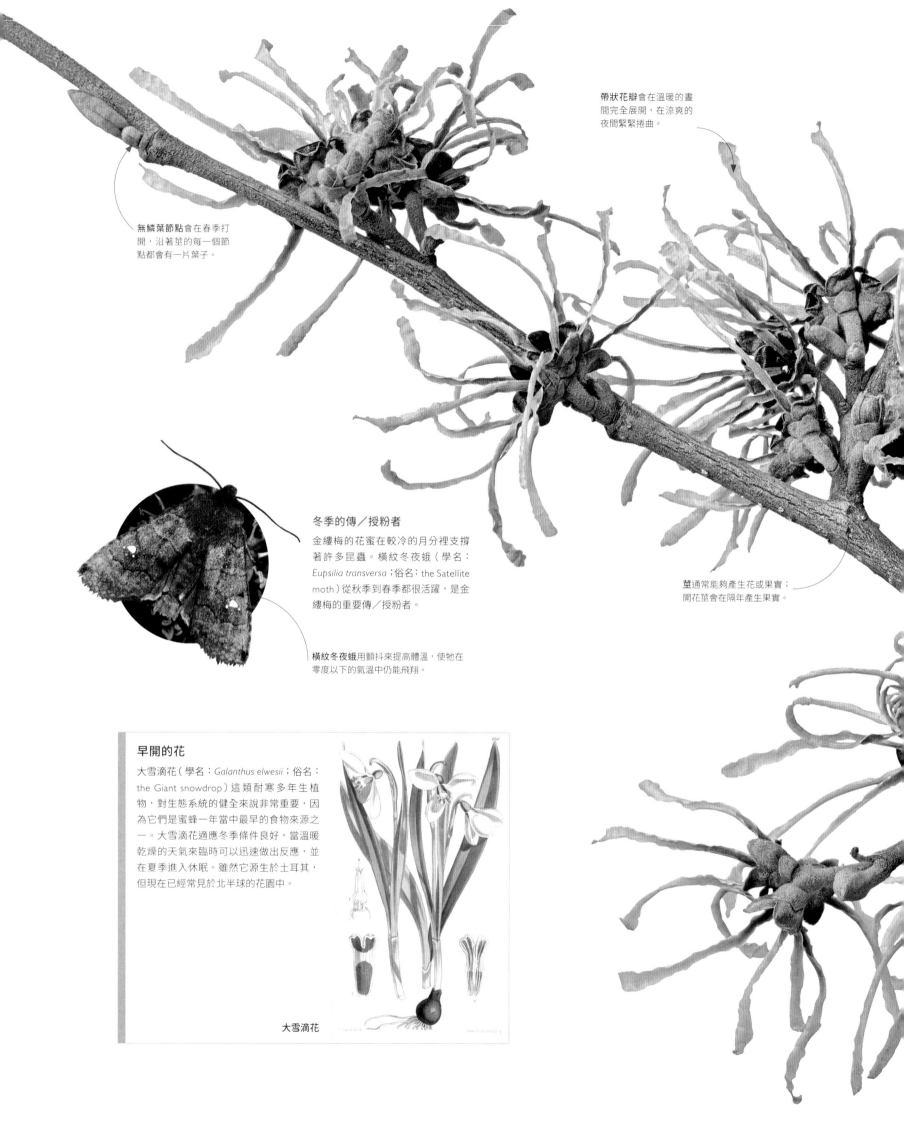

帶狀花瓣會在溫暖的晝間完全展開，在涼爽的夜間緊緊捲曲。

無鱗葉節點會在春季打開，沿著莖的每一個節點都會有一片葉子。

莖通常能夠產生花或果實；開花莖會在隔年產生果實。

冬季的傳／授粉者

金縷梅的花蜜在較冷的月分裡支撐著許多昆蟲。橫紋冬夜蛾（學名：*Eupsilia transversa*；俗名：the Satellite moth）從秋季到春季都很活躍，是金縷梅的重要傳／授粉者。

橫紋冬夜蛾用顫抖來提高體溫，使牠在零度以下的氣溫中仍能飛翔。

早開的花

大雪滴花（學名：*Galanthus elwesii*；俗名：the Giant snowdrop）這類耐寒多年生植物，對生態系統的健全來說非常重要，因為它們是蜜蜂一年當中最早的食物來源之一。大雪滴花適應冬季條件良好，當溫暖乾燥的天氣來臨時可以迅速做出反應，並在夏季進入休眠。雖然它源生於土耳其，但現在已經常見於北半球的花園中。

大雪滴花

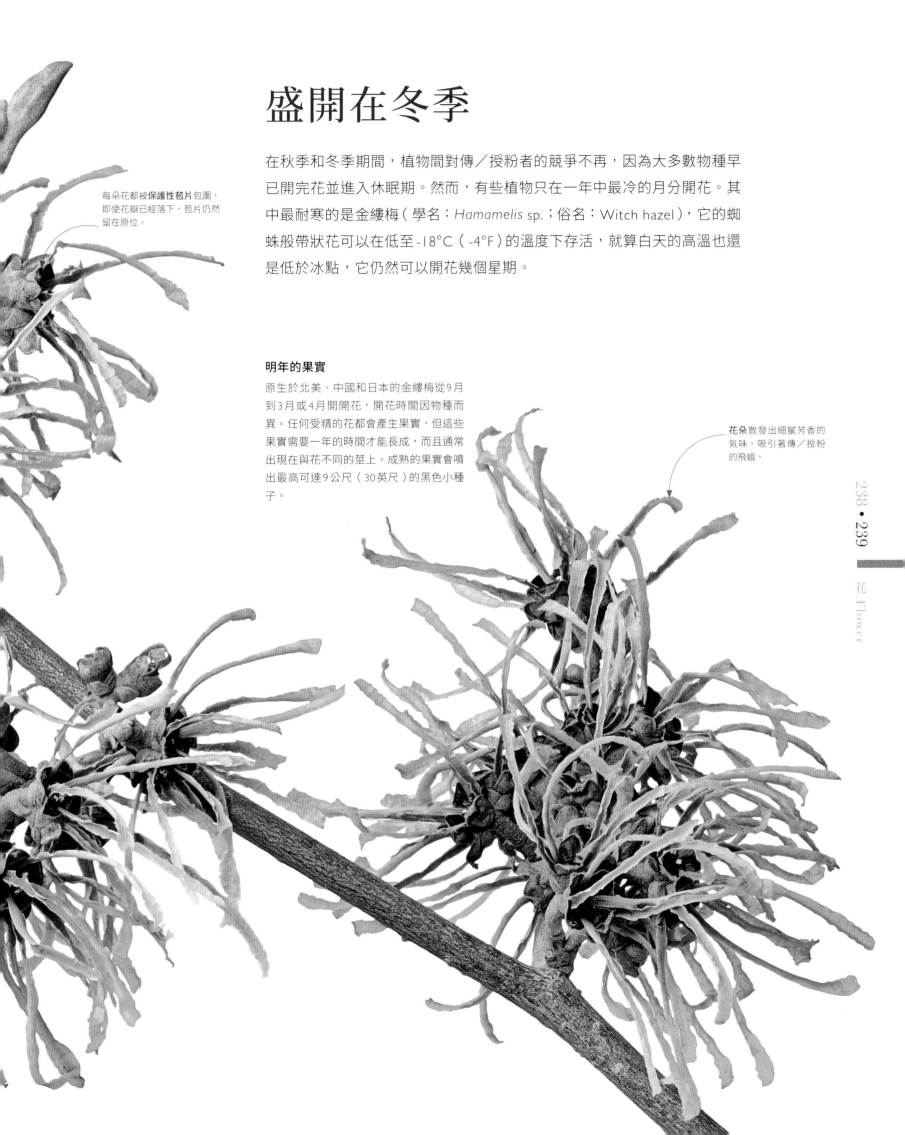

盛開在冬季

在秋季和冬季期間，植物間對傳／授粉者的競爭不再，因為大多數物種早已開完花並進入休眠期。然而，有些植物只在一年中最冷的月分開花。其中最耐寒的是金縷梅（學名：*Hamamelis* sp.；俗名：Witch hazel），它的蜘蛛般帶狀花可以在低至-18°C（-4°F）的溫度下存活，就算白天的高溫也還是低於冰點，它仍然可以開花幾個星期。

每朵花都被**保護性苞片**包圍，即使花瓣已經落下，苞片仍然留在原位。

明年的果實

原生於北美、中國和日本的金縷梅從9月到3月或4月間開花，開花時間因物種而異。任何受精的花都會產生果實，但這些果實需要一年的時間才能長成，而且通常出現在與花不同的莖上。成熟的果實會噴出最高可達9公尺（30英尺）的黑色小種子。

花朵散發出細膩芳香的氣味，吸引著傳／授粉的飛蛾。

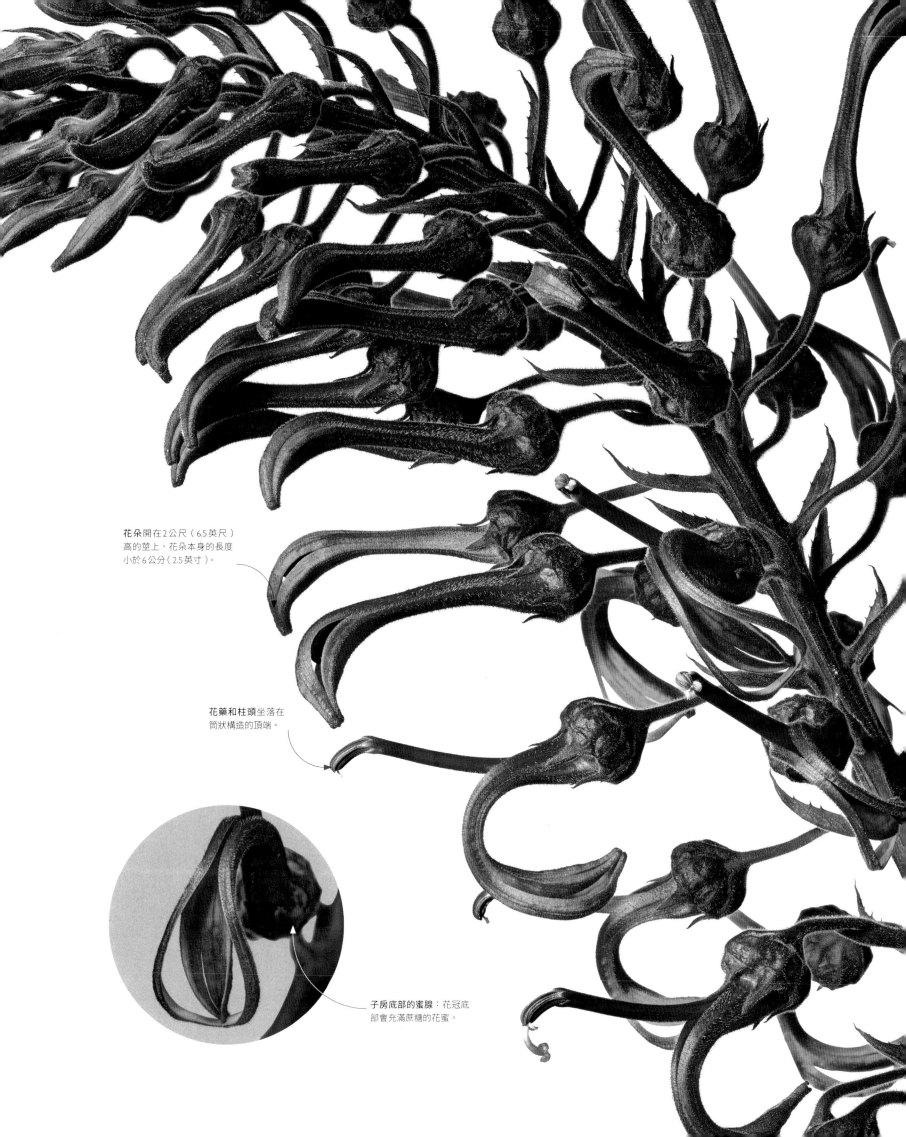

花朵開在2公尺（6.5英尺）高的莖上，花朵本身的長度小於6公分（2.5英寸）。

花藥和柱頭坐落在筒狀構造的頂端。

子房底部的蜜腺：花冠底部會充滿蔗糖的花蜜。

獻給鳥兒的花

許多花已經演化為吸引鳥類傳／授粉者。它們具有許多共同特徵：缺乏香味、特定鮮豔的顏色以及花蜜的量和類型因「鳥」而異。長喙、長舌、在目標上空盤旋的物種，例如蜂鳥，特別鍾愛管狀花；而其他鳥類，例如吸蜜鳥和太陽鳥，會造訪有提供便於棲息平臺的花朵。

蜂鳥的喙插入的地方，雌雄蕊筒與花瓣是分開的。

僅限貴賓

左圖為惡魔山梗菜（學名：*Lobelia tupa*；俗名：Chile's devil's tobacco plant）的紅色花朵。柄的末端有多個花序，而且蜜腺隱藏在花管內，確保只有特定鳥類（例如蜂鳥）才能夠觸及，並在過程中轉移花粉。

銀樺樹（*Grevillea*）的花序上，覆滿糾纏的**花粉展示構造**。

最大化轉移

銀樺樹的花序充分利用鳥類，來達到傳／授粉。吸蜜鳥在探測花蜜時，喙和頭部會被「花粉展示構造」刷過。這些構造就是帶有花粉的花柱尖端，在花開之前，花粉就已經由花藥被轉移到花柱前端了。

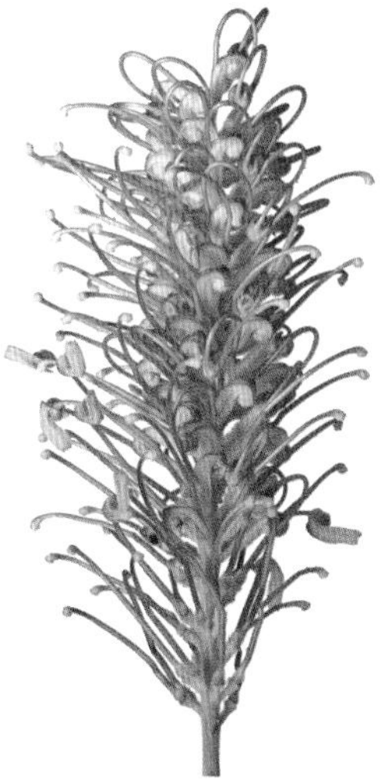

橘紅銀樺樹（*Grevillea* 'coastal sunset'）

靈長類傳／授粉者

旅人蕉（學名：*Ravenala madagascariensis*；俗名：the Traveller's palm）似乎已經適應了大型哺乳類動物的傳／授粉者。有幾種狐猴會撬開堅韌的保護性葉子，藉由「手爪浸漬」或是直接從花中飲用，來攝取花蜜。

紅領狐猴（Red ruffed）與環尾狐猴（Ring-tailed lemurs）

每朵花為傳／授粉者提供花蜜，當動物在進食的時候將花粉粒轉移到毛皮上。

穗狀花序長3~13公分（1~5英寸），支撐著數百到數千個依序盛開的花朵。

堅固的花朵

銀山龍眼（學名：*Banksia marginata*；俗名：Silver banksia）的花長在堅固的穗狀花序上發育，這花序成為銀山龍眼木本種子的儲存庫。隨著大量含有花蜜的花朵依序盛開，穗狀花序在晝間誘惑鳥類，在夜間誘惑小型哺乳類動物。花粉轉移到羽毛上、皮毛上；當小型夜行性動物尋找食物時，穗狀花序還可以支撐牠們的體重。

獻給動物的花

鳥類和昆蟲為許多植物物種傳／授粉，但哺乳類動物在傳／授粉上也扮演著至關重要的角色。許多這些毛茸茸的傳／授粉者都是小型夜行動物，例如小鼠、大鼠和類似鼩鼱的象鼩，被甜又富含能量的花蜜誘惑，而且能夠在不讓花朵造成損害的情況下爬過花朵。甚至更大型的食肉動物，例如蓬灰貂獴（Cape grey mongooses），也偶有襲擊花朵的目擊記錄。

當動物爬過穗狀花序尋找花蜜時，下腹的皮毛會黏附花粉。

小型的袋貂的重量比雞蛋還輕，體長只有9公分（3英尺）。

侏儒袋貂（Pygmy possums）

澳洲的侏儒袋貂是多產的花蜜和花粉採食者，有助於維護許多棲息地。這些小小的有袋動物為班克木屬（*Banksias*）的山龍眼、桉樹和瓶刷子樹（Bottlebrush）等植物傳／授粉。

適應聲納

以花蜜為食的狐蝠藉由氣味和視覺來尋找花朵,但新大陸葉鼻蝠則依靠「回音定位」,發出超音波叫聲幫助他們識別花朵。牠們傳/授粉的植物已演化出一些特化構造,例如墊形或鐘形花朵,可以更有效地將蝙蝠的叫聲反彈回去,並讓他們知道花朵的位置。古巴的雨林植物夜蜜囊花(*Marcgravia evenia*)使用「碟形天線」葉子引導蝙蝠到它的花朵處,厄瓜多的灌木老樂(*Espostoa frutescens*)的花朵有一個有絨毛頭狀花序的「阻尼器」可以增強擴音器形狀花朵的回音清晰度。

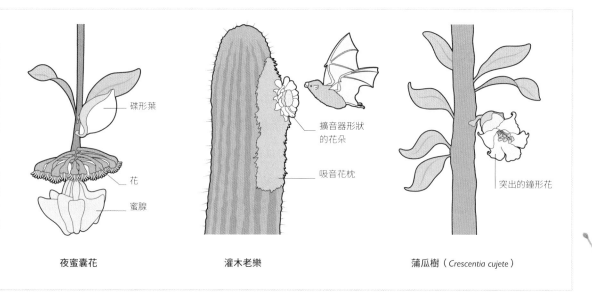

碟形葉

花

蜜腺

擴音器形狀的花朵

吸音花枕

突出的鐘形花

夜蜜囊花　　　　　　　灌木老樂　　　　　　　蒲瓜樹(*Crescentia cujete*)

飛行訪客

鳥類傳/授粉許多種植物,但是有500至1,000種開花植物(被子植物)是依靠蝙蝠來做同樣的工作,特別是在熱帶生態系統和沙漠中。世界上至少有48種蝙蝠和狐蝠物種與牠們賴以生存的開花植物一起演化,已經到了彼此型態互相適應的地步了。

堅固又厚實的紅樹林**花莖**讓狐蝠很容易抓握。

狐蝠的整個身體在採食時會被撒上花粉,尤其是頭部和臉部。

疤痕顯示出開花前葉莖脫落的位置。

果蝠

與以花蜜為食、體型較小的葉鼻蝠(Leaf-nosed bats)不同,狐蝠需要降落在大而堅固的花朵上採食。長舌曉蝠(學名:*Eonycteris spelaea*;俗名:the Cave nectar bat)是一種亞洲種狐蝠,牠吃紅樹林等植物的花蜜和花粉,以及香蕉和榴槤這一類重要作物。藉由爬上每朵花,蝙蝠會被花粉覆蓋,有助於輕鬆轉移花粉。

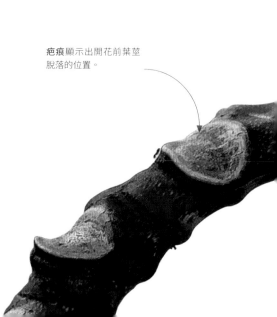

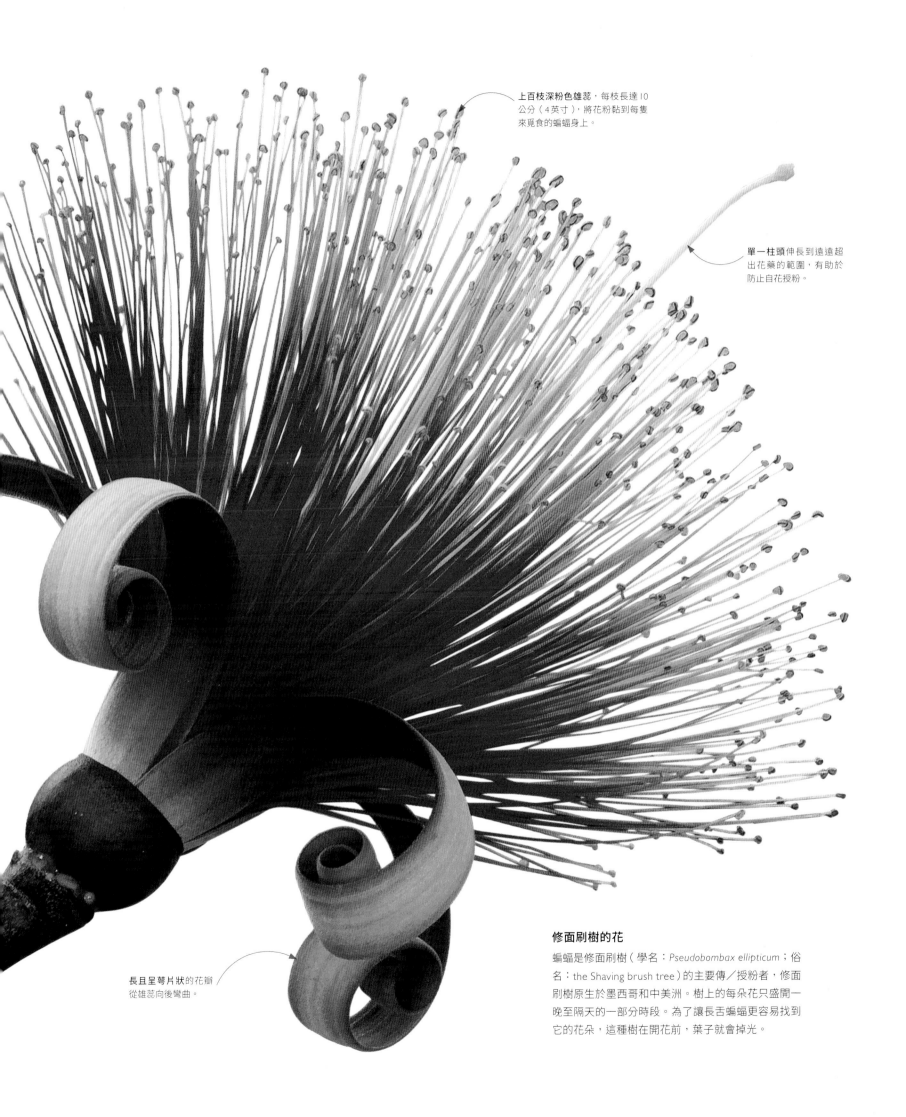

上百枝深粉色雄蕊，每枝長達10公分（4英寸），將花粉黏到每隻來覓食的蝙蝠身上。

單一柱頭伸長到遠遠超出花藥的範圍，有助於防止自花授粉。

長且呈萼片狀的花瓣從雄蕊向後彎曲。

修面刷樹的花

蝙蝠是修面刷樹（學名：*Pseudobombax ellipticum*；俗名：the Shaving brush tree）的主要傳／授粉者，修面刷樹原生於墨西哥和中美洲。樹上的每朵花只盛開一晚至隔天的一部分時段。為了讓長舌蝙蝠更容易找到它的花朵，這種樹在開花前，葉子就會掉光。

花苞

花苞從葉狀莖的邊緣上的凹槽中冒出。花苞會對夜間氣溫下降做出反應，所以通常在晚上10點和午夜時候開始綻放。

花苞需要一個月才能達到成熟。

曇花

在樹林中尋找仙人掌似乎是違反常理的，更不用說是在潮濕的熱帶森林中。不過，那兒正是人們發現曇花（學名：*Epiphyllum oxypetalum*；俗名：the Queen of the night）的地方。原生於墨西哥南部以及瓜地馬拉的大部分地區，這種仙人掌擁有令人驚嘆的花朵，會散發出令人陶醉的香味，而且只開一晚。

曇花以附生植物的型態生活在森林樹冠上。它的種子只需要一個中空樹洞，或是分岔樹枝中的一點腐殖質就能發芽。雖然曇花的外觀獨特，但它與其更圓柱形的仙人掌親戚，具有許多解剖學上的相同特徵。看起來又長又寬廣的葉子實際上是仙人掌的主莖。因為它必須要附著於樹幹上生活，莖演化成扁平的形狀，以抓住這些不牢靠的表面。它的根不僅提供水和養分，還能將其錨定在適當的位置，以防止植株從樹冠中翻落。曇花沒有針刺，一般仙人掌的針刺有助於保護它們免受太陽的照射和食草動物的注意，但這些對於生長在遮蔭熱帶森林中的物種來說，並不成問題。

天黑後才盛開大量花朵，使曇花得到「夜之女王」的稱號。夜行性的天蛾會造訪這些極其芬芳、明亮的白色花朵，牠們只有一次為每朵花傳／授粉的機會。太陽升起時，17公分（10英寸）寬的花已經枯萎了。如果已成功授粉，花很快就會出現亮粉紅色的果實。鳥類和其他樹棲動物享受這個內部有柔軟果肉的豐滿果實。通過這些動物消化道的種子，隨著糞便被排在樹冠枝條上，開始了新一代的生命。

芬芳盛開的花朵

花的漏斗狀中心擁有大量滿載花粉的雄蕊，以及一根又長又白的柱頭。賦予花朵美妙香氣的化學物質柳酸苄酯（benzyl salicylate），常被用做香水的芳香添加劑。

色彩誘人

花的氣味、大小和形狀，皆扮演著吸引引傳／授粉者的重要角色，但顏色無疑是植物吸引注意最重要的方式之一。昆蟲和鳥類的顏色偏好，有時候對我們來說有點奇怪，牠們的眼睛在結構上與我們不同，所以才能夠辨別出不同的色譜。蜜蜂和許多其他昆蟲能夠感知紫外線，這有助於牠們更容易地識別出前往花蜜的路徑。

白花吸引夜行性飛蛾和甲蟲，
還有蝴蝶和蠅類。

紅色和橘色的花朵受到
鳥類的青睞。

蝴蝶和一些飛蛾偏好
粉紅色的花朵。

黃色吸引蝴蝶、蜜蜂、
食芽蠅和土蜂。

客製的顏色

植物已經演化出彩虹般的色調，以配合其傳／授粉者的視覺偏好。雖然昆蟲和鳥類都分別能看到許多顏色，但並非都以同樣方式感知顏色，因此蜜蜂會被紫色所吸引，而一些鳥類則被更亮眼的橘色和紅色吸引。

綠色的花

科學家認為，在昆蟲傳／授粉者演化前，許多花朵是綠色的，就像它們周圍葉子一樣的顏色。隨著植物與傳／授粉者之間的關係發展，傳／授粉者的競爭加劇，植物就開始改變花的顏色來吸引某些特定物種。

野生鐵筷子（學名：*Helleborus viridis*；俗名：Green hellebore）

野生鐵筷子的綠色花朵在春天為蜜蜂提供花蜜

藍紫色花朵吸引了一些蜜蜂和蝴蝶物種。

蜜蜂最喜歡紫色的花。

所有色調中，藍色花朵很容易被蜜蜂看到。

深紫褐色的花朵對土蜂有吸引力。

蜜源標記

人類的眼睛感知到的反射光線以各種顏色呈現，但許多傳／授粉者觀看世界的視覺卻截然不同。特別是蜜蜂，可以察覺到一系列特殊的波長，包括紫外線光譜。這使牠們能夠看到花朵的特徵，例如線條、點和其他人眼看不見的圖案，這可以將牠們直接引導到花蜜上。這些「蜜源標記」非常重要，不僅適用於蜜蜂，也適用於植物，因為蜜蜂可以幫助花朵散播花粉。

最小的點距離蜜腺最遠。

與藍紫色和藍色一起的**紫色點**是最容易吸引蜜蜂的三種顏色。

淡色背景與深色蜜源標記形成鮮明對比。

大點讓熊蜂知道已經越來越接近蜜腺了。

蜜蜂的視界

蜜蜂缺乏某些光感受器，所以看不見紅色等某些顏色，但牠們識別紫外線的能力，能將看似簡樸的表面轉變成複雜的圖案。我們看到的是一種樸素的黃色驢蹄草（學名：*Caltha palustris*；俗名：Marsh marigold），一隻蜜蜂會看到一朵具有深色中心的淺色的花朵，簡直就是一個「靶心」，宣告「在這裡著陸」的訊息。

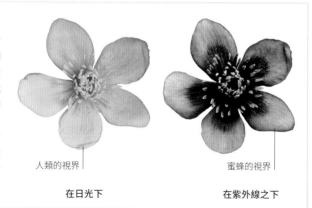

人類的視界　　　　　　蜜蜂的視界

在日光下　　　　　　**在紫外線之下**

跟隨著點前進

多毛油點草（學名：*Tricyrtis hirta*；俗名：the Toad lily）的非凡斑點對尋找花蜜的昆蟲招手致意。儘管人類也可以看到這些點，但是對於熊蜂（多毛油點草的主要傳／授粉者）來說，越來越大的點尤其顯著，因為比起線，熊蜂更偏好點狀的蜜源標記。

不成熟的綠色花苞

蜜腺深入花中，迫使蜜蜂必須要通過花部器官才能接觸到。

莖上的腺毛（毛狀體）阻止不必要的訪客接觸蜜腺。

蜀葵

蜀葵（學名：*Alcea* sp.；俗名：the Hollyhock）高高的總狀花序上開著大又豔麗的花朵，所以成為重要的園藝植物。不過，就像許多開花植物的花朵一樣，蜀葵的花朵上有著人類眼睛所看不見的斑紋，只有能夠接收紫外線光譜的傳／授粉者才能看到。

蜀葵屬植物大約有六十種，屬於錦葵科（學名：*Malvaceae*；俗名：Mallow family），是朱槿等植物的遠親。在夏天，蜀葵開出大的漏斗狀花朵。這些高聳花朵對園藝家的視覺吸引力，與對那些被吸引前來能夠偵測紫外線的傳／授粉者的視覺吸引力非常不同。人類眼睛可能看到的是一個樸素的花朵，但是蜜蜂的紫外線敏感眼睛（蜜蜂是蜀葵的主要傳／授粉者）看到的是花朵中央的靶心標記。靶心圖案由反射或吸收紫外線的特殊色素產生。除蜜蜂之外，許多昆蟲，包括蝴蝶，甚至一些鳥類和蝙蝠，都能感知到紫外線。

這些標記，被稱為蜜源標記，並不是蜀葵獨有的，許多花朵也具有只能在紫外線中看到的圖案。標記的形式差異很大，但它們都具有相同的功能：就像跑道燈一樣，它們將傳／授粉者指引至鮮花的花蜜和花粉儲存處。植物和傳／授粉者都從中受益，因為這意味著昆蟲花費更少的時間在尋找花粉和花蜜上，而且花也能更快地傳／授粉。事實上，昆蟲會避免缺乏蜜源標記的突變花。有一些在花上狩獵的昆蟲，例如蟹蛛和蘭花螳螂，在紫外線下看起來很像蜜源標記。這種巧妙的偽裝可能有助於引誘昆蟲前來採食花蜜，然後招致厄運。

螢光蜀葵

當蜀葵在紫外線下發出螢光時，就會出現它的靶心圖案。除了將傳／授粉者引導到花蜜之外，這些標記還可以幫助傳／授粉者區分那些人類眼睛看起來大致相同的花。

蜀葵依序開花而不是一次開花，這樣有助於避免自花授粉。

漏斗狀的花，大約10公分（4英寸）寬，可以是白色、粉紅色、紅色、紫色或黃色。

蜀葵

蜀葵可以長到高達2.5公尺（8英尺），沿著直立莖上開有碟子大小的花朵。原生於中國，現在因其吸引人的花朵而廣泛地被種植。

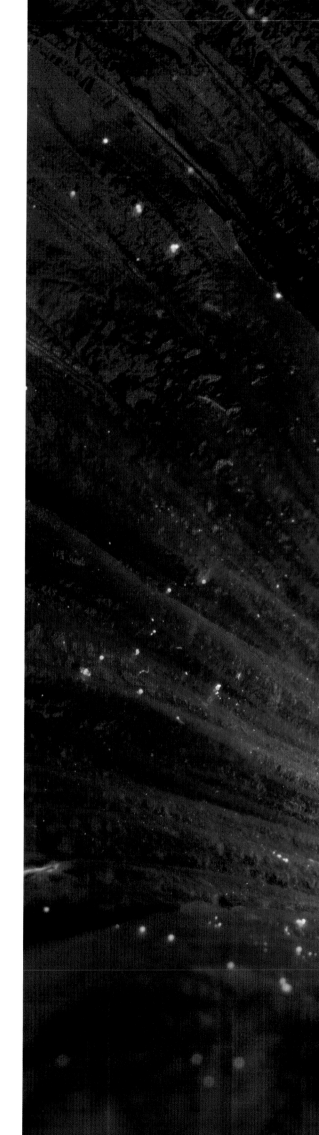

新冒出的花是淡粉紅色的，透露高酸度與高花蜜含量的訊息。

較老的花變成藍紫色，意味著花蜜較少和更低的酸度。

成熟或已經授粉的花朵，其略帶紅色的花瓣會褪去顏色。

深粉紅色的花苞具有最高的酸度。

肉紅色表示未開啟的花苞或未成熟的花，其中只有很少，或沒有獎賞（花蜜與花粉）。

花酸測試

療肺草（學名：*Pulmonaria officinalis*；俗名：Lungwort）的花隨著成熟度的增加，呈現粉紅色並變成藍紫色。這種顏色變化是由療肺草的花當中的酸性程度所驅動，酸性程度會影響色素（花青素）呈現。花的酸鹼值隨著成熟而變化，因此在盛開早期富含花蜜且呈現粉紅色的花，比藍紫色的花來得更酸。

色彩訊號

雖然特定色調的花對不同的傳／授粉者物種或多或少具有吸引力，但許多植物對色彩的運用更進了一步。藉由改變個別花朵在特定階段和發育成熟的色彩，如忍冬（學名：*Lonicera periclymenum*；俗名：Honeysuckle）這一類的植物不僅吸引正確的傳／授粉者，而且可以將牠們引導向含有最多花蜜或花粉獎賞的成熟花朵做為回報，該植物接受更多昆蟲的造訪，大幅提高了受精花朵的比例。

細微的訊號

一些花朵會有效地利用細微顏色變化來顯示其狀態。在雪片蓮（學名：*Leucojum vernum*；俗名：Spring snowflakes）上，隨著花朵成熟，微小的綠色斑點從綠色轉變為黃色。這能夠區分花朵是否已經被授粉，這些早春花朵上的斑點吸引那些急需食物來源的蜜蜂，以收事半功倍之效。

斑點從綠色褪變為黃色

授粉後斑點全部呈現黃色

開放的花，有深綠色斑點

雪片蓮

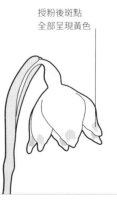

用顏色溝通

結合氣味和顏色就可以指出哪些蜀葵是值得造訪的。未成熟的花苞呈現肉紅色，白色的花朵提供最多的花粉，而在授粉之後，還繼續為蜜蜂提供花蜜的花朵就會變黃。

深粉紅色到紅色警告潛在的傳／授粉者避開內部未開啟的花苞。

白色花朵的濃郁香氣用來吸引夜間飛行的蛾類傳／授粉者。

黃色又充滿花蜜的花朵吸引著長舌的蜜蜂，這些蜜蜂也可以為任何鄰近的白花傳／授粉。

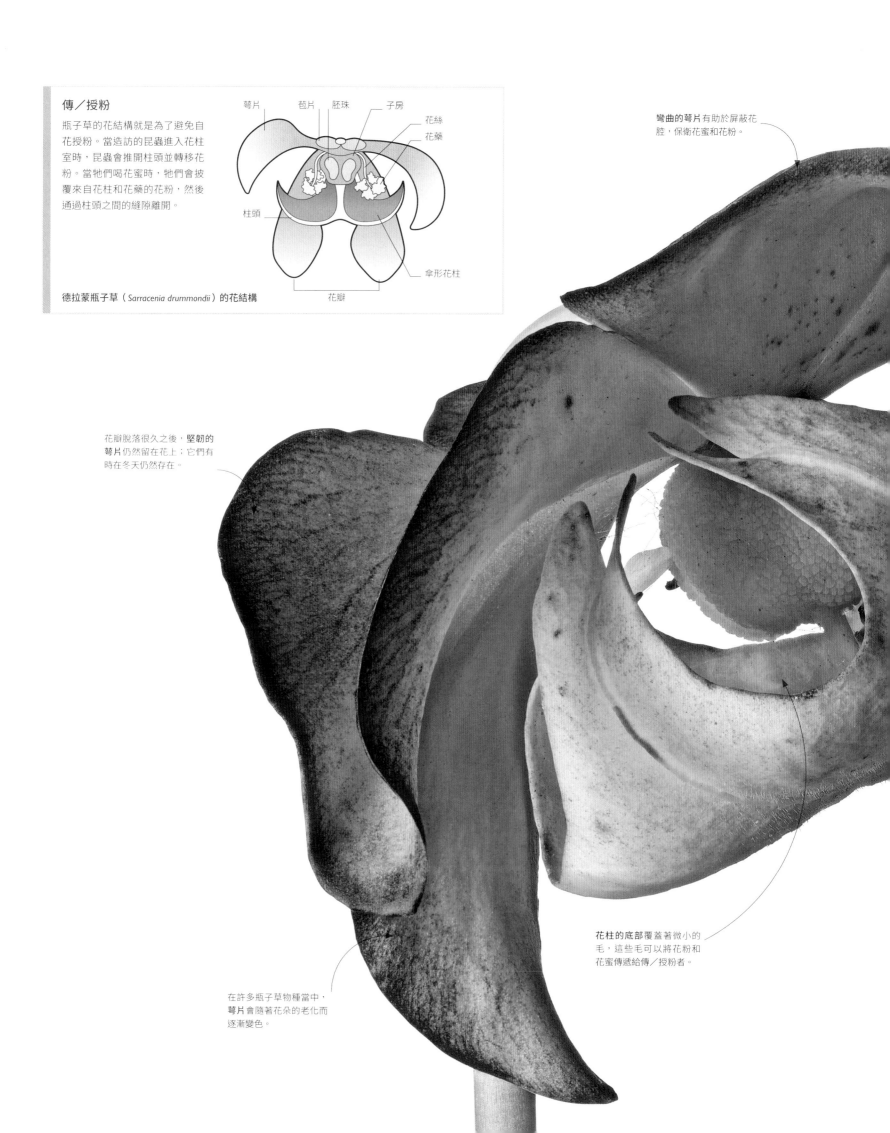

傳／授粉

瓶子草的花結構就是為了避免自花授粉。當造訪的昆蟲進入花柱室時,昆蟲會推開柱頭並轉移花粉。當牠們喝花蜜時,牠們會披覆來自花柱和花藥的花粉,然後通過柱頭之間的縫隙離開。

萼片　苞片　胚珠　子房
　　　　　　　　　　　　花絲
　　　　　　　　　　　　花藥

柱頭

傘形花柱

花瓣

德拉蒙瓶子草 (*Sarracenia drummondii*) 的花結構

彎曲的萼片有助於屏蔽花腔,保衛花蜜和花粉。

花瓣脫落很久之後,堅韌的萼片仍然留在花上;它們有時在冬天仍然存在。

花柱的底部覆蓋著微小的毛,這些毛可以將花粉和花蜜傳遞給傳／授粉者。

在許多瓶子草物種當中,萼片會隨著花朵的老化而逐漸變色。

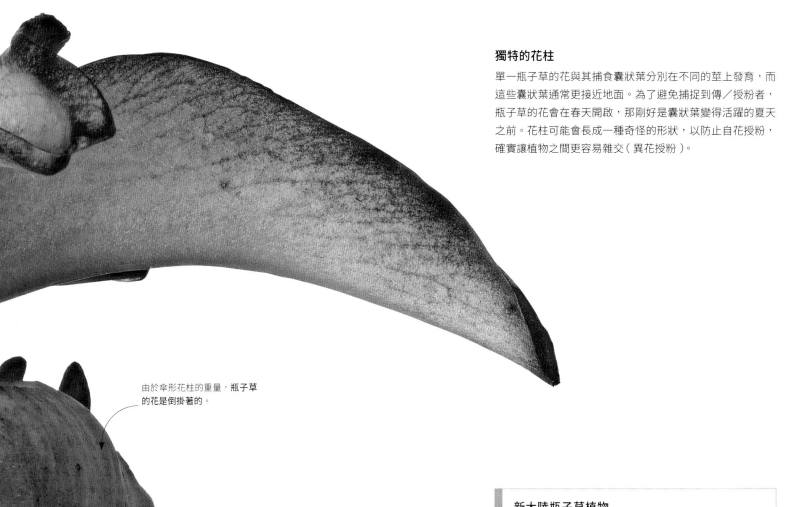

獨特的花柱

單一瓶子草的花與其捕食囊狀葉分別在不同的莖上發育,而這些囊狀葉通常更接近地面。為了避免捕捉到傳／授粉者,瓶子草的花會在春天開啟,那剛好是囊狀葉變得活躍的夏天之前。花柱可能會長成一種奇怪的形狀,以防止自花授粉,確實讓植物之間更容易雜交(異花授粉)。

由於傘形花柱的重量,瓶子草的花是倒掛著的。

花柱在發育中的子房周圍捲曲。

新大陸瓶子草植物

瓶子草屬於瓶子草科(Sarraceniaceae)植物。這一科當中的三個屬,眼鏡蛇草屬(Darlingtonia)、卷瓶子草屬(Heliamphora)和瓶子草屬(Sarracenia),包含有34種,其中許多已經是高度瀕危物種。全部都生長在土壤貧瘠的似沼澤地區,這也就是為什麼它們需要捕捉昆蟲來吸收不足的養分。

德拉蒙瓶子草

門禁森嚴

瓶子草是具瓶狀葉的食蟲植物,能吸引昆蟲然後消化牠們,但它們也需要傳／授粉者前來並帶走花粉幫助它們繁殖。為了做到這一點,瓶子草的花與其致命的陷阱機制,不僅在空間上,而且在時間上也是分離的,它們會在陷阱變得活躍之前開花,而獨特結構還控制著傳／授粉者進出花朵的方式。

香氣陷阱

許多植物使用花香來吸引傳／授粉者。然而，有些植物更進一步，發出不可抗拒的氣味，將昆蟲引誘到花朵並為了「強迫傳／授粉」而將牠們囚禁在花朵內。數百種蘭花物種，包括將近300種的綠帽蘭（學名：*Pterostylis* spp.；俗名：Greenhood orchids），就是採用這種方法來確保異花授粉，並獲得更廣泛的基因庫。

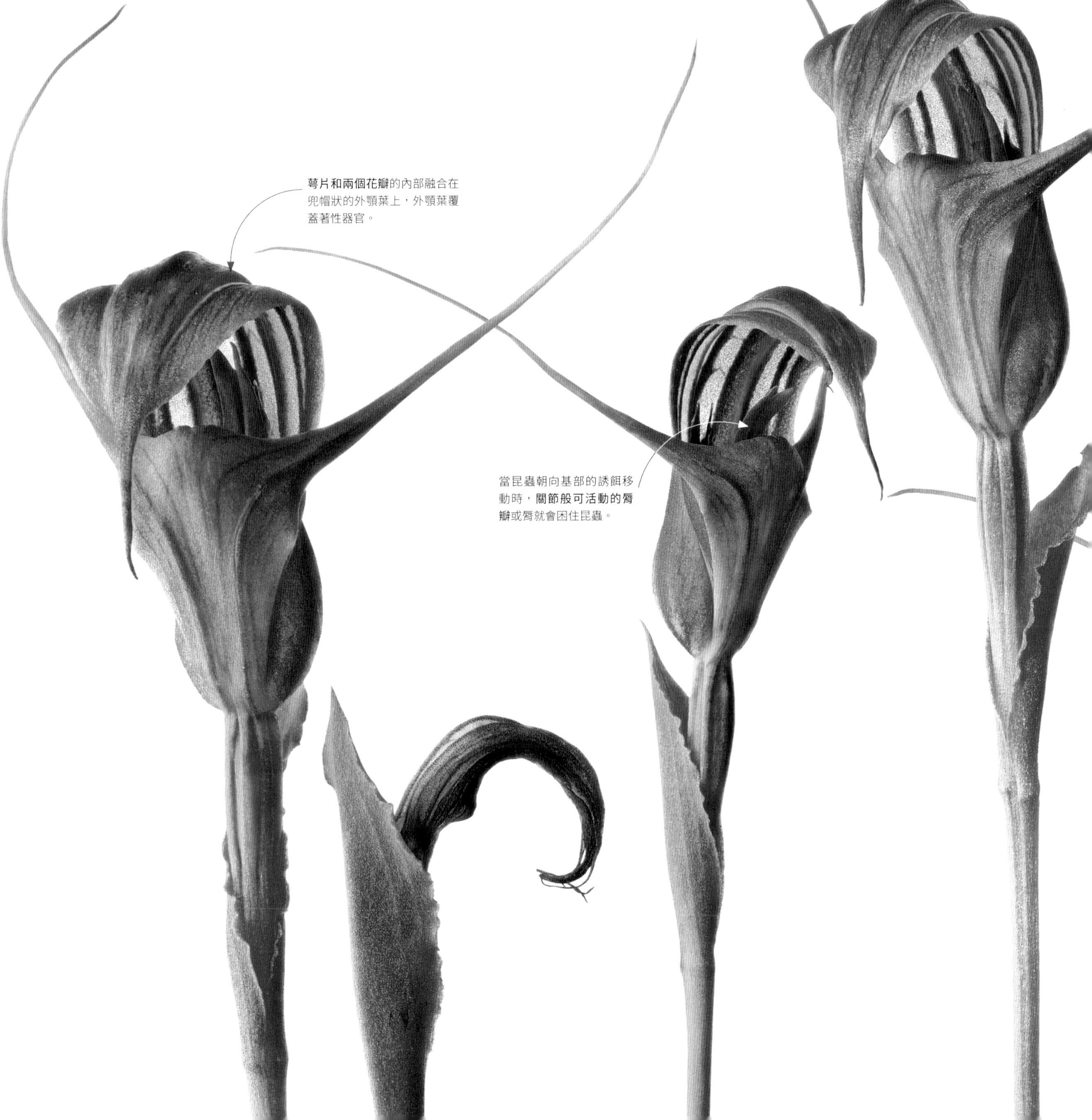

萼片和兩個花瓣的內部融合在兜帽狀的外顎葉上，外顎葉覆蓋著性器官。

當昆蟲朝向基部的誘餌移動時，關節般可活動的唇瓣或唇就會困住昆蟲。

兩個融合的萼片形成
蘭花的前部，最後並
在外顎葉兩側形成伸
長的「角」。

外顎葉上的**半透明條紋**讓濾
過的光線可以進入，並引導
昆蟲到花的後部。

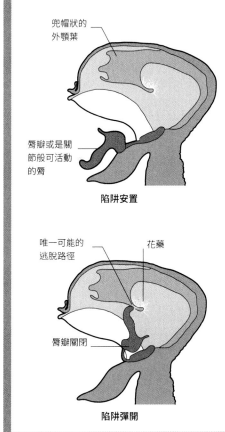

陷阱機制

當一隻蚋蚊開始沿著綠帽蘭的脣瓣爬行時，
脣會彎曲並指引蚋蚊進到內部。這個花將蚋
蚊困在「合蕊柱」之中（合蕊柱是一種在幾個
植物科中發現的生殖結構，由融合的雄蕊和
雌蕊組成）。一旦進入這個柱子當中，蚋蚊只
能藉由擠過花藥離開，花藥將一大塊花粉，
又稱「花粉塊」壓在蚋蚊的背上。蚋蚊把它
帶到下一朵蘭花，在這個過程中為那朵花授
粉。

兜帽狀的
外顎葉

脣瓣或是關
節般可活動
的脣

陷阱安置

唯一可能的
逃脫路徑

花藥

脣瓣關閉

陷阱彈開

化學吸引力

綠帽蘭原生於東南亞、澳洲和紐西蘭的部分地
區，但細尾翅柱蘭（*Pterostylis tenuicauda*）僅在
新喀里多尼亞（New Caledonia）常見。這些花
的主要造訪昆蟲是雄性蕈蚋。一般認為，為了
吸引雄性蕈蚋，花朵散發出模仿小雌蕈蚋費洛
蒙的氣味。

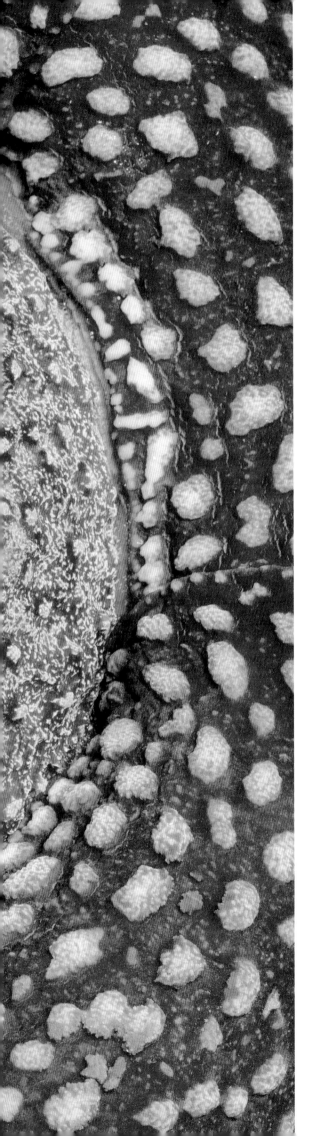

紅顏色以及有紋理的表面被認
為是擬態腐肉的外觀和感覺。

短命的壯麗花朵

大王花的花朵會演化成如此巨大的尺
寸,可能是為了使傳／授粉者更容易找
到它們。儘管它如此壯麗,大王花綻放
是一個短暫的事件,只持續不到一個星
期。

大王花

大王花(學名:*Rafflesia arnoldii*;俗名:the Corpse flower)寬 1 公尺(3
英尺)重 11 公斤(24磅),是世界上最大的單一花朵。不論它的大小,
這種罕見的花通常在見到之前就會先聞到味道。大王花原生於蘇門答臘
和婆羅洲的多樣化雨林,其氣味和外觀都是擬態腐爛的肉類。

大王花可見到的部分就是一朵巨大的
花。這種寄生物種沒有莖、沒有葉子,也
沒有根,靠著侵入森林裡藤本植物用來傳
輸食物的維管組織來生存。大王花主要是
由線狀組織組成,這些線狀組織會長在宿
主細胞內部和周圍,從中獲得所需的養分
和水分。大王花不能沒有宿主,所以它很
少對藤本植物的健康有任何嚴重的影響。

開花的時候,大王花會在藤本植物的
莖上形成微小的花苞,逐漸膨脹並看起來
像大的紫色或棕色甘藍。花苞需要發育長
達一年的時間,在此期間,它們對干擾很
敏感。花不是雄性就是雌性,需要彼此靠
近才能繁殖。大王花的主要傳／授粉者是
麗蠅(Carrion flies)。麗蠅被假的腐肉引
誘進入雄花,然後被軟而黏的一團花粉所
覆蓋。當牠們造訪雌花時,會像被趕入圍
欄一樣進入狹窄的縫隙,迫使牠們刷過柱
頭將有黏性的花粉轉移。由於雄性和雌性
大王花要同時處於開花階段,並且彼此在
麗蠅可飛行抵達的距離內才能完成有性生
殖,但這個條件不容易達成,使大王花成
為稀有植物。

神祕的植物

大王花的中央腔內是一個覆蓋有突出物的圓
盤,功能不明。花藥和柱頭位於圓盤下方。
大王花軟而黏的花粉會在蠅類背部乾燥,並
可能存活數週。

大王花依賴完整的森林才能生存。森
林的砍伐可能正在將這個物種推向滅絕的
邊緣,但野生大王花的稀有性和神祕的生
活方式,讓人們難以正確估計數量。

特殊關係

「互利共生」指的是兩種不同生物，分別都從另一種
生物的行為中獲益。互利共生是植物世界裡的普遍現
象，從滋養森林根系的真菌到動物對花的傳／授粉。
隨著時間進展，高度特化的關係已經演化產生，導致
開花植物的一部分構造改變，並同時改變了依賴這些
開花植物的動物行為。

呈鏢槍狀結構的藍色內花瓣
片段，含有花藥和花柱。

每朵花都有三個橘色
的萼片，直立豎起就
像鳥冠一樣。

天堂鳥蕉
南非天堂鳥蕉（ Strelitzia reginae ）已經
演化出一種類似奇異鳥頭的花序。通
常被稱為天堂鳥植物，其鮮明的尖花
部分特別適合鳥類傳／授粉。

基部的鱗片狀結構是第三個
花瓣，隱藏著蜜腺。

橘色的萼片向後彎曲
遠離藍色的花瓣。

白色花藥從每個藍色花瓣
片段的頂部突出。

花粉棲架

天堂鳥蕉結合了花瓣的強
健佛焰苞，形似鏢槍，為
鳥類傳／授粉者提供了有
效的棲架。最常見的是南
非金織布鳥（Cape weaver
bird），當牠壓下「鏢槍」去
觸及蜜腺時，腳下就會收集
花粉長鏈，準備轉移到下一
個牠造訪的天堂鳥蕉上。

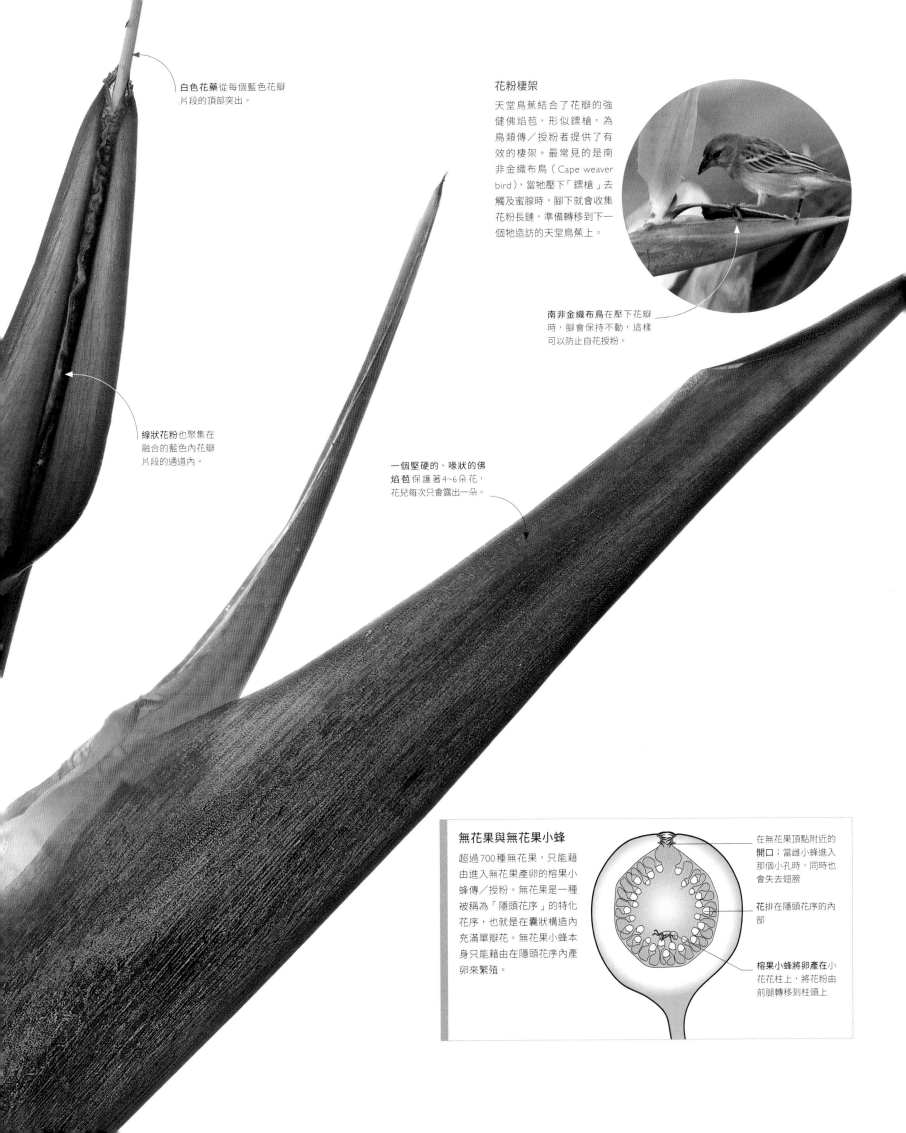

南非金織布鳥在壓下花瓣
時，腳會保持不動，這樣
可以防止自花授粉。

線狀花粉也聚集在
融合的藍色內花瓣
片段的通道內。

一個堅硬的、喙狀的佛
焰苞保護著4~6朵花，
花兒每次只會露出一朵。

無花果與無花果小蜂

超過700種無花果，只能藉
由進入無花果產卵的榕果小
蜂傳／授粉。無花果是一種
被稱為「隱頭花序」的特化
花序，也就是在囊狀構造內
充滿單瓣花。無花果小蜂本
身只能藉由在隱頭花序內產
卵來繁殖。

在無花果頂點附近的
開口；當雌小蜂進入
那個小孔時，同時也
會失去翅膀

花排在隱頭花序的內
部

榕果小蜂將卵產在小
花花柱上，將花粉由
前腿轉移到柱頭上

深色的萼片被認為擬態昆蟲的「飛行模式」，導致雄性螫針蜂前去攻擊。

前端**白色的**萼片吸引雄性螫針蜂，螫針蜂會對白色的移動物體展現攻擊性。

兩性都吸引

一些文心蘭屬（*Oncidium*）蘭花會呈現一種被稱為「蜂類紫外線視覺綠色」（bee-UV-green）的顏色，而且在蜜蜂視覺裡呈現出的形狀，類似蝴蝶藤的花，這能吸引雌性螫針蜂前來尋找油和花粉。然而，當在風中飄揚時，蘭花的一些部分卻看起來很像敵方昆蟲。當雄性螫針蜂因誤判而攻擊它們的時候，就會被花粉覆蓋。

這種文心蘭的**花瓣**是蜂類紫外線視覺綠色，這是一種只有蜜蜂才能看到的顏色，並會因此將文心蘭誤認為蝴蝶藤。

蘭花脣或脣瓣演化成類似划槳狀的蝴蝶藤花瓣。

未開啟的花苞，被綠色的萼片
包裹，在蜜蜂紫外線視覺中淡
化成為背景。

自然擬態

蘭花是植物世界當中最著名的欺騙者之一，蘭花藉由性騙局引誘傳／授粉者前來接觸花朵，利用擬態雌性昆蟲的外觀，或散發出像是準備好交配的雌性氣味的香氣。亞熱帶文心蘭屬的成員，則採用兩種方法：冒充敵人來欺騙雄性傳／授粉前來攻擊，以及擬態提供食物的花以吸引覓食的雌性傳／授粉者。

油腺體或
分泌腺

深色的突起擬態蝴蝶藤
盛開花朵中的花藥。

真正的交易

蝴蝶藤（學名：*Mascagnia macroptera*；俗名：the Butterfly vine）原生於中美洲和南美洲，由位於花瓣基部，被稱為「油腺體」的分泌腺產生油脂。螢針蜂收集油和花粉來餵養牠們的幼蟲。

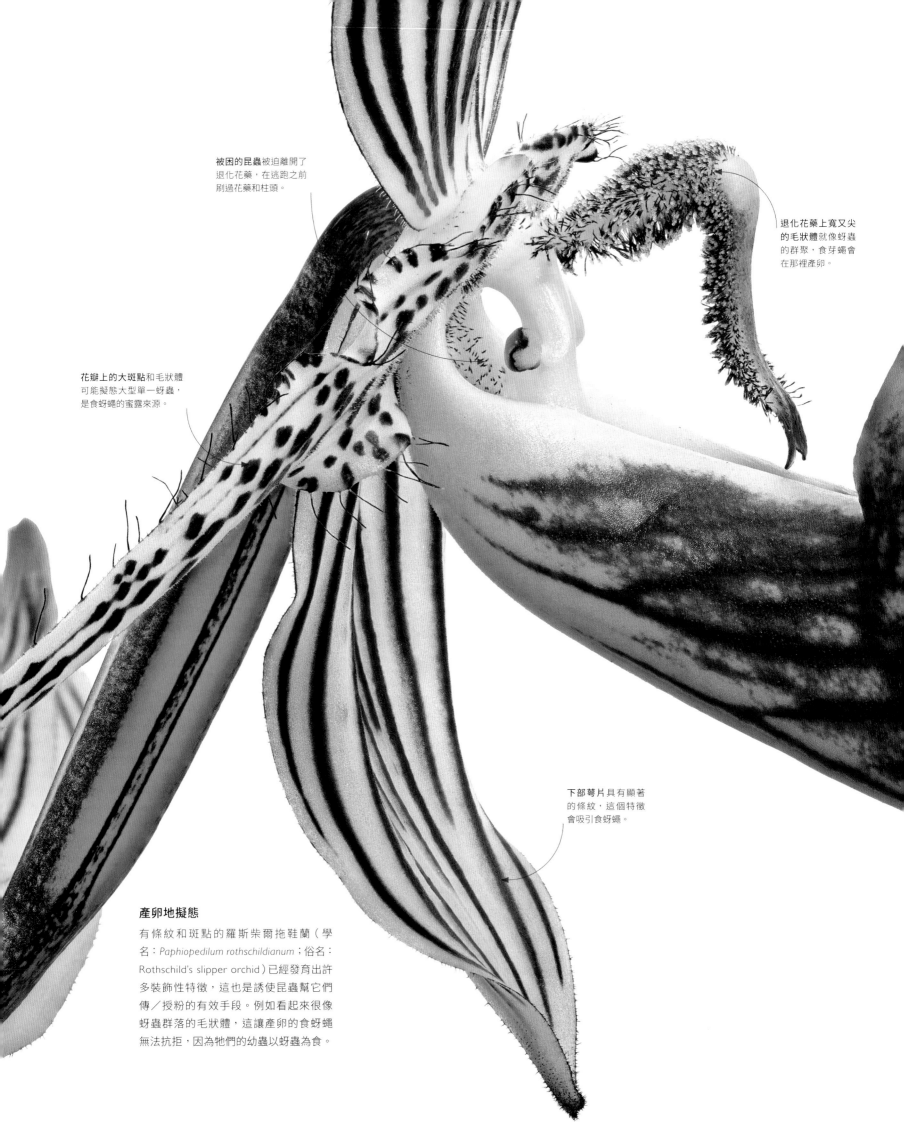

被困的昆蟲被迫離開了退化花藥，在逃跑之前刷過花藥和柱頭。

退化花藥上寬又尖的毛狀體就像蚜蟲的群聚，食芽蠅會在那裡產卵。

花瓣上的大斑點和毛狀體可能擬態大型單一蚜蟲，是食蚜蠅的蜜露來源。

下部萼片具有顯著的條紋，這個特徵會吸引食蚜蠅。

產卵地擬態

有條紋和斑點的羅斯柴爾拖鞋蘭（學名：*Paphiopedilum rothschildianum*；俗名：Rothschild's slipper orchid）已經發育出許多裝飾性特徵，這也是誘使昆蟲幫它們傳／授粉的有效手段。例如看起來很像蚜蟲群落的毛狀體，這讓產卵的食蚜蠅無法抗拒，因為牠們的幼蟲以蚜蟲為食。

追隨時尚
這兩個芭菲爾鞋蘭屬（*Paphiopedilum*）
裝飾的特徵類似於羅斯柴爾拖鞋蘭
（Rothschild's slipper orchid），以誘人
的條紋吸引傳／授粉者，而且上面的
斑點可被誤認為是蚜蟲。

著陸後，食蚜蠅經常會掉入
唇瓣或唇所形成的腔室，並
被困在那裡。

芭菲爾鞋蘭屬

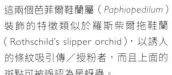

專為欺瞞而設計

一些植物提供回饋給傳／授粉者，但其他植物以虛假承諾的甜蜜獎勵，
藉由騙局來愚弄傳／授粉者，例如拖鞋蘭。拖鞋蘭的誘餌形式相當多
變，從呈現給捕食者的點與毛所擬態的蚜蟲，到擬態類似隧道的洞穴，
這些洞穴可以吸引尋找築巢地點的蜂類。造訪的昆蟲一旦發現自己進入
一個洞穴，就必須找到唯一的出路，這逼迫牠們通過植物的生殖器官，
使牠們在得不到獎勵的情況下為花傳／授粉。

袋狀唇瓣實際上是第三個
花瓣，外觀就像拖鞋。

細長的斑點花瓣幾乎是水平安
置，簡直就像是「廣告看板」一
般吸引傳／授粉者。

閉花結構

荷包牡丹（學名：*Lamprocapnos spectabilis*；俗名：
Bleeding heart）花的花冠比罌粟科中的許多親屬
的花冠小得多，這些花也不顯眼，而且可能缺乏
色彩。它們完全包圍了花藥和柱頭。花藥和柱頭
被緊密地包在一起，可以彼此觸碰到。這使得花
粉很容易在花內轉移，讓自花授粉的種子得以發
育。

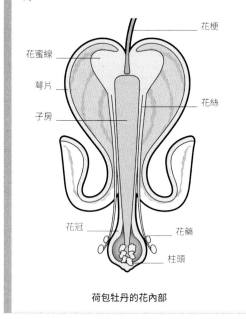

花梗
花蜜線
萼片
子房
花絲
花冠
花藥
柱頭

荷包牡丹的花內部

總狀花序主莖（花序梗）
的**頂花苞**不斷增長。

花冠的尖端環繞著
花藥和柱頭。

心形花朵

荷包牡丹的花，無論有沒有昆蟲幫忙，都可以授
粉。花朵產生花蜜，吸引熊蜂，但當傳／授粉者
供不應求時，管狀花冠內的緊密靠近的雄性和雌
性器官，會促使自花授粉發生。

自花授粉的花朵

植物得花費很大能量，才能產生吸引傳／授粉者所需的顏色和花蜜，因此有時候
植物會選擇自花受精以保證下一代的產生。自花授粉讓植物生長在具有挑戰性的
條件下時，還可以保留有助於它們在這些環境成功存活的特性。這也是小型或零
落種群可能存活的原因。對於許多物種而言，自花受精是缺少傳／授粉者稀少的
時候，一個有效的「備用計畫」。

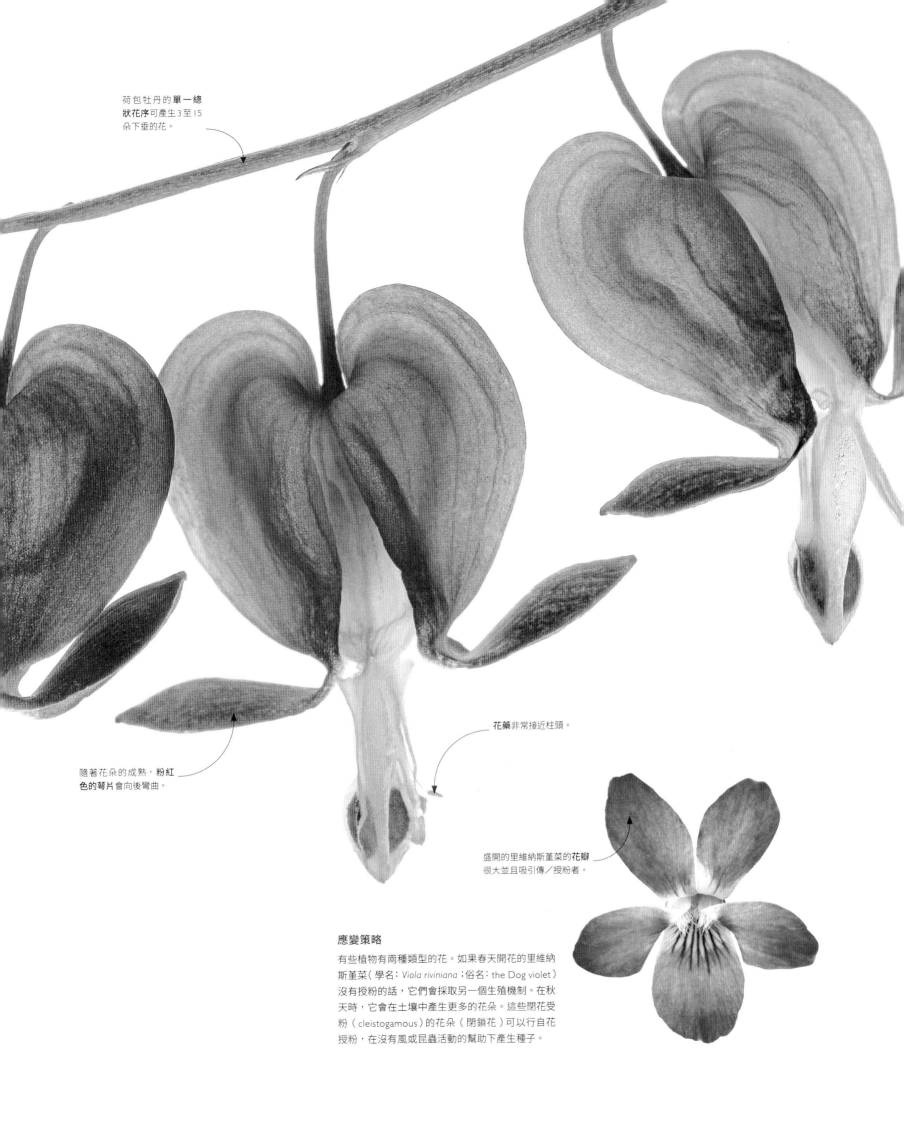

荷包牡丹的**單一總狀花序**可產生3至15朵下垂的花。

隨著花朵的成熟，粉紅色的萼片會向後彎曲。

花藥非常接近柱頭。

盛開的里維納斯堇菜的**花瓣**很大並且吸引傳／授粉者。

應變策略

有些植物有兩種類型的花。如果春天開花的里維納斯堇菜（學名：*Viola riviniana*；俗名：the Dog violet）沒有授粉的話，它們會採取另一個生殖機制。在秋天時，它會在土壤中產生更多的花朵。這些閉花受粉（cleistogamous）的花朵（閉鎖花）可以行自花授粉，在沒有風或昆蟲活動的幫助下產生種子。

Rosa Centifolia.   *Rosier à cent feuilles.*

P. J. Redouté   Langlois.

〈香水仙〉（*Narcissus x odorus*），約1800年

這幅精緻的〈香水仙〉由奧地利藝術家法蘭茲·鮑爾（Franz Bauer）創作，他是第一位英國皇家植物園邱園的常駐植物插畫藝術家。他也是國王喬治三世的官方植物畫家。

藝術創作中的植物

專為皇室而開花

十八世紀末至十九世紀初是植物插畫的黃金年代，主要的藝術家在歐洲皇家宮廷中受到青睞，且獲得國際性的地位。由於印刷和銅版雕刻技術有重大進展，藝術家們的水彩畫可以被細膩精確地複製。

經常被提及與「花界拉斐爾」相關的是比利時藝術家，皮埃爾－約瑟夫·雷杜特（Pierre-Joseph Redouté），在他的一生中發表超過2000幅描繪1,800種植物的繪畫。他與法國貴族布魯特爾（Charles Louis L'Héritier de Brutelle）一起研究植物解剖學，並在吉拉德·范·史培恩東克（Gerard van Spaendonck）旗下學習花卉藝

術，吉拉德·范·史培恩東克是法王路易十六的纖細畫家。雷杜特最初被聘任為宮廷藝術家以及瑪麗·安東尼皇后的私人教師。在法國大革命之後，他參與了約瑟芬皇后的計畫，在馬邁松城堡（Château de Malmaison）建造了歐洲最好的花園之一。她的玫瑰花園種有200種不同的玫瑰，其中許多出現在雷杜特的三冊《玫瑰》（*Les Roses*）書中，這個作品至今仍被用於鑑別一些玫瑰的舊品種。

〈風信子〉（*Jacinthe Double*），1800年

法蘭德斯畫派藝術家（Flemish artist）吉拉德·范·史培恩東克的作品將荷蘭花卉繪畫的傳統技能，與法國的精緻完美結合。左圖這幅風信子使用了由雷杜特進一步所開發的「點刻雕版術」（Stipple engraving）來創作完成的24幅畫作當中的一幅。

1790年，奧地利藝術家法蘭茲·鮑爾被聘任為第一位英國皇家植物園邱園的常駐植物藝術家。鮑爾既是科學家又是熟練的藝術家，他的工作包括植物解剖學的微觀研究。

〈西洋薔薇〉（*Rosa centifolia*），約1824年

雷杜特的《玫瑰》（左頁圖）當中的點刻雕版，展現了一種帶有清新甜美香氣且「有一百個花瓣」的雜交玫瑰。雷杜特的點刻雕版銅版畫技巧，完美地用細小的圓點，無瑕疵地重現了水彩畫中的色彩層次，和生動的光影。最後這個印刷品會再以水彩手工完稿。

" ……在所有植物中，擁有最高的變異天賦者，沒有一個可以與玫瑰相提並論…… "

克勞德·安東尼·索瑞（Claude antoine thory），《玫瑰》前言，1817年

溫度改變

許多花朵會反覆開啟與閉合，是由於它們細胞中的液體對溫度變化有膨脹和收縮的反應，膨脹的細胞會產生迫使花瓣張開的表面壓力。鬱金香花瓣內側和外側的溫度可以相差最高到達10°C（50°F）。隨著陽光將花朵加溫，內側花瓣的表面溫度上升造成細胞膨脹，然後推動花朵開啟。隨著溫度下降，內側表面上的細胞最先收縮，再次拉回花朵閉合。

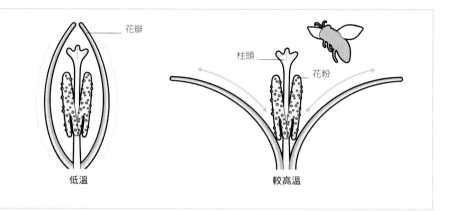

花瓣

柱頭

花粉

低溫

較高溫

花瓣的**開啟**與閉合會因應環境的光和熱。

包含柱頭的**錐形**花托。

豐富的花藥在每一個花期間會產生約一百萬個花粉粒。

每朵蓮花有18至28個花瓣。

開放時間

蓮花可以持續3至4天，在黎明時開啟，於黃昏時閉合。它開啟的第一天只有部分柱頭可以接收到花粉，然後就完全閉合。接下來的兩個早晨，它開啟得更完全，釋放氣味吸引蜜蜂、蒼蠅和甲蟲。

在夜間閉合

一些花朵的開啟與閉合，是外部刺激所造成的結果，例如觸摸、光線、溫度或濕度的變化等。這些因素引發了許多物種的生理反應，但在夜間閉合的花朵也可能出於繁殖需要，它們藉由閉合來保護花粉和生殖器官免受氣候因素的影響，並且降低被夜行性捕食者吃掉或損壞的風險。這樣的行為反應也增加了在白天吸引傳／授粉者的機會，提高授粉效率。

隨著光線逐漸消失以及氣溫下降，花瓣迅速閉合。

花瓣在第一天緊緊地閉合，讓花朵看起來就像花苞一樣。

每朵花只有兩片萼片。

在夜間閉合

當蓮花在夜間閉合時，在花托內部的化學變化會產生熱量，造成花的溫度可以高到40℃（104°F），比外部的空氣溫度要高。熱量釋放出香氣，讓本身缺乏花蜜的蓮，在第二天開啟時利用香氣吸引傳／授粉者。

萼片在花苞冒出時保護它。

腺毛覆蓋萼片並且為花苞提供額外的保護。

子房，雌蕊基部的腫脹區域，在授粉之後發育成薔薇果。

花苞的防禦

花苞通常受到萼片的保護，但是有一些植物使用細毛（毛狀體）來強化它們的防禦力。人們認為這些毛能在花苞周圍困住一層空氣，使其與氣候因素隔絕並調節溫度和水分含量。為了進一步阻止害蟲侵襲，有的毛在被接觸到時，會釋放化學物質。

產生花粉的花藥。

萼片內外都覆蓋著毛狀體，
在花開時摺回，掩蓋住發育
中的薔薇果。

腺毛也從葉子的邊緣突出。

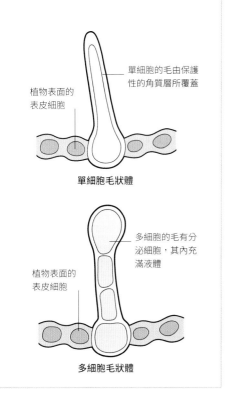

內外保護

鏽紅薔薇（學名：*Rosa rubiginosa*；俗名：the Eglantine rose）經常攀爬過樹籬或在林地邊緣的灌木叢。它的害蟲很多，所以需要保護花苞的武器庫。毛狀體就是其中一種防禦，它保護葉子並圍繞在薔薇的果實內部種子周圍。毛狀體的防蟲效果奇佳，以至於薔薇果裡面的毛曾被拿來做成讓人敬而遠之的「發癢粉」。

植物的毛

從表皮生長出來的植物毛或毛狀體，是由一個或多個細胞所組成，那些會分泌保護性物質（腺毛）的毛，通常是多細胞的。分泌物會儲存在毛狀體尖端的腺體狀細胞中。

單細胞的毛由保護性的角質層所覆蓋

植物表面的表皮細胞

單細胞毛狀體

多細胞的毛有分泌細胞，其內充滿液體

植物表面的表皮細胞

多細胞毛狀體

花芽隨著發育而
變成粉紅色。

多刺的保護
起絨草花上的針刺實際上是非常
堅硬且鋒利的苞片，為的是保護
發育中的花苞。

分階段開花

由多針刺的苞片保護，單一個起絨草的花序可以產生大約2,000朵花朵，這些花朵從中間開始環狀開啟。頂部和底部範圍內的花朵在中央的環狀花朵死亡後數週成熟。

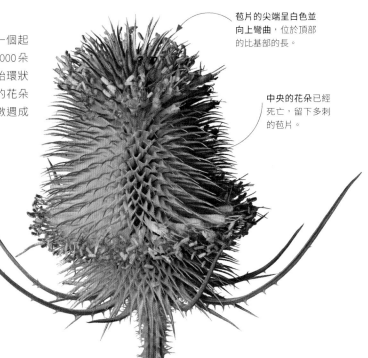

苞片的尖端呈白色並向上彎曲，位於頂部的比基部的長。

中央的花朵已經死亡，留下多刺的苞片。

披上盔甲的花

在面臨生存挑戰上，植物常是處於劣勢的，當被採食者威脅時，它們無法移動或躲藏。許多植物用針刺、皮刺或棘刺來保護葉子和莖，例如起絨草（學名：*Dipsacus fullonum*；俗名：the Common teasel），在花頭上形成了鋒利的防禦措施。這種「盔甲」讓傳／授粉者可以造訪花朵，而非開花期時則同時可以保護花苞和發育中的種子。

長而多刺的苞片在花頭周圍向上彎曲形成一個保護籠。

花藥和花絲從淡粉紅色至紫色的管狀花冠中突出。

多用途的針刺

一些開花植物的針刺狀苞片，例如牛蒡（學名：*Arctium sp.*；俗名：Burdock）的針刺狀苞片就具有雙重作用。它們不只是藉由驅逐潛在的採食者來保護花頭，而且結出的刺果（名稱靈感來自魔鬼氈），鉤狀尖端可以勾在經過的動物皮毛上，有助於種子散播到更廣泛的區域。

保護性苞片的末端有鉤狀尖端

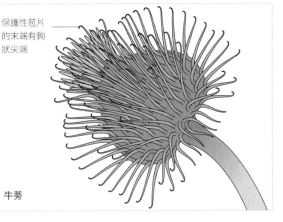

牛蒡

豐富多彩的苞片

除了某些樹木的葉子所展示出的壯觀秋日風光之外，植物世界中的色彩大師非花朵莫屬。被稱為「苞片」的特化保護葉，可以像花一樣鮮豔，因此經常被誤認為是花朵的一部分，特別是生長在炎熱氣候中的物種。苞片也可以有花瓣般明亮色調的吸引功能，例如大紅色的聖誕紅苞片，它們的鮮豔顏色確實對傳／授粉者而言是難以抗拒的。

被誤認的身分

許多熱帶物種的苞片會掩蓋住它們所保護的不起眼花朵。南美洲的金鳥赫蕉（學名：*Heliconia rostrata*；俗名：Hanging lobster claw plant）具有明顯鮮豔的大紅色和黃色苞片，吸引蜂鳥為它們所包圍的小花傳／授粉。

每個苞片包裹著3至18個單獨的雙性花，每一朵花開放一天。

末端苞片最後才開啟，確保傳／授粉者按順序造訪花朵。

苞片的鉤狀尖端就像爪子，這也是為何它的俗名是「吊掛龍蝦爪」。

大紅色的花莖讓鮮豔的
花序更增添光彩。

苞片頂部的紅色吸引來自
上方的傳／授粉者。

袋狀苞片隱藏著帶有黃色斑點
的精緻紫色花朵；苞片和花朵
的顏色都很吸引昆蟲。

每朵花都有一個突出
的萼片，允許傳／授
粉者造訪花蜜。

紅色上翹的苞片隱藏著吸引
蜂鳥的管狀花朵。

照亮陰影

熱帶物種以形狀和鮮豔的苞片，讓自己在遮蔭顯
眼。但像紙質盧莉草（學名：*Ruellia chartacea*；
俗名：Peruvian）與蜂巢薑（學名：*Zingiber
spectabile*；俗名：Malaysian beehive ginger）等在森
林地層的物種，則使用非常不同的苞片排列來吸
引傳／授粉者。

紙質盧莉草

蜂巢薑

馬兜鈴

1935年瑪麗・沃斯・沃克特為由美國史密森機構出版的《北美囊狀葉植物》（ *North American Pitcher Plants* ）一書提供了水彩插畫。這件藝術品描繪的是一種稱為馬兜鈴（學名：*Aristolochia*；俗名：Dutchman's pipe）的植物，它的俗名「荷蘭人的菸斗」，取自其花的外型（這種菸斗曾經在荷蘭和德國北部很常見）。

藝術創作中的植物

美國的藝術愛好者

十九世紀時，北美鐵路的擴張使冒險家、自然博物學者和科學家們得以進入廣闊大陸，接觸多樣化且未開發的棲息地。攝影師和藝術家被吸引到落磯山脈等偏遠地區，捕捉風景和野生動物的影像。其中特別值得注意的是一群無畏的女性畫家們，在這個時期繪製了大量的植物藝術品。

出生在費城富裕貴格教會家庭中的瑪麗・沃斯・沃克特（Mary Vaux Walcott，1860~1940），於1887年度假時首次造訪加拿大落磯山脈，被當地景觀所深深吸引。隨後，她於暑假期間經常返回該地，成為一名陶醉於戶外生活，熱衷登山與業餘的自然學家。最終她將這項興趣，與繪畫的終身熱情結合。

某一次造訪落磯山脈時，一位植物學家要求沃克特畫一種罕見的開花植物，那是她繪製植物插畫的濫觴。多年來，她橫越北美崎嶇的地形，尋找重要的新種野生植物，並創作出數百幅的水彩畫。其中大約有400幅被收錄在一本共有五冊，名為《北美野花》（ *North American Wildflowers* ）的書中，由史密森尼學會（Smithsonian Institution）於1925至1929年間出版。書中迷人的繪圖，兼具植物學的精確性，為沃克特贏得許多讚賞，她因此被譽為「植物學的奧杜邦」（Audubon of Botany）。

沃克特的兒時玩伴瑪麗・謝弗・沃倫（Mary Schäffer Warren，1861~1939）有時也會參與探險，沃倫也有一樣的冒險精神以及繪畫天賦。《加拿大落磯山脈高山植物誌》（ *Alpine Flora of the Canadian Rocky Mountains* ，1907年）的出版受到她的已故自然學家丈夫啟發，展現出了許多讓人驚豔的植物和花卉水彩畫。這些具開創性的女性所創作的作品，代表一個新的發現時代，向世界展示了北美植物群的真實而鮮為人知的美麗。

正規教育

〈牆上的玫瑰〉（ *Roses on a Wall* ，1877年）是費城著名藝術家喬治・科克倫・蘭丁（George Cochran Lambdin）的畫作。蘭丁因以正規的花卉繪畫而聞名，眾所周知，沃倫也是蘭丁的學生之一。一些歷史學家認為沃克特可能也曾向他學習。

> ⋯⋯收集與描繪能獲得最完善的標本，並且不需要人工斧鑿的設計，就可以展現植物的自然優雅和美麗。
>
> 瑪麗・沃斯・沃克特

沒有花的繁殖

雄毬花和雌毬花可以由分開的植株產生，但是當它們都出現在同一棵樹上時，通常會在樹冠的不同位置，以此促進異花授粉。大西洋雪松（學名：*Cedrus atlantica*；俗名：Atlas cedars）產生花粉的雄毬花，主要出現在較低處的樹枝上。而比雄毬花高很多的地方，雌毬花可能接收從鄰近樹上吹來的花粉。

雄雪松的毬花生長至約8公分（3英寸）長。

雄毬花的軟鱗在秋天時釋放出大量花粉。

花粉粒在被吹到雌毬花上之前，聚集在針葉上。

帶有種子的毬果

大西洋雪松的雌毬果可能需要長達兩年的時間才能成熟。受精過程本身通常需要一年才能完成——雄性的花粉管在雌毬花鱗片下緩慢推進，將精子傳遞到胚珠。在接下來的幾個月裡，鱗片的下面形成了微小的翼瓣種子。

隨著種子在鱗片上發育，
綠色的年幼雌毬果變成木
質桶狀的外型。

每個寬的鱗片釋放
兩個翼瓣種子。

毬果繁殖

雖然裸子植物（一種古老的植物，包括蘇鐵、銀杏和針葉樹）產生花粉和胚珠，但與開花物種的花沒有太多共同之處。它們藉由雄毬花與雌毬花來繁殖，需要很長的時間才能產生種子。「裸子植物」這個術語，字面意思是「裸露的種子」，指雌毬花胚珠完全暴露，且沒有保護性的子房圍繞。

雄毬花與雌毬花

在大多數裸子植物中，雄毬花與雌毬花的結構是不同的。雄毬花通常會存活幾天，它比雌毬花質地更柔軟、更長也更纖細，苞片鱗片圍繞中心莖呈螺旋排列；每個鱗片的下表面都有一個花粉囊。雌毬花長得更寬更結實，具有胚珠的鱗片呈現螺旋排列，每個鱗片帶有一個或多個胚珠，一旦胚珠被授粉，就會發育成種子。

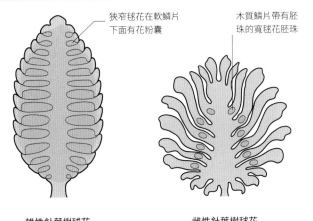

狹窄毬花在軟鱗片
下面有花粉囊

木質鱗片帶有胚
珠的寬毬花胚珠

雄性針葉樹毬花

雌性針葉樹毬花

種子與果實
Seeds and Fruits

種子。植物的繁殖單位，可以發展出另一
株一樣的植物。

果實。圍繞在植物種子周圍的結構，通常
是甜的、肉質且可食用的。

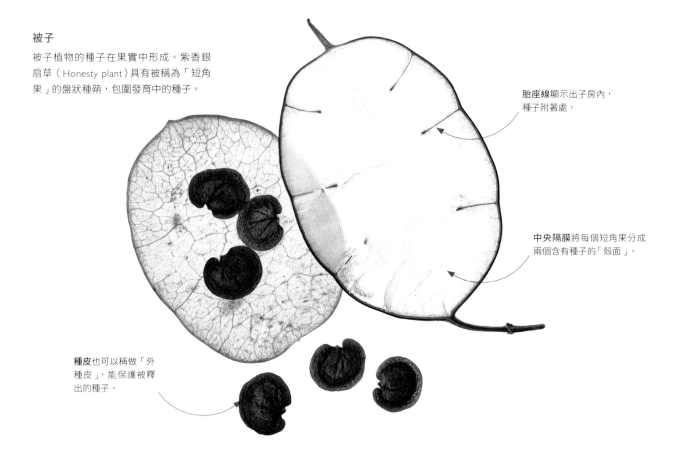

被子

被子植物的種子在果實中形成。紫香銀扇草（Honesty plant）具有被稱為「短角果」的盤狀種莢，包圍發育中的種子。

胎座線顯示出子房內，種子附著處。

中央隔膜將每個短角果分成兩個含有種子的「殼面」。

種皮也可以稱做「外種皮」，能保護被釋出的種子。

種子結構

無論是毬果還是果實，所有非開花的裸子植物和開花植物都藉由種子繁殖。與開花植物的包覆種子相比，針葉樹裸露種子的發育方式有些不同，不過，兩者種子的基本構造與功能相似，都具有外種皮、儲存的養分以及發育中的胚胎。

即使殼面已脫落許久，**銀色隔膜**仍留在植物上。

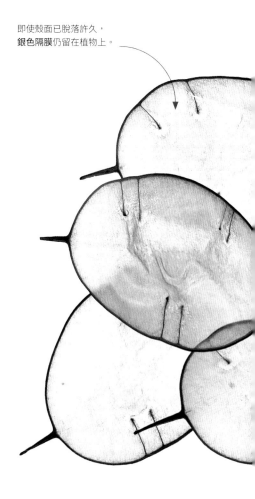

種子內部

所有種子都有子葉。單子葉植物的種子有一片，其他大多數種子植物有兩片。部分植物的子葉，為植物胚胎提供食物，單子葉植物中的「胚乳」也是如此。兩種類型的種子都有「上胚軸」，上部莖和葉的嫩芽；「下胚軸」，會發育成下部莖；以及「胚根」，會發育成根。

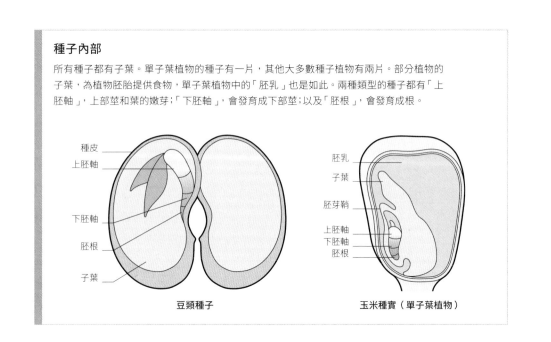

種皮
上胚軸
下胚軸
胚根
子葉

豆類種子

胚乳
子葉
胚芽鞘
上胚軸
下胚軸
胚根

玉米種實（單子葉植物）

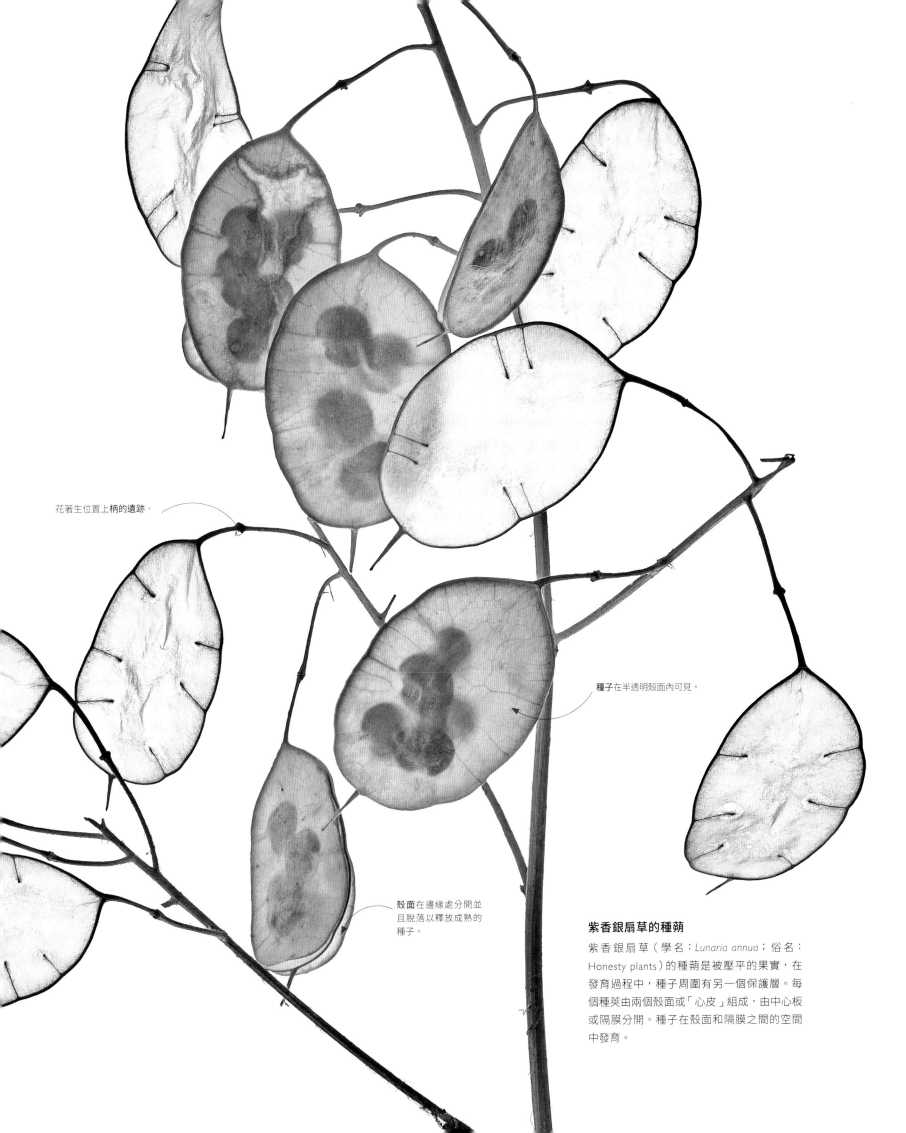

花著生位置上柄的遺跡。

種子在半透明殼面內可見。

殼面在邊緣處分開並且脫落以釋放成熟的種子。

紫香銀扇草的種莢

紫香銀扇草（學名：*Lunaria annua*；俗名：Honesty plants）的種莢是被壓平的果實，在發育過程中，種子周圍有另一個保護層。每個種莢由兩個殼面或「心皮」組成，由中心板或隔膜分開。種子在殼面和隔膜之間的空間中發育。

裸子

在沒有子房圍繞的情況下，裸子植物的裸子暴露在環境中。像開花植物一樣，裸子植物的種子有種皮，但它們不是在果實中，而是在毬果中成熟。最為人所知的就是木質針葉樹的毬果，種子成熟時有鱗片保護。其他如短葉紫杉（Yews），會產生單一且生長在肉質托內的種子。

種子與果實 Seeds and Fruits

木質毬果

帶有種子的針葉樹毬果，有各式各樣的形狀和大小。並非所有毬果看起來都與產生它們的樹木大小相匹配。例如巨大紅木（Sequoia）儘管可以長到94公尺（310英尺）高，它們的毬果卻只有5至8公分（2至3英寸）長。

被稱為「鼠尾」的苞片有三個尖端，從鱗片突出。

花旗松（*Pseudotsuga menziesii*）

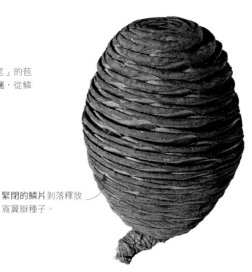

緊閉的鱗片剝落釋放寬翼瓣種子。

大西洋雪松

巨果松（*Pinus coulterl*）

巨大毬果長24至40公分（9至15英寸）且鮮重達5公斤（11磅）

毬果可存活幾十年，只有受到火、松鼠或甲蟲的影響才會放出種子。

世界爺（*Sequoiadendron giganteum*）

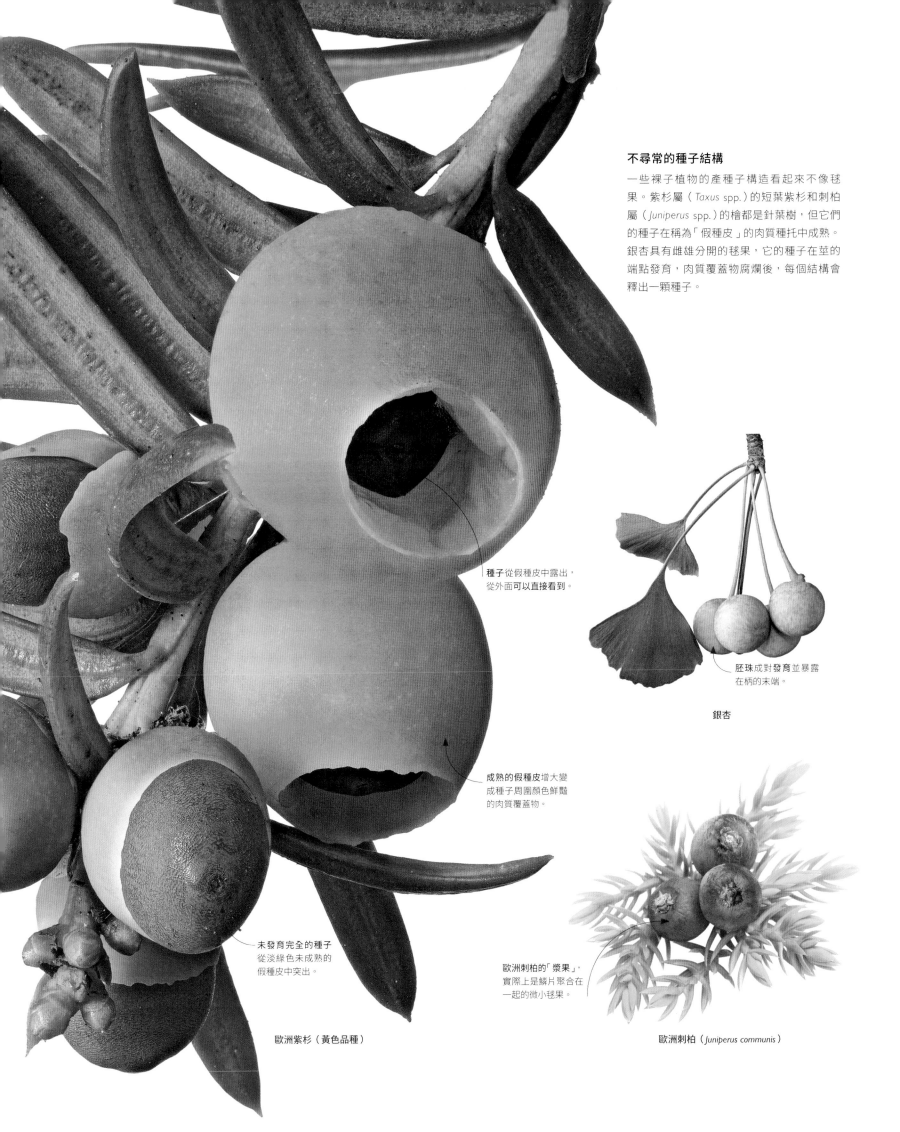

不尋常的種子結構

一些裸子植物的產種子構造看起來不像毬果。紫杉屬（*Taxus* spp.）的短葉紫杉和刺柏屬（*Juniperus* spp.）的檜都是針葉樹，但它們的種子在稱為「假種皮」的肉質種托中成熟。銀杏具有雌雄分開的毬果，它的種子在莖的端點發育，肉質覆蓋物腐爛後，每個結構會釋出一顆種子。

種子從假種皮中露出，從外面可以直接看到。

胚珠成對發育並暴露在柄的末端。

銀杏

成熟的假種皮增大變成種子周圍顏色鮮豔的肉質覆蓋物。

未發育完全的種子從淡綠色未成熟的假種皮中突出。

歐洲刺柏的「漿果」，實際上是鱗片聚合在一起的微小毬果。

歐洲紫杉（黃色品種）

歐洲刺柏（*Juniperus communis*）

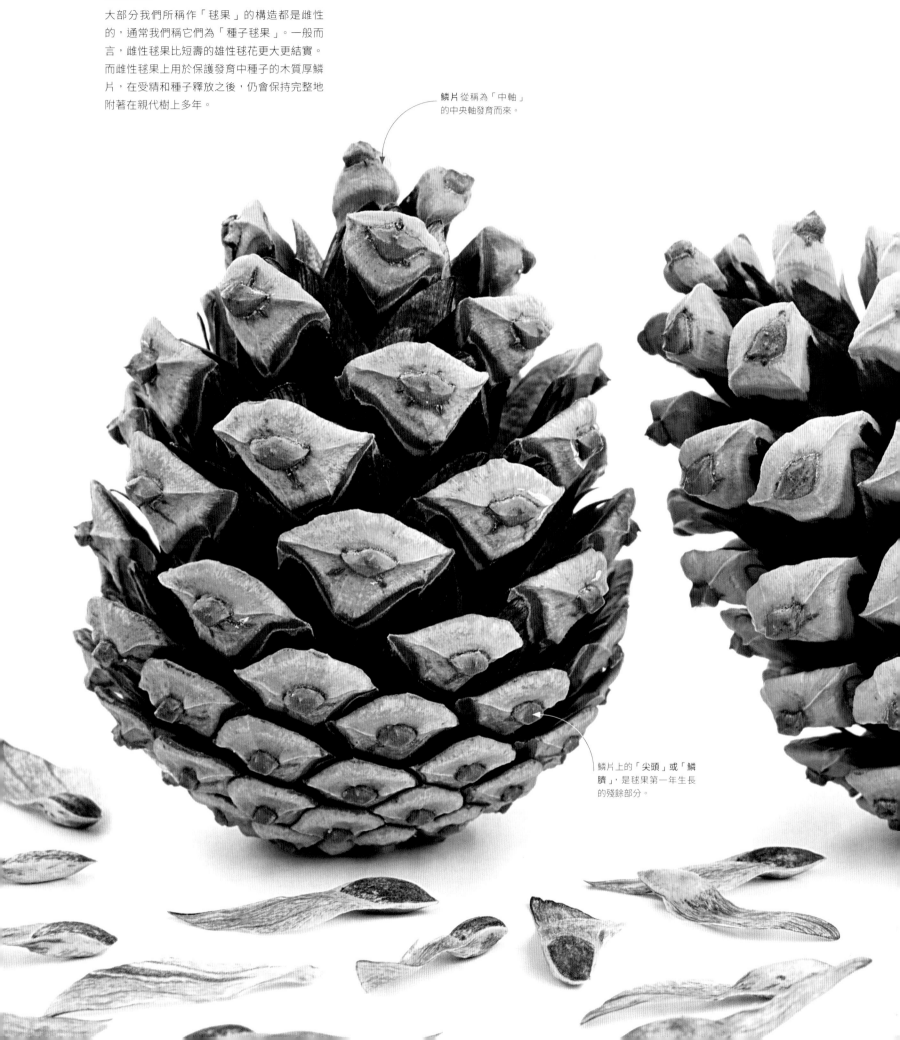

長期保護

大部分我們所稱作「毬果」的構造都是雌性的，通常我們稱它們為「種子毬果」。一般而言，雌性毬果比短壽的雄性毬花更大更結實。而雌性毬果上用於保護發育中種子的木質厚鱗片，在受精和種子釋放之後，仍會保持完整地附著在親代樹上多年。

鱗片從稱為「中軸」的中央軸發育而來。

鱗片上的「尖頭」或「鱗臍」，是毬果第一年生長的殘餘部分。

種子的發育

當雄毬花釋放的花粉粒到達雌毬花鱗片上的胚珠而完成受精時，針葉樹的種子就會發育。風把花粉帶到雌毬花，藉由一個叫做「珠孔」的小開口進入。進入雌毬花後，花粉粒會形成花粉管，雄配子經由花粉管到達胚珠與雌配子融合。受精之後，胚珠發育成胚，胚被種皮包圍並受鱗片保護。

未受精胚珠

- 珠被
- 大孢子
- 珠孔
- 花粉

受精胚珠

- 卵核
- 花粉管
- 發芽的花粉粒

種子

- 種皮
- 食物供應（雌配子體組織）
- 胚

毬果的內部

裸子植物在生命週期中有兩個不同階段。雄性和雌性生殖器官都會形成毬花的構造，每一個毬果當中都會產生單倍體的性細胞或配子。「單倍體」是指每個細胞的細胞核僅攜帶單套染色體。在受精過程中，雄性和雌性配子結合產生的每顆種子都是二倍體，也就是含有兩套染色體。許多裸子植物的樹木是二倍體生物，由兩個獨立的單倍體細胞融合而成。

未分離的種子仍然固定在鱗片之間。

卡在鱗片之間的受精胚珠已發育成種子。

解剖毬果

將一顆未開啟的雌毬果切開，可看見鱗片是如何緊密地擠壓在一起，以及發育中的種子如何有效地被保護。

種子已經掉落幾個月後，燈
籠的骨架仍保留在植物上。

被子

被包覆的種子在子房內發育，子房最後會形成果實的外層，保護發育中的種
子。這個額外的保護層也可以做為食物，吸引有助於種子傳播的動物。額外的
覆蓋物有的非常堅硬，例如椰子種子周圍的層；有的非常脆弱，乍看還會認為
這層覆蓋物似乎沒有什麼用途。

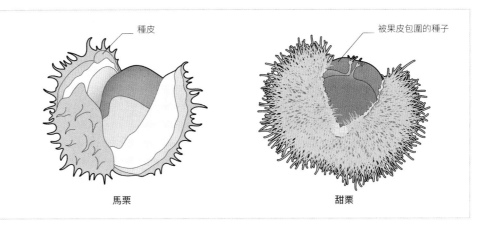

種皮

被果皮包圍的種子

馬栗

甜栗

每個燈籠草的果實內含有多個種子。

燈籠草

這些吸引人的燈籠草（學名：*Physalis* sp.；俗名：Chinese lantern），其紙狀覆蓋物都是花萼，它膨脹且包裹著單一顆漿果狀的果實。「燈籠」缺乏耐久性，但它以其他方式補足——外圍的果實可以食用，但花萼是有毒的。這種特性與對抗氣候的保護能力相結合，組成了有效的防護方案。

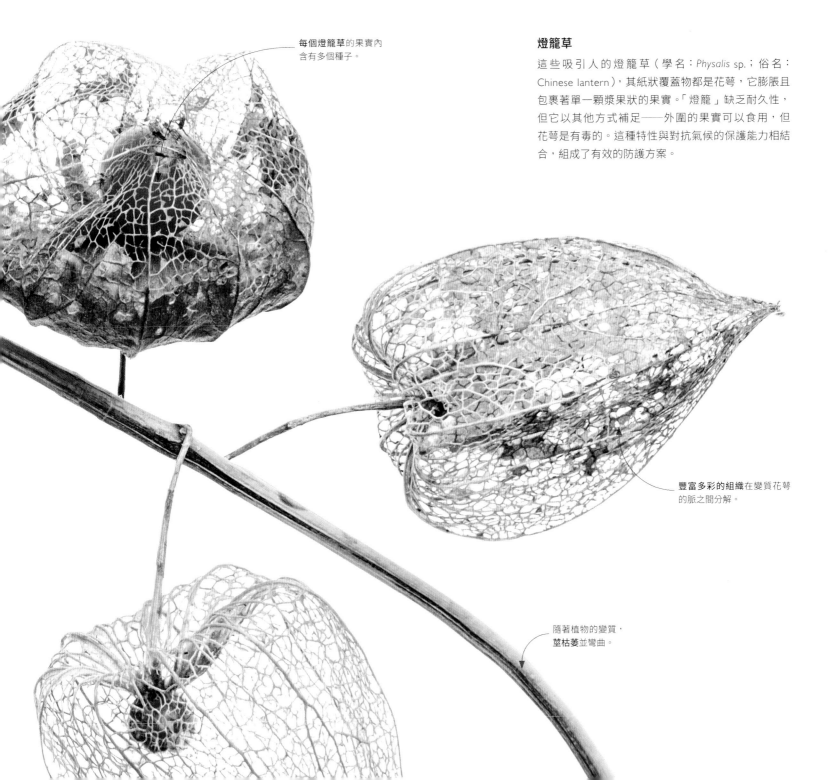

豐富多彩的組織在變質花萼的脈之間分解。

隨著植物的變質，莖枯萎並彎曲。

柔韌的**綠色莖**帶有剛盛
開的花朵等待授粉。

成熟的莖是棕色木
質的,並帶有前一
年產生的果實。

果實的類型

花授粉之後,子房內的胚珠發育成種子。子房壁或果皮形成包圍種子的保護層,
果皮與種子一起組成了果實。果皮發育的方式決定了果實的類型,有些變成肉質
且可食用,而其他則乾扁又不可食用。在許多果實中,果皮分化成三層:皮或外
果皮;果肉或中果皮;以及核或內果皮。

由花至結果

在每個熊葡萄(早生洋楊梅;學名:*Arbutus menziesii*;
俗名:Madrone)花的中心是一個子房。一旦受精之
後,這將會發育成一個肉質單果。

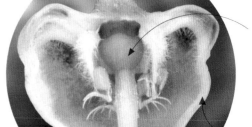

綠色子房坐落在花的
中心,與花托相連。

五個花瓣融合成一個蒴壺
形花冠,將花朵的大部分
包圍起來。

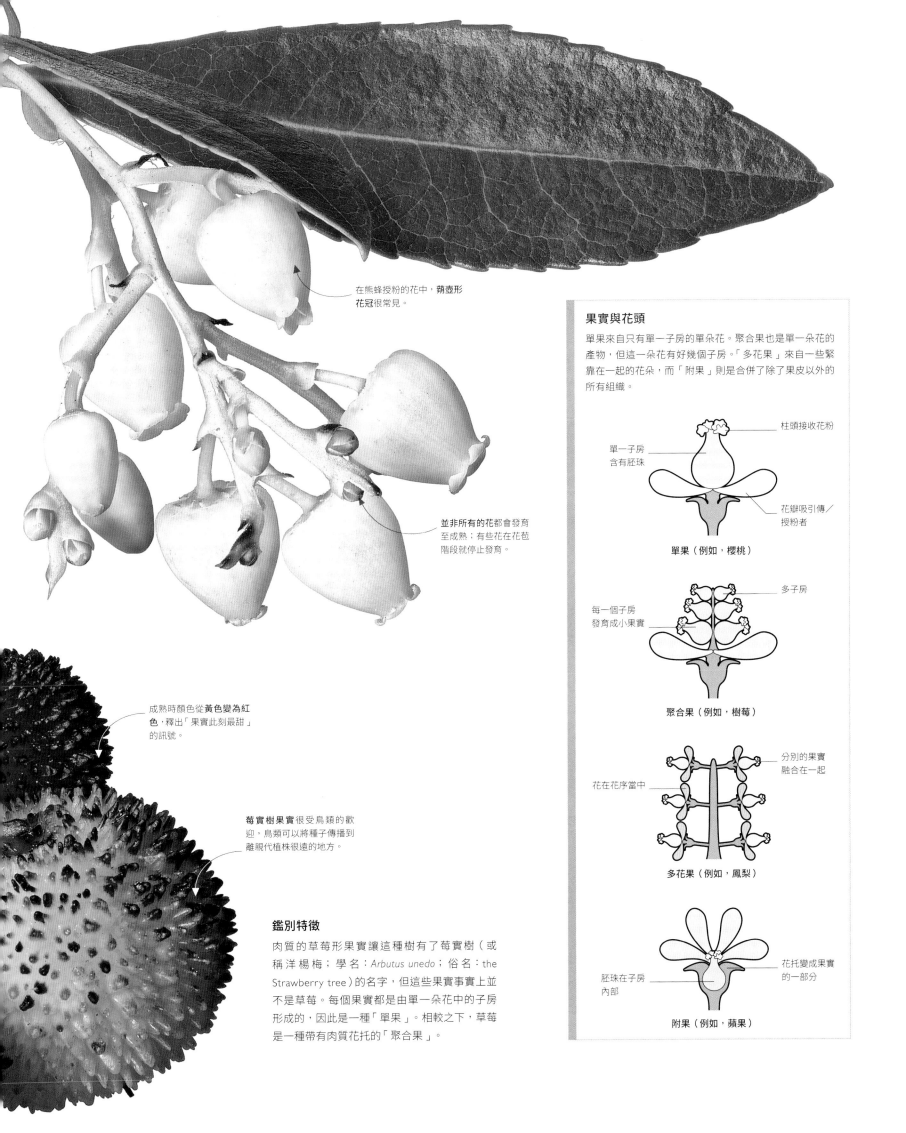

在熊蜂授粉的花中，蒴壺形花冠很常見。

並非所有的花都會發育至成熟；有些花在花苞階段就停止發育。

成熟時顏色從黃色變為紅色，釋出「果實此刻最甜」的訊號。

莓實樹果實很受鳥類的歡迎，鳥類可以將種子傳播到離親代植株很遠的地方。

鑑別特徵

肉質的草莓形果實讓這種樹有了莓實樹（或稱洋楊梅；學名：*Arbutus unedo*；俗名：the Strawberry tree）的名字，但這些果實事實上並不是草莓。每個果實都是由單一朵花中的子房形成的，因此是一種「單果」。相較之下，草莓是一種帶有肉質花托的「聚合果」。

果實與花頭

單果來自只有單一子房的單朵花。聚合果也是單一朵花的產物，但這一朵花有好幾個子房。「多花果」來自一些緊靠在一起的花朵，而「附果」則是合併了除了果皮以外的所有組織。

柱頭接收花粉

單一子房含有胚珠

花瓣吸引傳／授粉者

單果（例如，櫻桃）

多子房

每一個子房發育成小果實

聚合果（例如，樹莓）

分別的果實融合在一起

花在花序當中

多花果（例如，鳳梨）

胚珠在子房內部

花托變成果實的一部分

附果（例如，蘋果）

藝術創作中的植物

古代花園

世界上第一個「花園」是由中東最早的社會所創造，當時對自給自足的
需求導致人們將自家附近的土地圍起來。隨著時間發展，花園的實際功
能被人們想要改善周遭環境的願望所取代，加上新興的統治階級利用花
園來享受休閒時光並鞏固地位，花園也有了不同意義的存在。

在古代世界的考古學、文學和藝術中
都可以瞥見古代花園和植物。

第一座大型布置井然的花園是由古代
美索不達米亞的皇帝所建造，也就是傳說
中的「巴比倫空中花園」。這些花園通常結
合了精心計畫的灌溉系統，以及石頭造景
搭配布置井然的植栽和國外征戰所獲得的
異國植物。

古埃及人因習俗和宗教目的創造了花
園；寺廟的院落中經常設有花園，其中有象
徵性的草藥和蔬菜，以及儀式用的植物。

埃及人還種植了許多種花卉，能用來做節
日花環以及藥用。

私人家中的娛樂用花園在古希臘很少
見。與宗教密切相關的花園配置單純，所
種植的樹木和植物都與特定的神靈有關。

受到埃及和波斯的極大影響，古羅馬
的園林設計和園藝技術發展得非常先進。
從龐貝城的聯排別墅到羅馬的皇宮，花園
是放鬆與遠離塵囂的地方，經常以藝術和
具有宗教和象徵意義的物品為特色。

永恆的花園

羅馬皇帝奧古斯都的妻子，在羅馬附近所建的利維亞
別墅（Villa of Livia）中的一幅濕壁畫，描繪了一座兼具
自然主義風格又帶有幻想的花園。藉由描繪出植物同
時結果和開花的景色，樹木和灌木叢出傳達皇帝光榮
統治下肥沃的「永恆春天」。

> 如果你有一座花園和一座圖書館，那麼你就
> 已經擁有所需的一切。

馬庫斯・圖利烏斯・西塞祿（Marcus Tullius Cicero），《給瓦羅，論友誼第九冊第四篇》（ *To varro, in ad familiares ix, 4* ）

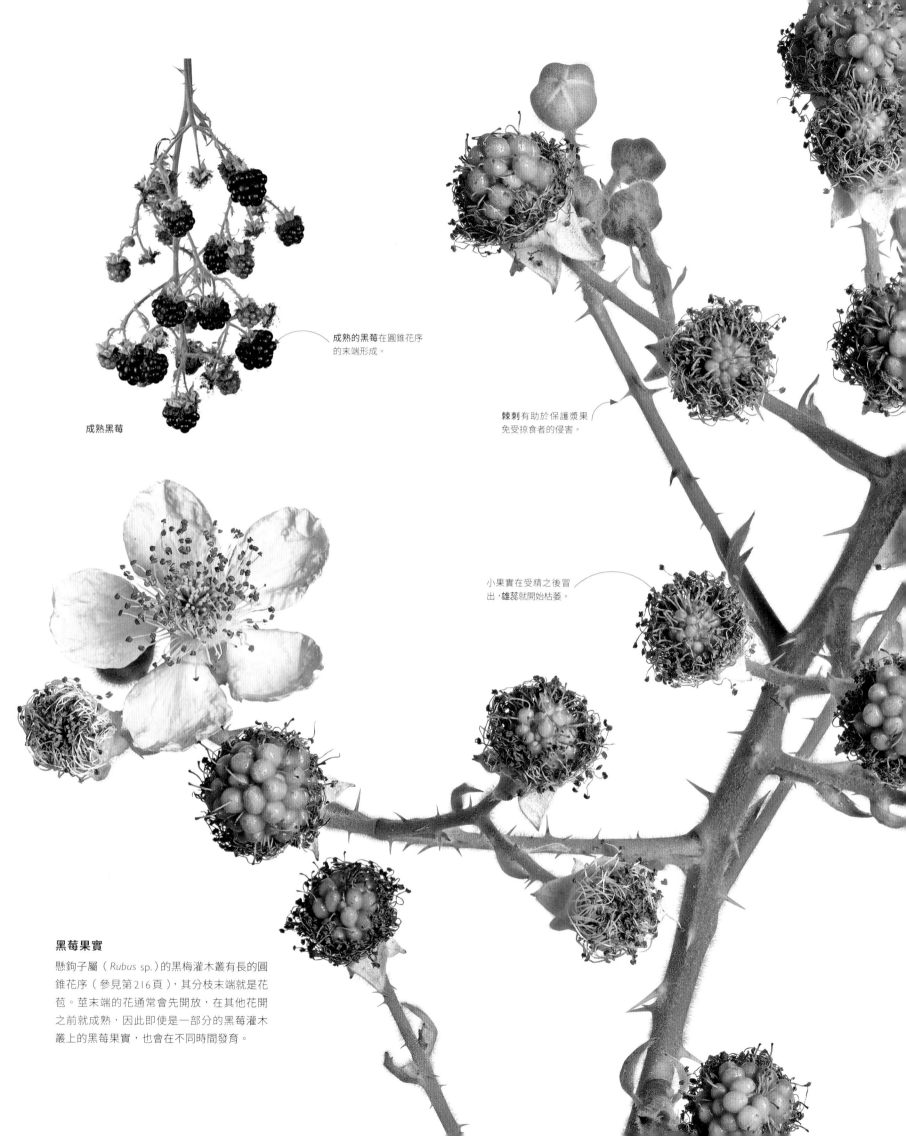

成熟的黑莓在圓錐花序
的末端形成。

棘刺有助於保護漿果
免受掠食者的侵害。

小果實在受精之後冒
出,雄蕊就開始枯萎。

成熟黑莓

黑莓果實

懸鉤子屬(*Rubus* sp.)的黑梅灌木叢有長的圓
錐花序(參見第216頁),其分枝末端就是花
苞。莖末端的花通常會先開放,在其他花開
之前就成熟,因此即使是一部分的黑莓灌木
叢上的黑莓果實,也會在不同時間發育。

每個「漿果」由數個
小果實組成。

黑莓果實如何發育

每種黑莓花都含有許多雌蕊，每個雌蕊的子房都含有多個
胚珠。每個胚珠都可以形成由單個小果或核果包圍的種
子。一旦受精之後，每朵花的雌蕊融合，形成一個聚合果。

一朵花包含許多雌
蕊，由子房、花柱
和柱頭組成

花受精

成熟的雌蕊膨脹
並連接在一起形
成一個單元

小果實形成

隨著種子的發育，
核果變硬又變

小果實成熟

在又黑又柔軟
的核果中的種
子，已經準備
好散播

成熟的黑莓

開花到結果

當花在暮春或初夏出現，同時預告了果實形成的第一階段；而當一粒來自同一物
種植物的花粉落在花的柱頭上，下一階段就開始了：花粉會產生穿過花柱的花粉
管。這個「隧道」使花粉的細胞核進入花中充滿胚珠的子房（參見第184~185
頁），在那裡，它與胚珠的細胞核融合，完成受精。受精意味著花朵任務結束，
但隨著花瓣枯萎和脫落，所有受精的胚珠都會變成種子，而周圍的子房會膨脹、
成熟為果實。

多肉果實

果實來自單一子房的**單一花朵。**

漿果
樹番茄（*Solanum betaceum*）

有區隔果肉的**漿果。**

柑果
檸檬（*Citrus x limon*）

有堅韌外皮的**無區隔漿果。**

瓠果
刺角瓜（*Cucumis metuliferus*）

假果，因為果肉不是從子房形成的，所以種子是瘦果。

薔薇果
玫瑰

乾果

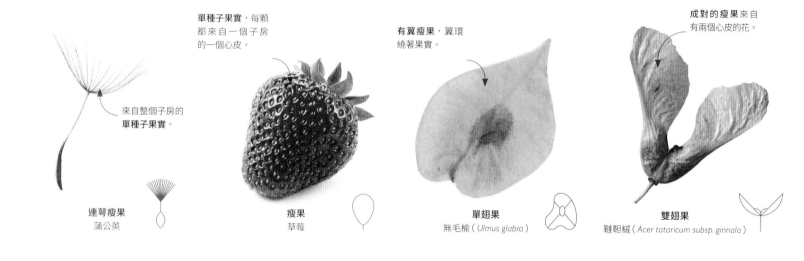

單種子果實，每顆都來自一個子房的一個心皮。

來自整個子房的**單種子果實。**

連萼瘦果
蒲公英

瘦果
草莓

有翼瘦果，翼環繞著果實。

單翅果
無毛榆（*Ulmus glabra*）

成對的瘦果來自有兩個心皮的花。

雙翅果
韃靼槭（*Acer tataricum subsp. ginnala*）

果實解剖學

果實的分類奠基在少數幾個特徵上，而其中最重要的就是「質地」。多肉的果實會被動物吃掉並散播，而乾扁的果實就需要依靠風力、重力或動物的毛皮來散播。雖然檢查果實，或更進一步檢查花朵，應該就可以確定一株植物的歸類，但植物分類有時仍然會出人意料。例如，黃瓜就被歸類為漿果，而草莓卻不是。

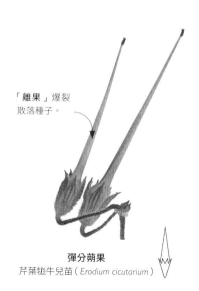

「離果」爆裂散落種子。

彈分蓢果
芹葉牻牛兒苗（*Erodium cicutarium*）

種子被包裹在皮革
核心內。

梨果
蘋果 (*Malus x domestica*)

種子被包裹在
木質核中。

核果
桃子 (*Prunus persica*)

從一朵帶有多個心
皮的花朵而來。

聚合果
樹梅 (*Rubus idaeus*)

小果實融合在一起
變成一個單元。

多花果
桑橙 (*Maclura pomifera*)

堅硬果實，不會裂
開來釋放種子。

堅果
柱榛 (*Corylus colurna*)

與瘦果相似，但外種
皮與種子融合。

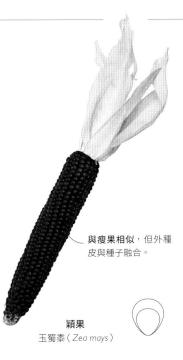

穎果
玉蜀黍 (*Zea mays*)

衍生自一個心皮並且
沿兩個接縫裂開。

莢果
香豌豆 (*Lathyrus odoratus*)

可聚集在一起而
且每個沿著一個
接縫裂開。

蓇葖果
金縷斗菜 (*Aquilegia chrysantha*)

蒴果具有多個腔室，
可與其他乾果區分。

蒴果
雙歧細葉孤挺花，或稱雙歧小紅頂
(*Rhodophiala bifida*)

蒴果發育出各式開
孔來脫落種子。

有孔蒴果
罌粟 (*Papaver somniferum*)

通常和莢果類似，
但果實由兩個心皮
發育而來。

長角果
銀扇草屬 (*Lunaria sp.*)

果實分裂成每片含有
單種子（裂果片）。

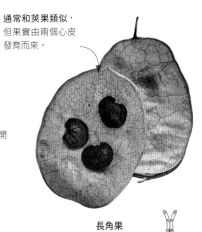

離果
緻花粗糙芹，或稱印度藏茴香
(*Trachyspermum ammi*)

芭蕉

芭蕉（學名：*Musa sp.*；俗名：the Banana）長又纖細的果實，實際上是漿果。商店購買的香蕉（芭蕉屬的其中一種）是沒有種子的，但在野外，這些果實裡充滿了堅硬到足以崩斷牙齒的種子。全世界芭蕉屬植物中，有68種來自熱帶的印度馬來亞和澳洲生態地理分區。

芭蕉屬的物種，生長高度差異很大，從不超過2公尺（6.5英尺）的矮小紫蕉（*Musa velutina*），到長到可高達到20公尺（66英尺）的巨型芭蕉（*Musa ingens*）都有。無論它們的外觀如何，芭蕉不是樹木：它們不會生產木質部，那看起來像是樹幹的結構其實是長葉子硬化又緊密包裹的基部（葉鞘）。芭蕉是地球上最大的草本植物。

芭蕉有兩種主要的開花形式：向上直立的和下垂的花序。向上直立的花朵指向天空，主要由鳥類傳／授粉；下垂的花則指向地面，並大部分由蝙蝠傳／授粉。在這兩種形式中，花是在類似穗狀花序上產生的，而且每一圈輪生的花常由大又豔麗的苞片保護。在野外，芭蕉只有在授粉後才會形成果實。果實是綠色的，但隨著成熟會改變色調。並非所有的芭蕉都以黃色為主：有些物種會產生鮮豔的粉紅色果實。如果動物過早採食果實，芭蕉種子可能還沒成熟而無法存活。只有當裡面的種子準備就緒時，芭蕉才會發生顏色變化，向動物發出果實適合採食的訊息。研究人員發現，有一些芭蕉在成熟後，會在紫外線下發出螢光。這可以幫助有能力偵測紫外線的動物，更容易地找到成熟的果實。

花與果實

芭蕉的花通常呈現黃色或奶油色，呈管狀。鳥類和蝙蝠是野生芭蕉的主要傳／授粉者。栽培的芭蕉在沒有授粉的情況下產生果實，因此它們都是無種子的。

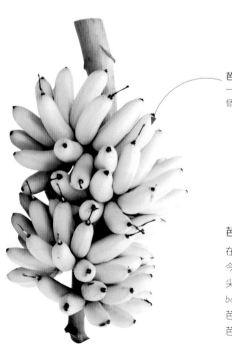

芭蕉莖（每個芭蕉植物只有一根莖）可以產生多達200個果實。

芭蕉束

在7000多年前，芭蕉就被人工栽種。如今世界各地的栽培芭蕉都來自兩種物種，尖蕉（*Musa acuminata*）和拔蕉（*Musa balbisiana*）。芭蕉種植主要使用來自少數芭蕉品種的複製體，這讓栽培芭蕉比野生芭蕉更容易受到疾病的影響。

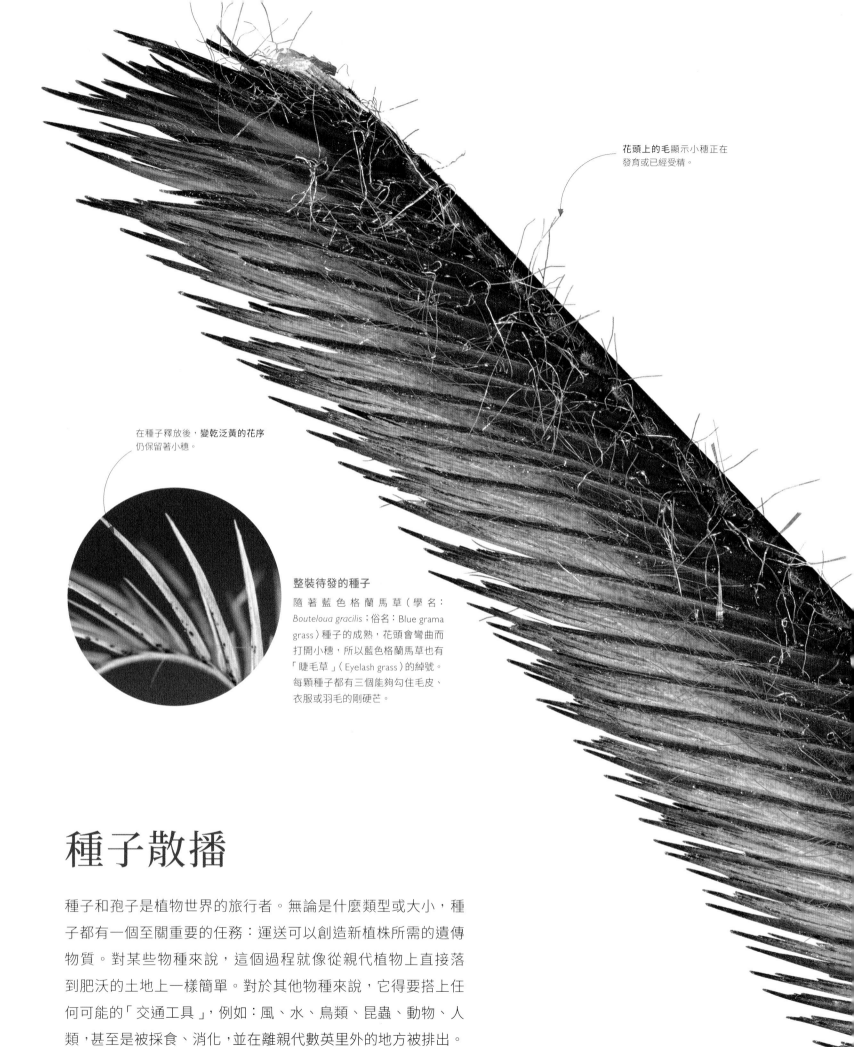

花頭上的毛顯示小穗正在
發育或已經受精。

在種子釋放後，變乾泛黃的花序
仍保留著小穗。

整裝待發的種子
隨著藍色格蘭馬草（學名：
Bouteloua gracilis；俗名：Blue grama
grass）種子的成熟，花頭會彎曲而
打開小穗，所以藍色格蘭馬草也有
「睫毛草」（Eyelash grass）的綽號。
每顆種子都有三個能夠勾住毛皮、
衣服或羽毛的剛硬芒。

種子散播

種子和孢子是植物世界的旅行者。無論是什麼類型或大小，種
子都有一個至關重要的任務：運送可以創造新植株所需的遺傳
物質。對某些物種來說，這個過程就像從親代植物上直接落
到肥沃的土地上一樣簡單。對於其他物種來說，它得要搭上任
何可能的「交通工具」，例如：風、水、鳥類、昆蟲、動物、人
類，甚至是被採食、消化，並在離親代數英里外的地方被排出。

終端（頂部）花序處於最佳利用風力釋放種子的位置。

每個圓錐花序支撐1~3個主要開花分枝，通常分枝末端就是花序。

多種散播方法

從高達30公分（12英寸）的柄發射出去的藍色格蘭馬草種子有很多散播的機會。種子乘風飄過數公尺遠，有些會在它們著陸的地方發芽。它們也會被食草動物吃掉，並在牠們排出的地方生長。附著在動物毛皮或鳥類羽毛上的種子甚至可以離親代植物更遙遠。

當種子成熟時，**種子**從小穗的末端**發射**。

每個藍色格蘭馬草的花序包含多達130個小穗。

外帶廣告

塔斯曼亞麻百合（學名：*Dianella tasmanica*；
俗名：Tasman flax-lilies）顏色鮮豔的漿果很容
易從地面或空中發現，對鳥類非常有吸引力。
藉由將高碳水化合物含量的果實懸掛在長莖
的末端，塔斯曼亞麻百合也讓鳥類在飛行經
過時，能夠輕鬆採食。

每個漿果含有5顆黑色種
子，這些種子能完整地通
過鳥類的消化系統。

據證實，紅色、紫色等
鮮豔色彩能吸引野生鳥
類的注意。

發芽促進

在鳥糞中散播的歐洲花楸（學名：*Sorbus
aucuparia*；俗名：Rowan trees）種子比
沒有被消化的種子發芽得更快。這可能
是由於在消化過程中，某些化學物質被
去除的關係。

莖末端的**單一漿果**
易於採摘。

藉由被採食而傳播

有一些植物種類，在散播種子到廣大的區域方面，比其他植物更為成功。
植物實現這一個目標的最有效方法之一就被鳥類採食。雖然許多其他動物
也藉由糞便來傳播種子，但在空中飛行的鳥類可以涵蓋的區域範圍更廣，
增加了把種子帶離採食地點的可能性。

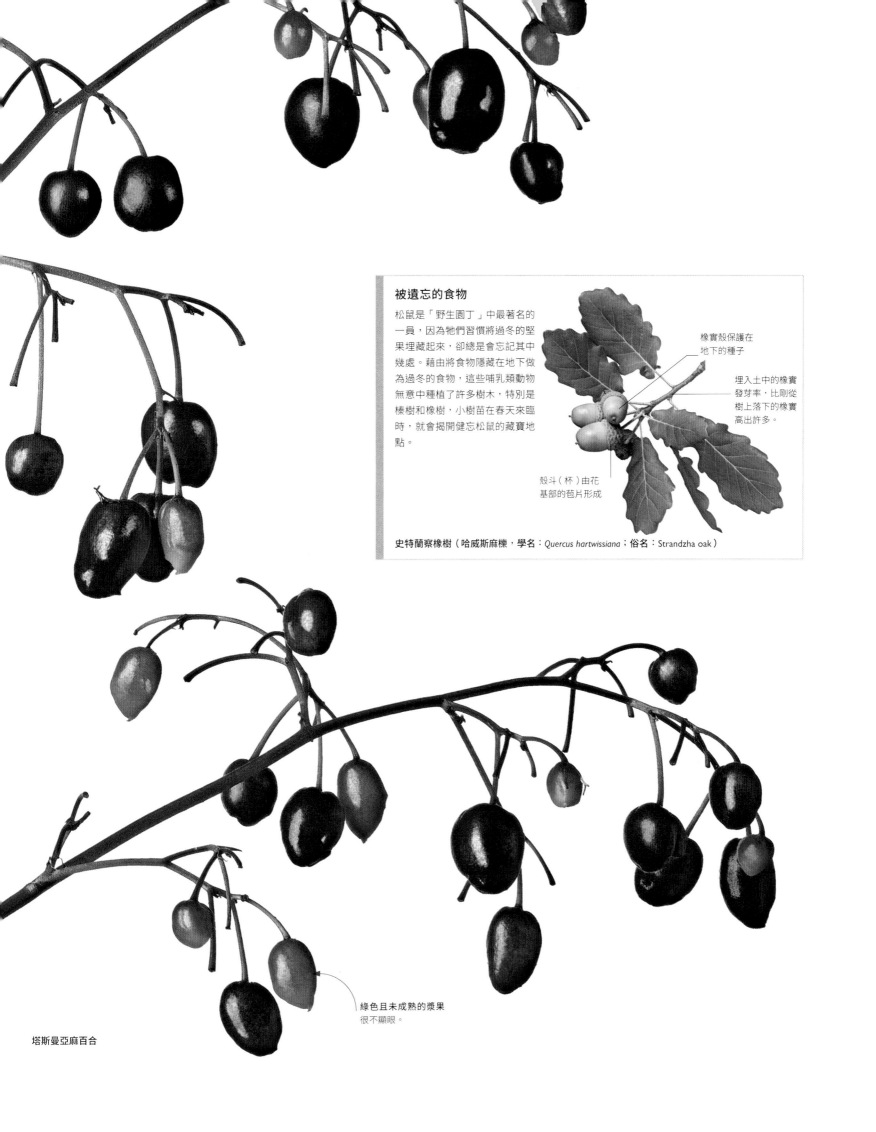

綠色且未成熟的漿果很不顯眼。

塔斯曼亞麻百合

呈現給鳥類的紅色與黑色

鳥類採食的紅色和黑色果實和種子的數量，比其他顏色多很多。這被認為部分是由於鳥類有發展良好的彩色視覺，也由於這些果實和種子的營養成分，或者是它們在某些棲息地中的數量。無論是什麼原因，像這個二喬木蘭（學名：*Magnolia x soulangeana 'Rustica Rubra'*；俗名：Saucer magnolia）的紅色種子，出現在鳥類菜單中的比例就很高。

成熟時，錐狀果實彎曲並裂開。

鮮紅色的種子在棕色果實中很顯眼。

每個保護性的木質蓇葖果含有一個或兩個種子。

這個未發育的芽仍然覆蓋著天鵝絨般的苞片。

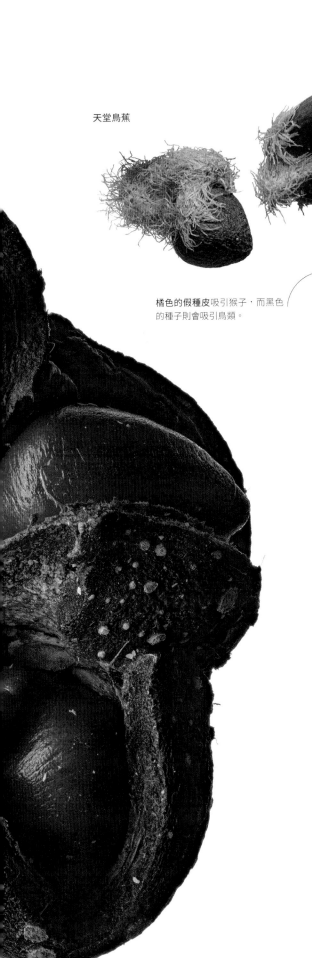

天堂鳥蕉

橘色的假種皮吸引猴子，而黑色的種子則會吸引鳥類。

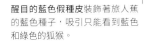

顏色和種子分布

哺乳類動物和鳥類都會採食種子，並以糞便或是將它們夾帶在獸皮上的方式散播出去，但牠們的顏色偏好各不相同。世界各地的研究顯示，鳥類偏好紅色和黑色的種子，而哺乳類動物主要食用橘色、黃色和棕色的種子。當某些生物只看得到或偏好某些色調時，植物可能也已適應這種動物行為，有時只是增加鮮豔的假種皮（多毛的覆蓋物）到其原本顏色單調的種子上。

醒目的藍色假種皮裝飾著旅人蕉的藍色種子，吸引只能看到藍色和綠色的狐猴。

豐富多彩的種子

種子與果實一樣，也有各式各樣的顏色。具有保護性的種皮，從清楚的黑色到耀眼的紅色、橘色和藍色，不一而足。雖然我們知道淺色種子通常比深色種子含有更多的水分，但是為何有的種子具有如此鮮豔色素的原因仍然不清楚。然而，可以肯定的是，某些動物似乎對特定顏色特別喜歡。

有毒的蓖麻毒蛋白種子

所有種皮的主要功能都是保護種子，但有時候同時也有防止被採食的功能。有毒種子含有地球上一些最致命的物質。在蓖麻子中發現的蓖麻毒蛋白非常毒，只要四顆豆子就可以讓一個人致命。因為蓖麻子的顏色從純白色到斑點狀的紅色和黑色不等，許多動物和鳥類都會因採食而死亡。

蓖麻（學名：*Ricinus communis*；俗名：Castor oil plant）

斑點狀的著色，類似於可食用的萊豆

種阜（Caruncle）是一種充滿糖且會吸引螞蟻的海綿狀突出生長物

種子與果實

Seeds and Fruits

a. *Malus oxymela acida*, Saurer Holzapfel. b. *Malus sylvestris fructu rubro minore*, Pomme souvage, Holzapfel. c. *Malus sylvestris fructu rotundo viridi*, grüne Holzapfel. d. *Malus Persica flore pleno*. e. *Malus Persica Sti. Laurentii dicta*. f. *Malus Persica minor*, Pesche petit, Pfirsig. g. *Malus Persica major molle carne*, Pfirsigapfel. h. *Malus Persica magna*, Bockner Pfirsig.

藝術與科學

十八世紀通常被稱為植物繪畫的黃金時代，植物藝術家喬治．狄俄尼索斯．埃雷特（Georg Dionysius Ehret，1708~1770）的插圖展現了藝術和科學的偉大結合。埃雷特清晰、精確、美麗的植物插圖風格，堪稱是與林奈開創性的動植物命名和分類方法同等成就。

德國出生的埃雷特是有史以來最具影響力的植物插圖畫家之一，他是一位園丁的兒子，父親教導了他關於自然的知識。埃雷特的繪畫天賦，對細節的關注以及對植物知識的不斷增長，使他創作出了植物藝術品。這些藝術品進一步讓埃雷特受到一些世界頂尖科學家和具有影響力的贊助者的注意。

埃雷特首次與著名的瑞典植物學家和分類學家林奈合作，在《克利福特園》（*Hortus Cliffortianus*，1738年）上發表，於東印度公司總督喬治．克利福德莊園（George Clifford）所發現的稀有植物目錄。在林奈的指導下，埃雷特以科學的精確和詳細的藝術作品記錄了植物的每一個美麗細節，這樣的風格，之後被稱為「林奈的植物插圖風格」。

埃雷特持續繪圖，並發表於當時大部分重要的植物學出版刊物，而且也為收藏家和機構繪製了大量插圖，包括英國皇家植物園。

《鳳梨》（*Ananas sativus*）
埃雷特的作品包括來自世界各地植物的鉛筆、墨水和水彩的試畫，例如這一個剛抵達倫敦的鳳梨，就即將在英國最古老的植物園之一的切爾西藥草園（Chelsea Physic Garden）進行試畫。

蘋果果實與花的細節

這些蘋果和桃子的花與果實的插圖，先用美柔汀（Mezzotint）凹版雕刻，再手工染色。埃雷特受荷蘭藥商約翰．威廉．魏因曼（Johann Wilhelm Weinmann）的委託，替《花譜》（*Phytanthoza iconographia*）一書進行繪圖的工作，但由於魏因曼支付的費用過低，所以他只完成了一半的插圖。

> " 十八世紀中期，喬治. 狄俄尼索斯. 埃雷特的天賦對植物藝術產生了巨大的影響。"
>
> 威爾弗里德．布朗特（Wilfrid Blunt），《植物插畫藝術》（*The art of botanical illustration*），1950年

獨角獸果實

被稱為「惡魔之爪」的黃色羊角麻（學名：
Ibicella lutea；俗名：Devil's claw plant）果實，
是便車乘客中體型最大的，不過，帶尖角的
豆莢並非一開始就會長出來。黃色羊角麻的
木質種莢在一個大的角狀果實中形成，因而
得到「獨角獸植物」的稱號。

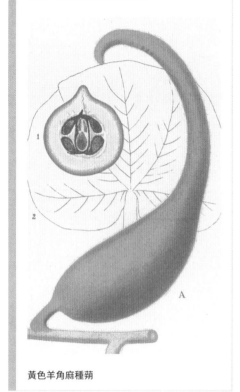

黃色羊角麻種莢

延長的**主爪**向上彎曲以
增加拴上動物的機會。

主爪之間有時形成較短的次生爪。

倒鉤覆蓋了果實的所
有爪子，並勾住經過
動物的腳和腿。

動物攜帶

為了避免後代過度擁擠，植物必須盡可能將種子散播到寬廣的區
域。一些植物使用風和水來散播種子，而另一些植物則藉由「爆
炸」的果實來放射出種子。許多植物利用與其共享生活環境的動
物來散播種子。覆蓋著鉤子、倒鉤和令人疼痛針刺的「黏性」種
莢，拴上獸皮和蹄，只有當莢果被擦掉、壓碎或撕開時，種子才
會釋放，而通常那時已在數公里之外。

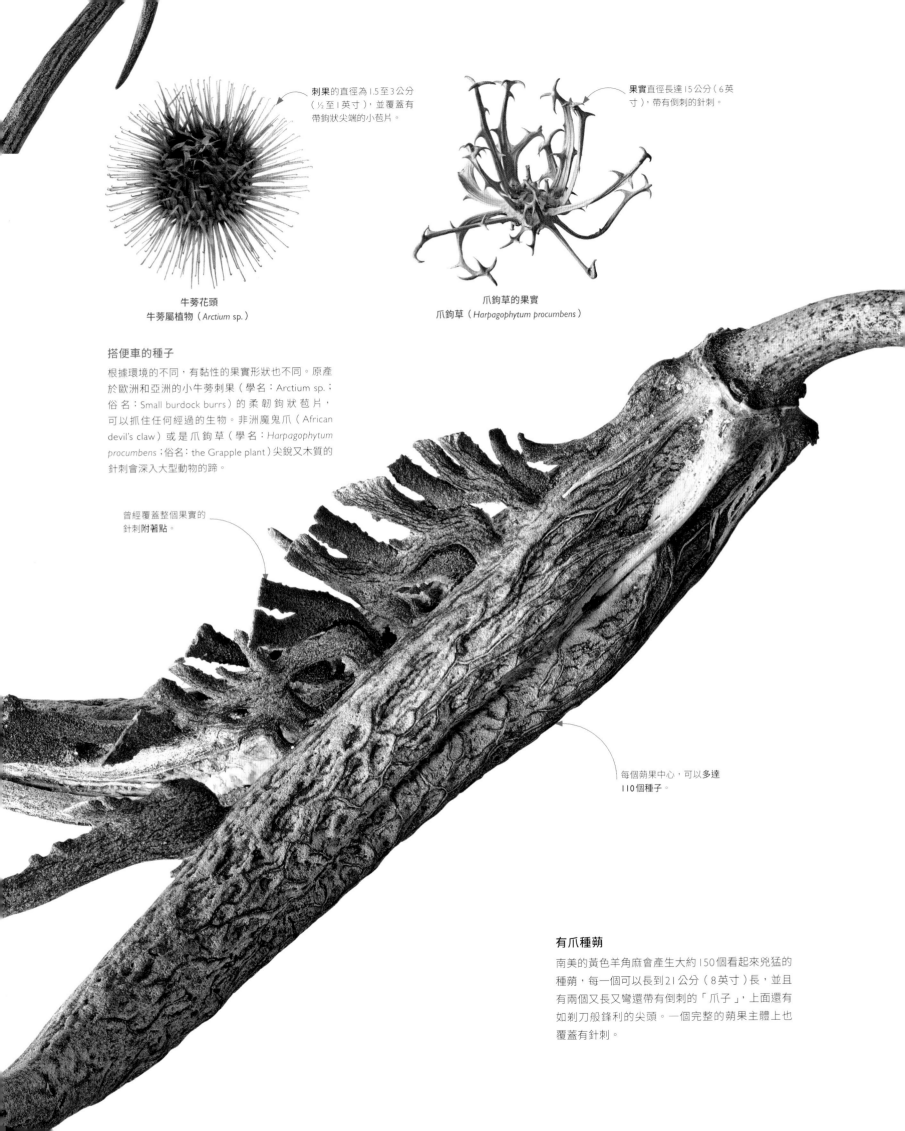

刺果的直徑為 1.5 至 3 公分
（½ 至 1 英寸），並覆蓋有
帶鉤狀尖端的小苞片。

果實直徑長達 15 公分（6 英
寸），帶有倒刺的針刺。

牛蒡花頭
牛蒡屬植物（*Arctium sp.*）

爪鉤草的果實
爪鉤草（*Harpagophytum procumbens*）

搭便車的種子

根據環境的不同，有黏性的果實形狀也不同。原產
於歐洲和亞洲的小牛蒡刺果（學名：Arctium sp.；
俗名：Small burdock burrs）的柔韌鉤狀苞片，
可以抓住任何經過的生物。非洲魔鬼爪（African
devil's claw）或是爪鉤草（學名：*Harpagophytum
procumbens*；俗名：the Grapple plant）尖銳又木質的
針刺會深入大型動物的蹄。

曾經覆蓋整個果實的
針刺附著點。

每個蒴果中心，可以多達
110 個種子。

有爪種蒴

南美的黃色羊角麻會產生大約 150 個看起來兇猛的
種蒴，每一個可以長到 21 公分（8 英寸）長，並且
有兩個又長又彎還帶有倒刺的「爪子」，上面還有
如剃刀般鋒利的尖頭。一個完整的蒴果主體上也
覆蓋有針刺。

理想的發射臺

天堂樹（臭椿，學名：*Ailanthus altissima*；俗名：the Tree of heaven）之所以如此被命名是因為它可以迅速長到24公尺（80英尺）或更高的高度，這個高度非常適合利用風力傳播的種子來進行傳播。單一棵樹每年可以發射一百萬顆種子，正因為如此，它有可能成為入侵物種。

單一種子的翅果會單獨和整簇斷落。

硬的縫線狀邊緣在翅果旋轉的時候，可以有穩定的作用。

半透明的翅果的翅膀讓種子可以滑行90公尺（300英尺）的距離。

種子可以由雙翅果的分界線處彼此分開。

果皮壁延伸並伸長，形成薄的膜狀翼。

果梗將種子固定於樹上，並在種子成熟時與莖分離。

果皮層包圍單一個種子。

有翅膀的種子

種子與親代植物之間保持足夠的距離，對於樹木來說至關重要，因為樹木很容易就會生長得太靠近彼此。楓樹、梧桐樹和許多其他物種的種子已經演化出類似翅膀的延伸物，使它們能夠乘風旅行到更遠的地方。無論是滑翔、旋轉還是漂浮，所有被稱為「翅果」的帶翅種子，都會抓住任何飛向空中的機會。

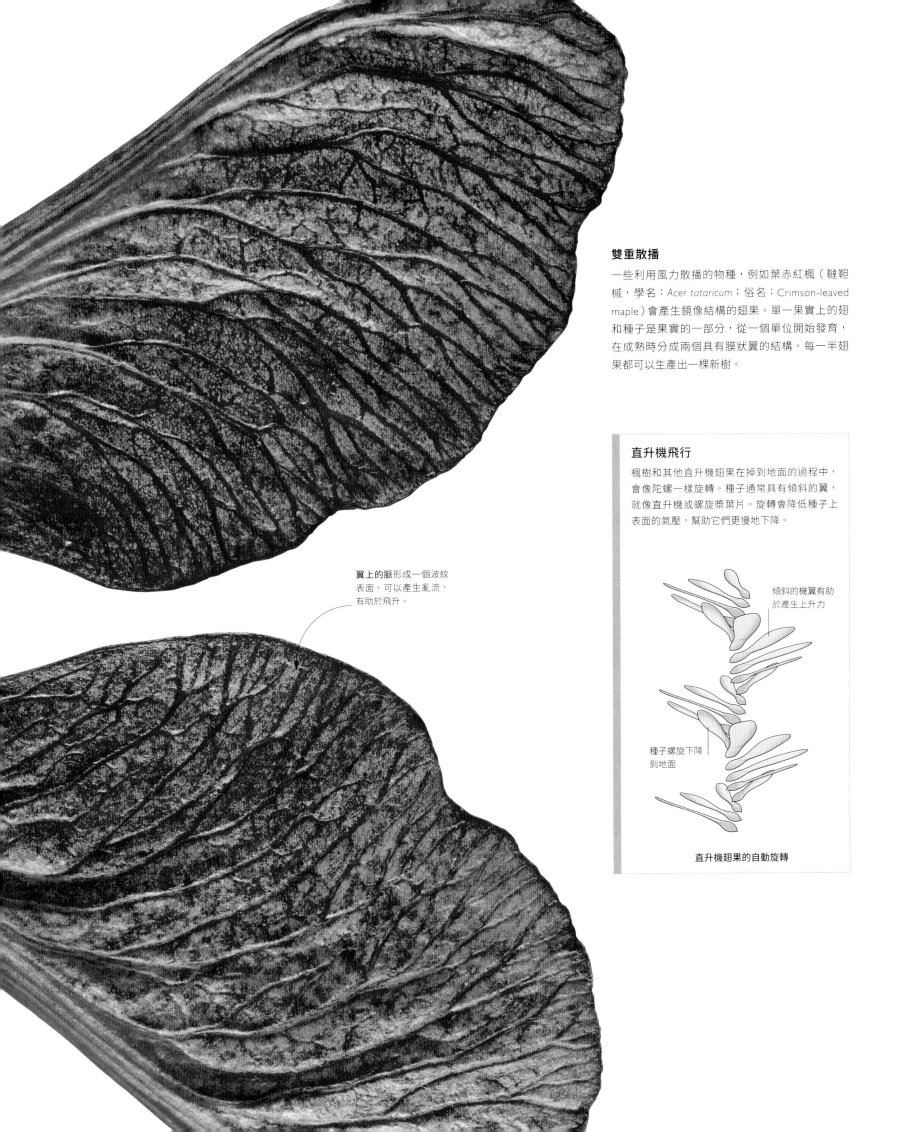

雙重散播

一些利用風力散播的物種，例如葉赤紅楓（韃靼楓，學名：*Acer tataricum*；俗名：Crimson-leaved maple）會產生鏡像結構的翅果。單一果實上的翅和種子是果實的一部分，從一個單位開始發育，在成熟時分成兩個具有膜狀翼的結構。每一半翅果都可以生產出一棵新樹。

翼上的脈形成一個波紋
表面，可以產生亂流，
有助於飛升。

直升機飛行

楓樹和其他直升機翅果在掉到地面的過程中，會像陀螺一樣旋轉。種子通常具有傾斜的翼，就像直升機或螺旋槳葉片。旋轉會降低種子上表面的氣壓，幫助它們更慢地下降。

傾斜的機翼有助
於產生上升力

種子螺旋下降
到地面

直升機翅果的自動旋轉

蒲公英

以其鋸齒狀的葉緣（來自法文「*dent-de-lion*」意思就是「獅子的牙齒」）命名，蒲公英（學名：*Taraxacum sp.*；俗名：the Dandelion）因為蓬鬆的果實穗而受到孩子們喜愛，但卻被園丁厭惡，因為它們破壞了草坪。大多數蒲公英原生於歐亞大陸，但在人類的幫助下已經廣泛傳播開了，這些旅行者現在幾乎遍布溫帶和亞熱帶地區。

蒲公英是擁有60種蒲公英屬植物的總稱；最常見到的是西洋蒲公英（*Taraxacum officinale*）。這種適應性強的植物，擁有成功的繁殖策略。蒲公英是春季開花的第一批植物之一，這使它們在很少有其他花盛開的時候，成為昆蟲的重要食物來源，而這些昆蟲有助於推動它們的傳／授粉程序。在春天開花的蒲公英，經常會在秋天再次開花。然而更重要的是，蒲公英可以在沒授粉的情況下生產種子——種子會長成親代植物的無性複製體（無融合生殖）。每個蒲公英的頭狀花具有多達170個種子，單一株植株能夠產生總共超過2,000個種子，可以想見，不只一個將會長大成株。

蒲公英的種子具有輕盈的羽毛降落傘，是很棒的空中旅行者。大多數都降落在親代植物附近，但有些會被風吹或被熱空氣上升所牽引，然後傳送到很遠的地方。

羽毛降落傘

每個蒲公英種子藉由柄附著到輻射的羽毛狀花絲盤上，形成類似降落傘的結構。

早開花植物

蒲公英的頭狀花事實上是很多個別花的集合。

球形種實穗一旦成熟就會分崩離析，每個含有單一種子的果實都會掉落。

聚生的花簇為熊蜂和蝴蝶提供了完美的著陸平臺。

精緻的外部花瓣有助於吸引昆蟲傳／授粉者到富含花蜜的花朵上。

數量上的優勢

山蘿蔔的花很小，聚集在針墊狀花頭中。在花被昆蟲授粉後，花瓣掉落，露出紙質果實的球狀頭部。

有降落傘的種子

許多植物利用風來散布種子。在空曠的環境中，例如樹木很少或是樹木相互距離很遠的草地和大草原，許多植物就會這樣利用風力讓種子長途旅行。為了提供上升力，風飄型的種子需要帆，或者像這種山蘿蔔一樣擁有「降落傘」。利用風力散布種子的植物，通常花朵會開在較高的位置，當種子形成時，它們就可以乘風飛行。

尖刺狀的芒（剛毛）抓住其他植物或是地面，結束種子遠離親代植物的旅程。

每個果實周圍都有**紙質苞片**，讓它們升起並搭上微風的便車。

紙月亮

山蘿蔔（星花山蘿蔔，學名：*Scabiosa stellata*；俗名：Scabious）的花序含有許多小花，每個小花都會產生一粒種子。每粒種子都有五根針刺狀的剛毛，稱為「芒」，並由紙質苞片包圍形成降落傘。降落傘被風吹起，然後芒在落地時抓住地面。

完整的包裝

每個種子都含有一個胚，其具有「胚根」和「下胚軸」（胚芽），位於一個或多個子葉內。它們含有在植物發芽時為植物提供能量的養分。

種皮保護胚

山蘿蔔種子

絲般輕柔的毛乘著風，
將瘦果運送到遠離親代
植物的遠方。

分道揚鑣

有些花形成單一的果實，但全緣鐵線蓮（*Clematis
integrifolia*）的花會產生許多稱為「瘦果」的單一種
子果實。其優勢在於，果實可以往各個方向傳播，
擴大植物的領土。每個瘦果都有一個尾部，尾部
上都覆蓋著準備隨風飄散的毛。

絲一般輕柔的種子

要可以藉由風力運輸，種子需要特殊的適應性。為了傳播，有些種子利用絲一般輕柔的毛。棉花（學名：*Gossypium*；俗名：Cotton）與白楊木（學名：*Populus*；俗名：Poplar）的果實內充滿了毛，會隨著種子一起釋放，協助於種子的散播。在其他植物中，種子上的毛發展成精緻的翼或降落傘。毛也有助於將種子固定在最終落地的表面上，這個表面也許就是種子可以發芽的地方。

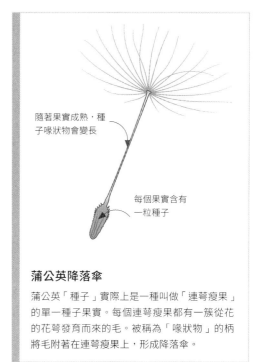

隨著果實成熟，種子喙狀物會變長

每個果實含有一粒種子

蒲公英降落傘

蒲公英「種子」實際上是一種叫做「連萼瘦果」的單一種子果實。每個連萼瘦果都有一簇從花的花萼發育而來的毛。被稱為「喙狀物」的柄將毛附著在連萼瘦果上，形成降落傘。

多毛的瘦果尾部從花的舊花柱和柱頭發育而來。

許多瘦果仍然附著在中央花托上，直到它們成熟並脫落為止。

長莖將種實穗保持在高處，因此風更有可能吹起果實。

聚生的心皮

在鐵線蓮的花中心有許多心皮，每個心皮都有帶有一顆種子。它們會發育成瘦果，並且在成熟時，成簇的瘦果就會分裂開。

敘利亞馬利筋（乳草）

在北美東部的大部分地區都有乳草（學名：*Asclepias syriaca*；俗名：Common milkweed），它最為人熟知的用途可能是做為帝王蝶（Monarch butterfly）幼蟲食物來源。有一段時間，乳草被以大規模商業種植，它的「絲」被收穫做為枕頭、床墊甚至救生衣的填塞物。

乳草的花形成傘狀花序。香氣濃郁，從淡粉紅色到近紫色，個別花朵包括五個反摺的花瓣和五個充滿花蜜的兜狀瓣。大部分開花植物利用粉塵般花粉撒在傳／授粉者身上，但是乳草類的花的做法不太一樣，它是將花粉包裹在稱為「花粉塊」的黏性囊狀物當中。花粉塊被存放在兜狀瓣兩側的凹槽中，這個凹槽被稱為「柱頭裂縫」。前來採收花蜜的昆蟲必須奮力抓住花的光滑表面，並且可能意外地將一條腿或兩條腿滑入裂縫中，同時勾住花粉塊。當昆蟲狼吞虎嚥乳草的花蜜時，花粉塊就黏在昆蟲的腿上並轉移到另一朵花上。這種授粉策略有利於較大型的昆蟲，而一些蜜蜂和較小的昆蟲則可能會被困在裂縫中，或者在試圖逃離的時候失去肢體。成功授粉後，形成的果實剛開始是微小的綠芽，然後膨脹成大又裝滿種子的蒴果，稱

為「蓇葖果」。蓇葖果中的每個扁平棕色種子，都被稱為「叢狀種毛」的一簇絲狀花絲索裝飾。

乳草的汁含有毒素以阻止哺乳類的食草動物。儘管具有毒性，但乳草以花蜜和葉子形式提供給為一系列的昆蟲充足的食物，這些昆蟲也包含了已經適應乳草有毒防禦的帝王蝶。部分由於棲息地喪失和越來越多的土地使用除草劑，野外乳草數量下降，乳草的物種也衰退了。因此對於帝王蝶來說，改變乳草的命運就可以恢復蝴蝶數量。

絲一般的種子

乳草絲的新用途：戶外服裝的保溫材料、車輛的隔音墊和漏油吸收材料等，可能預示著商業化乳草種植的復興。

絲狀的花絲輕盈、中空並具有蠟質防水覆層。

乳草種子藉著具浮力的絲狀「降落傘」隨風力傳播。

乳草蓇葖果
種蒴或蓇葖果長8至10公分（3至4英寸），覆蓋著柔軟的皮刺和短羊毛般的毛。一旦成熟，蓇葖果就會沿著側面裂開以釋放種子。

種子如何發芽

大多數種子含有胚和促使生長開始的食物來源。發芽時，首先會出現根來錨定幼苗，接著是葉子。在大多數開花植物中，例如豆類，首先會出現一對子葉，含有從種子轉移而來的食物。單子葉植物只有一個子葉，而子葉也可能在發芽後留在種子內。

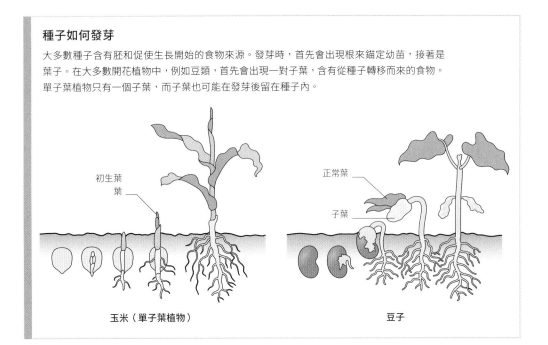

初生葉
葉

正常葉

子葉

玉米（單子葉植物）

豆子

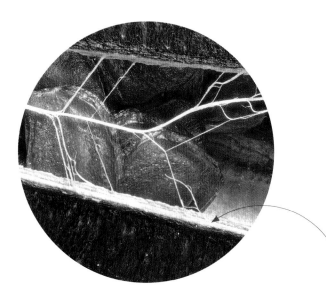

搖動分離

皇家百合（峨嵋百合，學名：*Lilium regale*；俗名：Regal lily）的紙質蒴果果實含有許多具翼種子。當果實乾燥時會裂開，種子從中脫落，這過程藉助了吹過中國西部百合自然棲息地中陡峭山谷的冬季強風。

百合蒴果有三個腔室，每個腔室包含有圓形硬幣狀的種子。

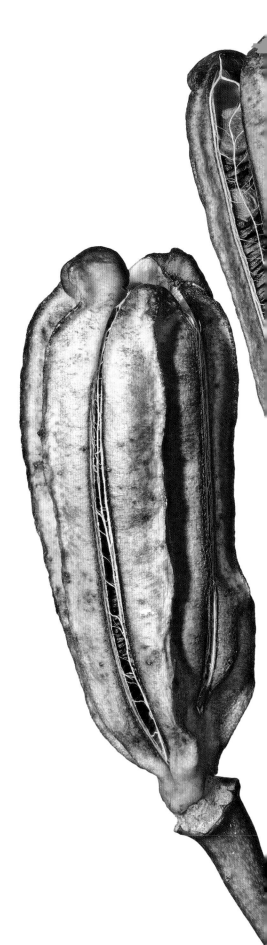

莢果與蒴果

因為肉質果實可以食用，所以是最為人知的果實形式，但乾果其實並不少見——莢果、蒴果、瘦果、蓇葖果和離果，它們可能會裂開以釋放種子（裂果）或是保持完整與種子一起散開（閉果，不開裂的果實）。乾果沒有多汁的覆層來吸引動物，必須依靠其他方法來散布種子。以風傳播的方式很普遍，但種子也會黏附在動物皮毛上或落到地上。

百合果實中的**裂片**或**開口**
露出兩列種子。

蒴果在夏末乾燥、
皺縮並裂開。

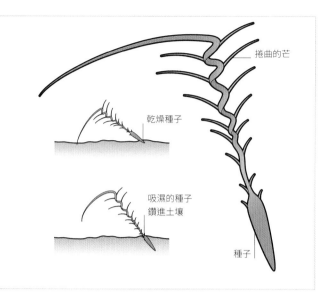

每粒種子都被封閉在一個叫做「裂果片」的蓇葖果中。

果實裂開後，木質的喙狀物將5個芒保持在一起。

會爆破的種莢

雖然許多乾果被動地等待風起或巡迴旅遊的動物經過，但一些植物會自行負起種子傳播的責任。爆炸性的果實將種子從親代植物身上發射出去，這樣它們就會落在一塊不那麼擁擠的棲息地上。不同的植物種類已經演化出了各種各樣的噴發機制，其中大多數依靠果實內被壓制的壓力將種子彈出。

種子彈射器

像紅花老鸛草（*Geranium sanguineum*）這種鸛喙草，就是因為其喙狀果實而得名。被稱為「彈分蓇果」（參見第300頁），內含5個種子，排列在木質喙狀物周圍。每粒種子都有自己的覆蓋物連接到一個長的芒，而且所有5個芒都在喙狀物的尖端融合。當果實乾燥時，芒會變形，裂開果實並將種子拋出。

乾燥使得芒內的細胞壁變形，並將芒向外彎曲。

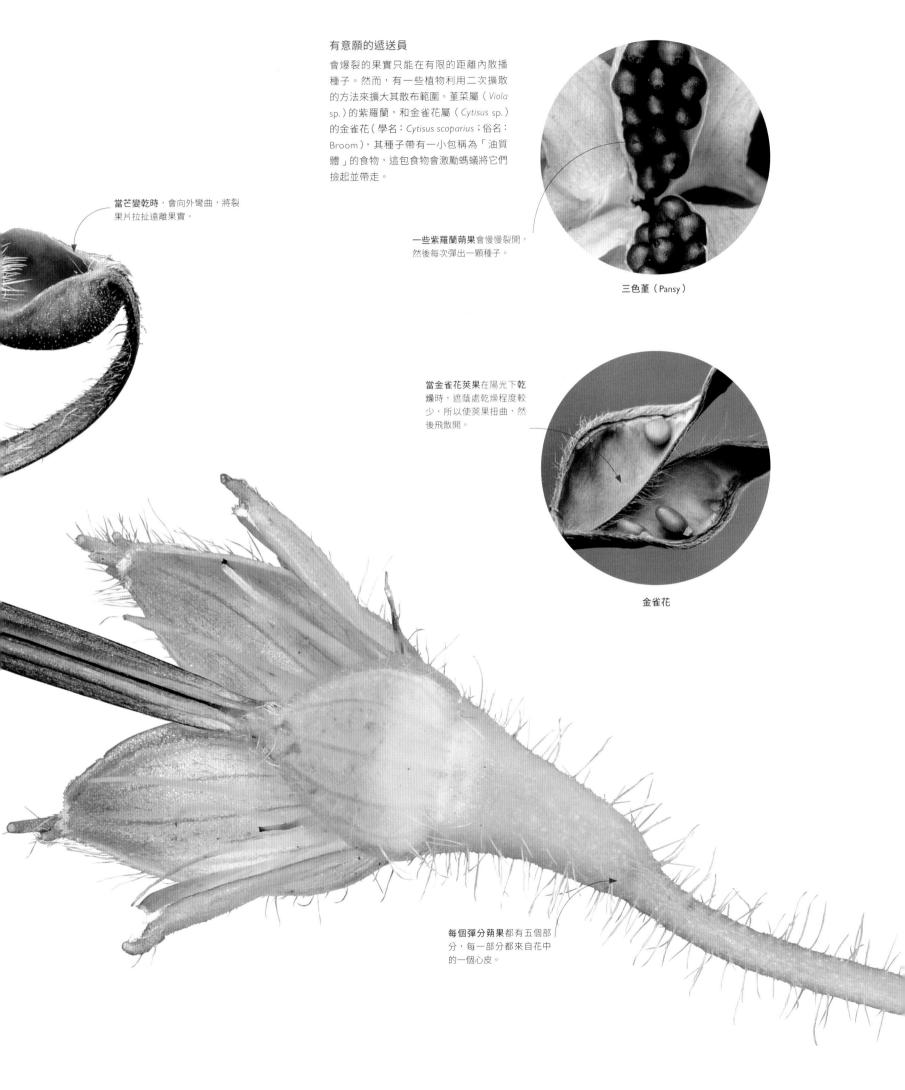

有意願的遞送員

會爆裂的果實只能在有限的距離內散播種子。然而，有一些植物利用二次擴散的方法來擴大其散布範圍。菫菜屬（*Viola* sp.）的紫羅蘭，和金雀花屬（*Cytisus* sp.）的金雀花（學名：*Cytisus scoparius*；俗名：Broom），其種子帶有一小包稱為「油質體」的食物，這包食物會激勵螞蟻將它們撿起並帶走。

當芒變乾時，會向外彎曲，將裂果片拉扯遠離果實。

一些紫羅蘭蒴果會慢慢裂開，然後每次彈出一顆種子。

三色菫（Pansy）

當金雀花莢果在陽光下乾燥時，遮蔭處乾燥程度較少，所以使莢果扭曲，然後飛散開。

金雀花

每個彈分蒴果都有五個部分，每一部分都來自花中的一個心皮。

瘤果黑種草

瘤果黑種草（學名：*Nigella sativa*；俗名：Nigella）有多種不同俗名，例如，黑種草、茴香花（Fennel flower）、黑孜然（Black cumin）、黑香旱芹（Black caraway）以及羅馬芫荽（Roman coriander），自古以來就與人類文明相關聯，有長達約3,600年的栽種歷史。種子被當作是香料撒在麵包與饢餅上，或是用做生產草藥油。

黑種草與人類共同棲息有悠久的歷史，也因此很難弄清楚它的野生起源。有一些研究者聲稱該植物來自地中海沿岸的歐洲地區，而另一些人則認為是來自亞洲或北非。目前在土耳其南部、敘利亞和伊拉克北部仍然存在黑種草的野生群落，因此它很可能是起源於中東地區。

黑種草高達60公分（2英尺），是一種耐寒的一年生植物，可以在各種類型的土壤中繁殖。雖然它有許多俗名，但是它與名字相似的茴香（學名：*Foeniculum vulgare*；俗名：Fennel）、孜然（學名：*Cuminum cyminum*；俗名：Cumin）、香旱芹（學名：*Carum carvi*；俗名：Caraway）或芫荽（學名：*Coriandrum sativum*；俗名：Coriander）這些繖形科的植物都不相關。事實上，它是毛莨科（學名：*Ranunculaceae*；俗名：Buttercup family）植物的一員，而且是相當受歡迎的裝飾花朵，

大馬士革黑種草（學名：*Nigella damascena*；俗名：Love-in-a-mist）的近親。細膩又美麗的花朵很可能就是最初這個植物吸引人類注意的地方。黑種草在野外的傳／授粉者的身分不明，但蜜蜂在其他地方發揮傳／授粉的作用。授粉之後，植物的果實膨大成鼓脹的蒴果，每個蒴果最後開裂成含有大量黑色種子的蓇葖果。

不僅鳥類無法抗拒，瘤果黑種草微小又有刺鼻味道的種子也受到人們的青睞，被廣泛用做印度和中東的烹飪香料。在古代，瘤果黑種草的種子和它們的油被用來治療各種疾病，至今仍被用在草藥療法上。

瘤果黑種草的果實

梨形種子在具有多達7個分離的蓇葖果中發育，每個片段的末端有形成自花柱的長突出物。當果實乾燥而且蓇葖果破裂時，種子就會被釋放。

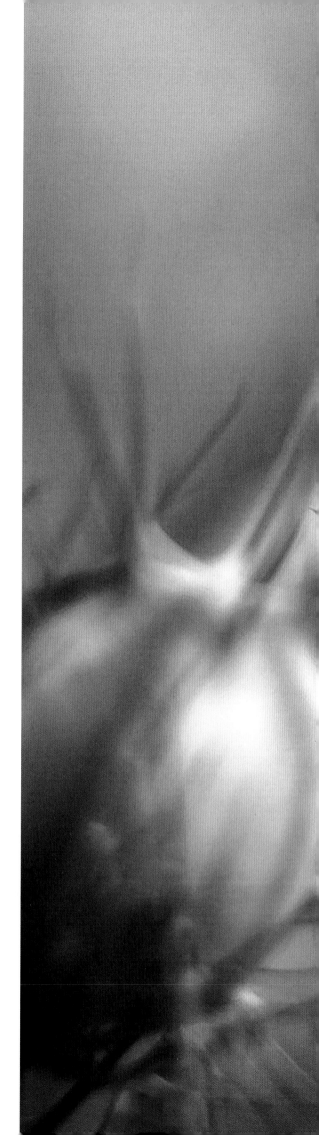

許多嚴重多裂的苞片其實是特化的葉子，經常支撐黑種草的花。

花柱

栽培品種的花瓣數量更多；野生的花則有5至10片花瓣。

栽培的花朵

大馬士革黑種草是受歡迎的一年生花園植物，左圖是花園中的深藍色半重瓣花，但野生種的顏色較淡，且只有單一花朵。

熱處理

一些山龍眼屬（Banksia）植物奇怪的木質果實，會保留種子很多年，只有在自然火災或人工熱處理後，才能使它們的蓇葖果開啟並釋出種子。左頁圖中的脣狀蓇葖果已經開啟，釋放出種子。

種子與火

成熟種子通常會從親代植物上自動分離。然而，有些物種，特別是那些在惡劣環境中的物種，只會在極端環境事件後才會釋放種子。火是針葉林常見種子釋放的觸發因素，但它也是許多其他樹木和灌木的必需元素，如澳洲的山龍眼。雖然野火經常會殺死較年幼的樹木，但是對已生長幾個月或是幾年後成熟的山龍眼樹來說，火可以使成熟樹木的毬果狀果實開啟並掉落種子。

受到火的幫助

山龍眼種子需要火來觸發釋放，它們也能在火災所提供的環境中茁壯成長。火災清除了地面植株，消除競爭植物，而且掉落的種子很容易沉入火災後留下的軟灰當中，這有助於保護它們免受強烈的陽光照射。

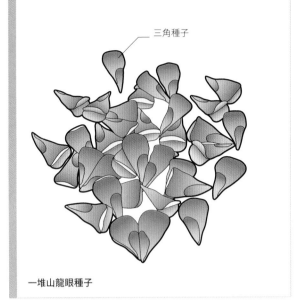

三角種子

一堆山龍眼種子

緻密的纖維覆蓋著果實的堅硬內核。

大量纖維幫助種子阻止捕食性昆蟲的侵擾。

木質保護
一些山龍眼的果實被木質的「羊毛」所包圍，乾燥的生殖部分結構的殘骸仍然附著在其上。這種羊毛狀的屏障有助於種子在被鳥類或是昆蟲食入後保護種子。

外部纖維在火災後燒盡至核心。

未開啟的蓇葖果可能表示裡面的種子還沒準備好。

花梗因為蓮蓬頭的
重量而欠身。

沉重的釋放

蓮（荷花，學名：*Nelumbo nucifera*；俗名：Sacred lotus）的每朵花會產生一個聚合果，成熟後長成為一個令人驚奇且帶有腔室的構造（蓮蓬頭），直徑大約7至12公分（3至5英寸）。隨著眾多種子的成熟，蓮蓬頭會皺縮。最後它的莖會因為蓮蓬頭的重量而被壓下彎曲，種子就會掉入水中。

每顆種子或小堅果的直徑約為1公分（1/3英寸）。

隨著乾燥蓮蓬頭的皺縮，種子室就擴大。

設計為了漂浮的種子

椰子厚厚的毛狀纖維（椰殼纖維）之間的氣袋，讓椰子可以漂浮在水中。這個外殼夾在保護性外皮（外果皮）和堅硬的內殼（內果皮）之間。椰子「肉」是食物儲存組織（胚乳），當種子發芽時為其提供食物，「椰子水」使其保持水分。即使在海水中漂流長達4,800公里（3,000英里）之後，椰子仍然可以產生幼苗。

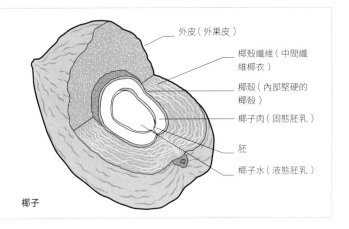

外皮（外果皮）

椰殼纖維（中間纖維椰衣）

椰殼（內部堅硬的椰殼）

椰子肉（固態胚乳）

胚

椰子水（液態胚乳）

椰子

藉水傳播

水是許多植物種子的運輸媒介，這個過程稱為「隨水散布」。顯然，蓮這一類的濕地植物會將它們的種子投入池塘、河流和溪流中，但如桔梗屬植物（Harebells）和白樺（Silver birch）等物種的種子也可以這種方式攜帶。然而，與椰子等熱帶種子史詩般的海洋航行相比，這些短暫的淡水漫遊實在是相形見絀。

保護性覆層

種子要在長時間接觸水的情況下存活，就需要堅固的種皮。蓮子種皮像石頭一樣堅硬，幾乎不透水，且有助於防止種子被破壞。

在腔室內的種子乾燥後會變成棕色。

超過1000歲，花生大小的蓮子已經發芽。

右圖這幅彩色平版印刷，畫的是木瓜樹（學名：*Carica papaya*；俗名：Papaya plant）。是繪者貝絲・胡拉・范・諾頓發表於《來自爪哇的花、果實與葉子》（*Fleurs, Fruits et Feuillages de l'Île de Java*，1863~1864年）當中40幅爪哇植物中的一幅。

藝術創作中的植物

描繪全世界

肉荳蔻的葉子、花與果實

諾斯在這一幅畫中展示了一般烹飪用香料生長的不同階段，這是她在1871至1872年第一次大型考察期間，在牙買加藍山停留期間所創作的。畫面中有肉荳蔻（學名：*Myristica fragrans*；俗名：Nutmeg）的葉子、花與果實，與金邊燕尾蝶（*Papilio polydamas*）和小吸蜜蜂鳥（*Mellisuga minima*）。

十八世紀與十九世紀是植物學的黃金年代，探險家與插畫家從事全球尋找標本，奇遇不斷。女性在很大程度上被排除於科學發現之外，但一些無畏的個人仍然設法展開探險，尋找她們可以記錄在精美畫作中的新植物。

瑪麗安娜・諾斯（Marianne North，1830~1890）是一位傑出的維多利亞時代生物學家和藝術家，她於1871年（41歲），開始在世界各地旅行，在畫作中記錄植物。她在倫敦邱園的832幅風景畫、植物、鳥類和動物的肖像畫廊，為維多利亞時代的公眾提供了在彩色攝影出現之前，對異域樣本的自然棲息地深刻的理解。諾斯的家庭背景和財富讓她可以在各大洲旅行13年，但是勇氣和精力都是出自她自己。

大約同時期，出生於荷蘭的貝絲・胡拉・范・諾頓（Berthe Hoola van Nooten，1817~1892），一個對植物學感興趣但身無分文的寡婦，隻身去了爪哇島上的巴達維亞。在這裡，她藉由出售植物彩色版畫維生；荷蘭女王也支持她關於爪哇植物群的精美出版物。一個世紀之後，瑪格麗特・梅（Margaret Mee，1909~1988）開始在亞馬遜熱帶雨林中研究和繪畫30年。她記錄了幾個新標本，其中一些以她的名字命名，並以雨林為背景畫下這些植物。

> 66 我一直夢想著去一個熱帶的國家，在一處自然豐富茂盛生長的環境中，當場將其特有的植被繪下。99
>
> 瑪麗安娜・諾斯，《幸福生活的回憶》（*Recollections of a happy life*），1892年

自然環境下的作品

高聳的西非荔枝果（阿開木，學名：*Blighia sapida*；俗名：Ackee）所長出的果實，是由諾斯在牙買加的自然環境中繪畫創作。這種西非植物是由威廉・布萊船長（Captain William Bligh）帶到牙買加，並以他的名字命名。

珠芽生長在葉和葉軸之間
的交界處。

從珠芽形成，葉片部分
展開的新小植株。

多生菜蕨孢子囊群以
獨特的 V 形狀排列。

後備方案

多生菜蕨（*Diplazium proliferum*）也可以從孢
子繁殖。孢子被保存在稱為「孢子囊群」的
結構中，位於每個小葉下面的細葉脈上。

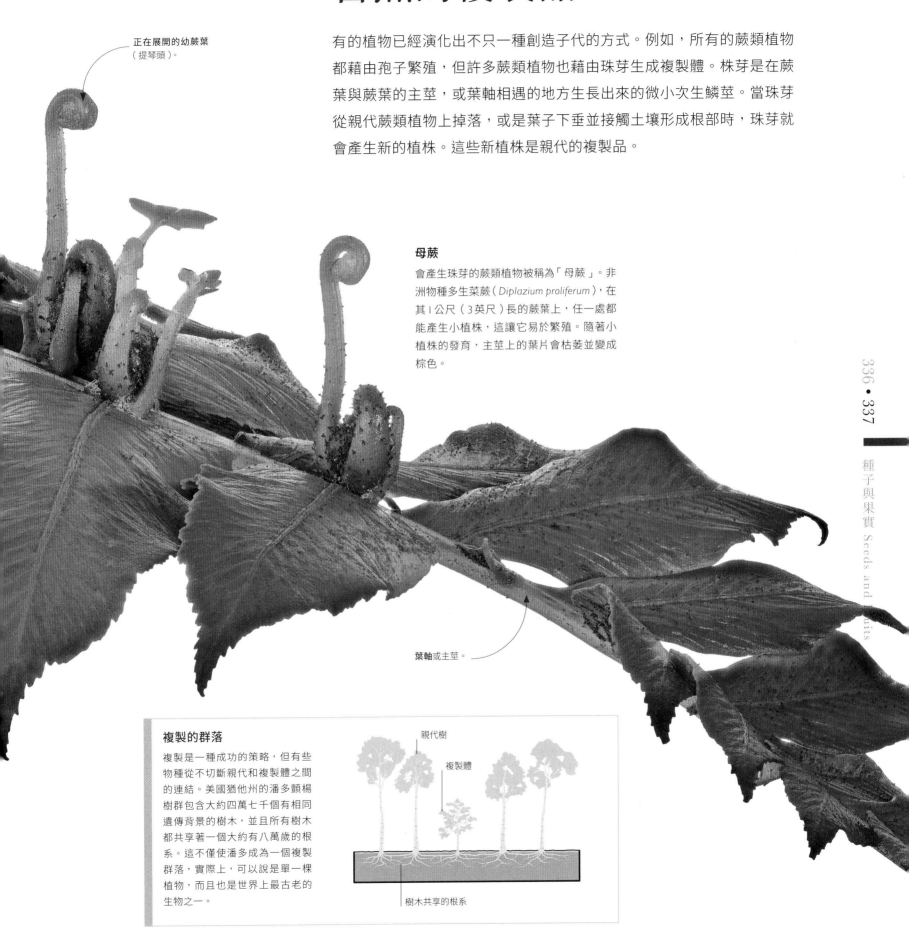

自然的複製品

有的植物已經演化出不只一種創造子代的方式。例如，所有的蕨類植物都藉由孢子繁殖，但許多蕨類植物也藉由珠芽生成複製體。株芽是在蕨葉與蕨葉的主莖，或葉軸相遇的地方生長出來的微小次生鱗莖。當珠芽從親代蕨類植物上掉落，或是葉子下垂並接觸土壤形成根部時，珠芽就會產生新的植株。這些新植株是親代的複製品。

正在展開的幼蕨葉
（提琴頭）。

母蕨
會產生珠芽的蕨類植物被稱為「母蕨」。非洲物種多生菜蕨（ *Diplazium proliferum* ），在其1公尺（3英尺）長的蕨葉上，任一處都能產生小植株，這讓它易於繁殖。隨著小植株的發育，主莖上的葉片會枯萎並變成棕色。

葉軸或主莖。

複製的群落

複製是一種成功的策略，但有些物種從不切斷親代和複製體之間的連結。美國猶他州的潘多顫楊樹群包含大約四萬七千個有相同遺傳背景的樹木，並且所有樹木都共享著一個大約有八萬歲的根系。這不僅使潘多成為一個複製群落，實際上，可以說是單一棵植物，而且也是世界上最古老的生物之一。

親代樹

複製體

樹木共享的根系

葉面不會產生孢子囊。

蕨類孢子

蕨類植物不開花，它們在葉背的孢子囊構造中產生孢子。孢子囊通常在它們的蕨葉上聚集成簇或成孢子囊群，而且每種物種都有其特有的排列模式。在一些物種中，未成熟的孢子囊群受到稱為「孢膜」的膜所保護。每個孢子囊群都含有許多孢子囊和數千個孢子，一旦成熟就會利用風力傳播。

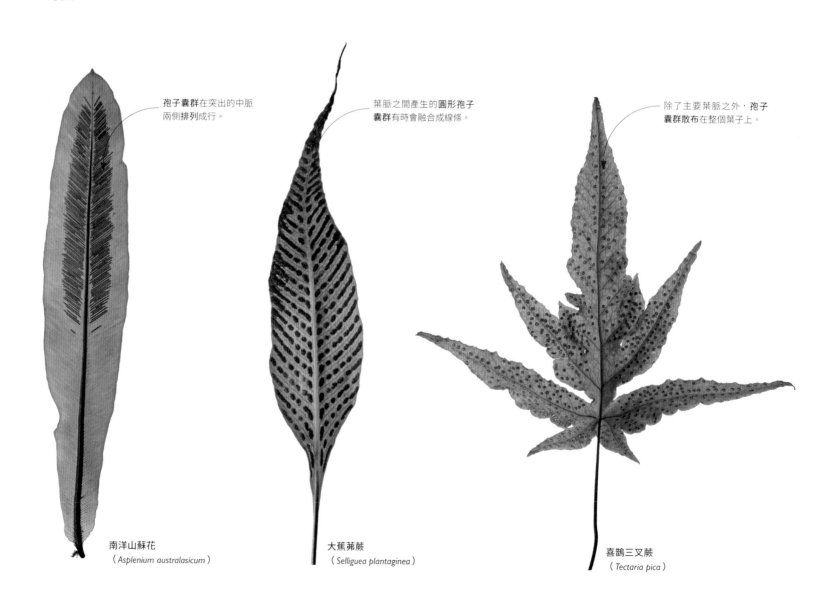

孢子囊群在突出的中脈兩側排列成行。

葉脈之間產生的**圓形孢子囊群**有時會融合成線條。

除了主要葉脈之外，**孢子囊群散布**在整個葉子上。

南洋山蘇花
（*Asplenium australasicum*）

大蕉茀蕨
（*Selliguea plantaginea*）

喜鵲三叉蕨
（*Tectaria pica*）

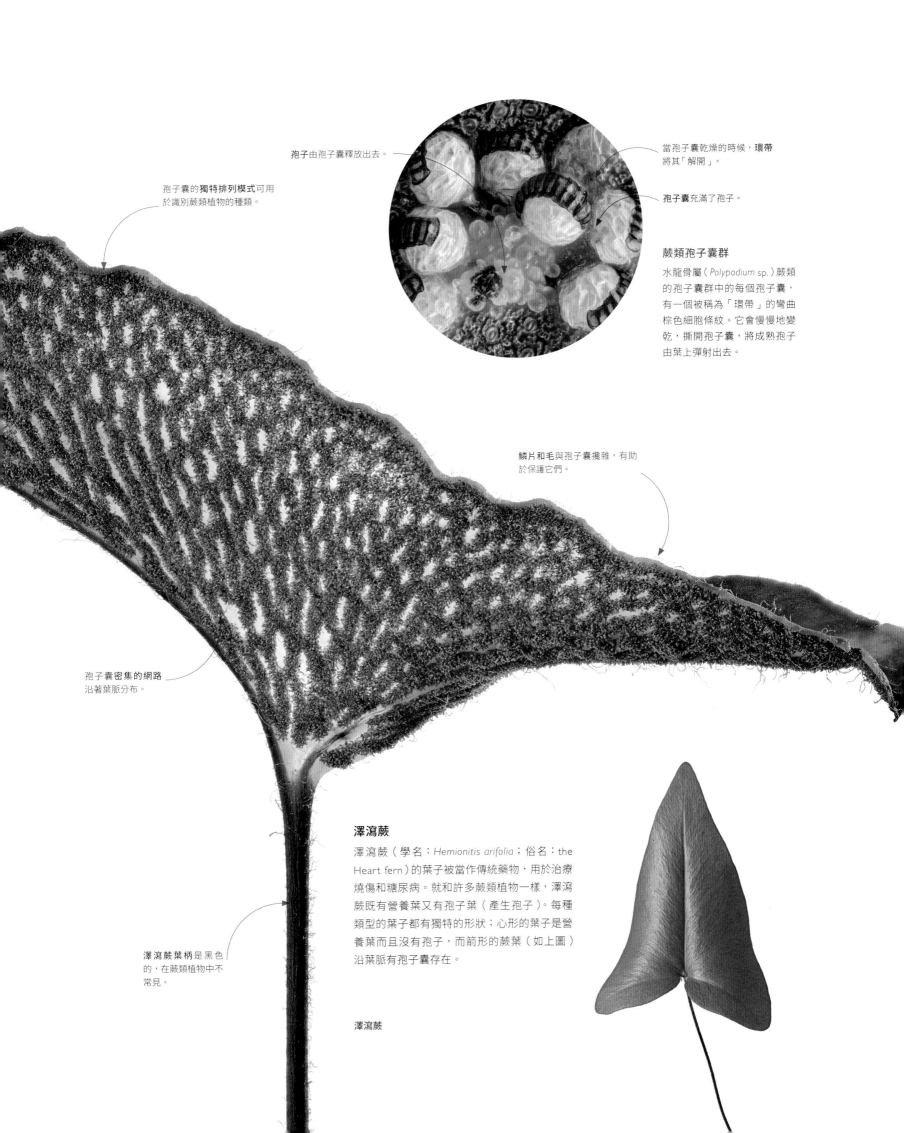

孢子囊的獨特排列模式可用於識別蕨類植物的種類。

孢子由孢子囊釋放出去。

當孢子囊乾燥的時候，環帶將其「解開」。

孢子囊充滿了孢子。

蕨類孢子囊群

水龍骨屬（*Polypodium sp.*）蕨類的孢子囊群中的每個孢子囊，有一個被稱為「環帶」的彎曲棕色細胞條紋。它會慢慢地變乾，撕開孢子囊，將成熟孢子由葉上彈射出去。

鱗片和毛與孢子囊攙雜，有助於保護它們。

孢子囊密集的網路沿著葉脈分布。

澤瀉蕨

澤瀉蕨（學名：*Hemionitis arifolia*；俗名：the Heart fern）的葉子被當作傳統藥物，用於治療燒傷和糖尿病。就和許多蕨類植物一樣，澤瀉蕨既有營養葉又有孢子葉（產生孢子）。每種類型的葉子都有獨特的形狀；心形的葉子是營養葉而且沒有孢子，而箭形的蕨葉（如上圖）沿葉脈有孢子囊存在。

澤瀉蕨葉柄是黑色的，在蕨類植物中不常見。

澤瀉蕨

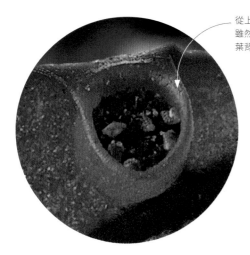

從上面可以看到**孢子囊**，雖然嚴格來說，它們是在葉背上形成的。

孢子杯

多肉蟻蕨（學名：*Lecanopteris carnosa*；俗名：the Ant fern）的孢子囊在沿著葉背形成的深「杯狀物」中。杯狀物摺回到葉面上。

每個**孢子囊群**大約2.5公厘（0.1英寸），並包含許多孢子囊。

由孢子萌發到蕨類植物

風力散播的孢子落在適當的棲息地上，就會發芽成小植株。與種子不同，從孢子生長的小植株是「配子體」，只有一組染色體。配子體會產生配子：精子和卵子，兩者結合後發育生長成更複雜的植株──孢子體；孢子體具有兩組染色體，即為我們一般所看到蕨類植物的樣貌。

羽狀葉在許多裂片的尖端形成孢子囊群。

世代交替

蕨類配子體會產生精子，這些精子在潮濕的棲息地中經由水到達卵子細胞，進行受精。孢子體從受精卵（合子）發育而來。配子體和孢子體之間的世代交替也發生在開花植物中，但開花植物的配子體（胚囊和花粉粒）非常小，並依賴孢子體生存。

根狀絲（根）

精子

成熟配子體

卵

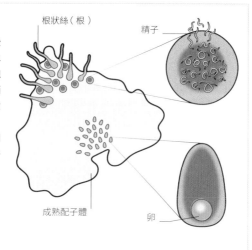

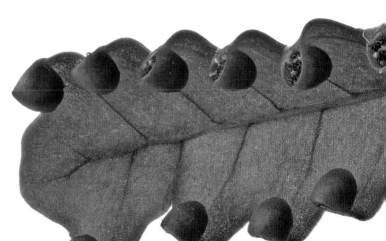

孢子囊在地面上與
地面保持水平。

葉子長達90公
分（3英尺）。

在樹冠上的生活

多肉蟻蕨生長在印尼雨林的樹上。它會產生由細絲
連接的4個孢子（四分體）群。它們作用像降落傘
一樣，有助於藉由風力將孢子傳播到新的樹上。一
旦發芽，配子體更可能彼此交配，而不太會自體受
精，從而改善交配後產生的孢子體的遺傳多樣性。

孢子也可能被螞蟻散布。

纏繞的孢子四分體將
會被風吹散布開。

持有孢子囊的杯狀物通常
不會行光合作用。

在蕨葉葉尖附近的羽狀葉（小
葉）會形成孢子囊群；靠近基
部的葉子通常都是不育的。

土馬騌屬（*Polytrichum* sp.）

金髮蘚

金髮蘚（Haircap mosses）這種看似微不足道但卻非常成功的小苔蘚類植物，至少在大約3億年前的二疊紀時期就已存在，今天在各大洲仍然可以找到它們生長的蹤跡。一些最常見到的就是土馬騌屬的金髮蘚。

金髮蘚的生命週期分為兩階段，稱為「世代交替」。配子體階段是苔蘚植物的綠色葉狀部分。孢子體階段是毛狀生長，有時會從苔蘚植物的莖長出，這也是金髮蘚的俗名由來。毛的尖端是一個保有孢子的蒴果。兩個階段在遺傳上是截然不同的：配子體產生性細胞（精子和卵子）並且具有一組染色體；一旦配子體受精，具有兩組染色體，且含有孢子的孢子體就會由苔蘚植物的頂部長出。當散播出去的孢子落在有利的位置上，就會長成新的配子體。

苔蘚植物遠在其他植物發展出用於攜帶水分和養分的維管組織之前，就已演化出現了，而且大多數苔蘚植物的生命當中，必須在一段時間內與水保持接觸才能生存。然而，由於一種趨同演化的形式，讓金髮蘚具有原始的維管組織，讓它們可以長得更高，並能夠在脫水狀態中存活更久。因此，金髮蘚已經從它們大多數的親屬植物中脫穎而出，征服了太乾燥的棲地。

土馬騌屬的苔蘚植物如此堅韌，在生態系統的再生中扮演著關鍵的角色，而且通常是第一個在貧瘠土壤中定植的物種。長有金髮蘚的區塊可以防止侵蝕，還能保留水分和降低溫度，讓土地成為植物發芽的良好場所。

毛狀孢子體

當條件有利於散播時，蒴果是打開還是關閉來釋放孢子，全取決於濕度。孢子體完全依賴於行光合作用的配子體提供水分和養分。

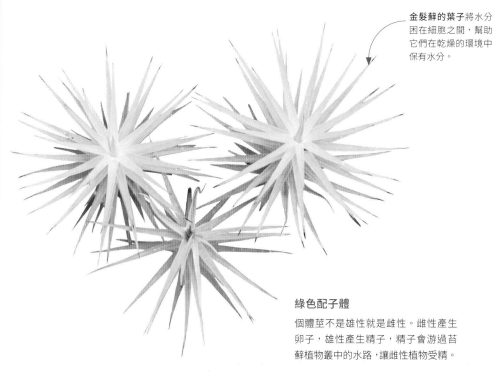

金髮蘚的葉子將水分困在細胞之間，幫助它們在乾燥的環境中保有水分。

綠色配子體

個體莖不是雄性就是雌性。雌性產生卵子，雄性產生精子，精子會游過苔蘚植物叢中的水路，讓雌性植物受精。

專有名詞

（按中文首字筆畫排列）

一畫

一年生（Annual） 在一個生長季節完成其整個生命週期（發芽、開花、播種和死亡）的植物。

一葉有三小葉的（Trifoliolate） 描述具有從同一點生長出三個小葉的複葉。

二畫

二回羽狀複葉（Bipinnate） 小葉被分成更小小葉的複葉，例如，含羞草葉。

二年生植物（Biennial） 發芽後在第二個生長季節開花並死亡的植物。

二歧聚繖花序（Dichasium） 聚繖花序（見「花序」）的一種常見型式，在主軸頂端以一朵花終結，而向兩方各伸出一個新的花軸，每個花軸再重覆兩個分又加上一朵頂生的花，以此類推。

二倍體（Diploid） 有兩套染色體；常見於大多數植物組織細胞中。另見「單倍體」解釋。

三畫

下垂的（Pendent） 向下懸掛。

下彎或後彎的（Recurved） 向後拱起。

子房（Ovary） 花心皮的下部，包含一個或多個胚珠；它可能在受精後發育成果實。

子房室／藥室（Locule） 子房或花藥的隔室或腔室。

子葉（Cotyledon） 作為儲存食物或在發芽後不久後展開以促進種子生長的種子葉。

小花（Floret） 通常是構成複合花的許多小花之一，例如，雛菊。

小苞片（Bracteole） 較小版的苞片，從花苞基部的花莖處生長。

小植物（Plantlet） 在親代植物葉子上發育的幼苗。

小結根瘤；葉瘤（Nodule） 1. 根部的一個含有固氮細菌的小結。2. 葉子（在葉柄、中脈、葉片或葉緣上）上含有細菌的小腫脹。

小葉（Leaflet） 複葉的其中一個細分部分。

小穗（Spikelet） 一群禾本科植物的小花，由保護性的穎所包圍。

四畫

不完全植物（Imperfect Flower） 只含有雄性或只含有雌性生殖器官的花。也被稱為單性花。

不定的（Adventitious） 來自通常不會發生生長的地方：例如，不定根可能生長自莖部。

中果皮（Mesocarp） 果皮的中間層。在許多果實當中，中果皮是果實的肉質部分。有一些果皮缺少中果皮。

互利共生（Symbiotic） 互利的；共生的。

內果皮（Endocarp） 一個果實的果皮最內層。

內稃（Palea，複數：Paleae） 包圍著一朵禾本科植物花的兩個最內層的苞片。另見「外稃」解釋。

分生組織（Meristem） 能夠分裂產生新細胞的植物組織。嫩芽或根尖可以包含分生組織並且可以用於微體繁殖（Micropropagation）。

分株（Division） 藉由將植物分成兩個或多個部分來增殖植物，每個部分具有其自身的根系以及一個或多個嫩芽或休眠芽。

反卷（Reflexed） 完全向後彎曲。

心皮（Carpel） 花的雌性生殖部分，由一個子房、柱頭和花柱所組成。

木質素（Lignin） 所有維管植物中的硬物質，使它們能夠直立生長並保持站立。

木質部（Xylem） 植物的木質部分，由支撐和傳導水分的維管組織所組成。

毛狀體（Trichome） 來自植物表面組織的任何類型生長突出物，例如毛、鱗片或刺。

五畫

主脈（Midrib） 葉子主要的，通常是中央的葉脈。

半寄生植物（Hemiparasite） 一種有綠葉可以進行光合作用的寄生植物。一個例子是槲寄生。

外皮層（Exodermis） 表皮或根被下的根部的特化層。

外果皮（Exocarp） 果實的果皮外層。外果皮通常薄又硬，或者像一層皮一樣。

外稃（Lemma） 最外面的兩個苞片包圍著一朵禾本科植物的花。見「稃」解釋。

幼苗（Seedling） 一株發育自種子的幼植株。

瓜類（Cucurbit） 來自黃瓜或葫蘆科（葫蘆目）的植物，包括有甜瓜、南瓜和南瓜類。

皮孔（Lenticel） 在莖上的一個孔，讓氣體可以植物細胞和周圍的空氣之間通過。

皮層（Cortex） 表皮或樹皮與維管柱之間的區域組織。

目（Order） 在分類學中，排位低於綱但在科以上。

石榴果（Balausta） 具有堅硬皮（果皮），以及許多小室，每個小室粒有一顆種子。一個典型的例子就是石榴。

六畫

先驅種（Pioneer Species） 一種在新環境中最先定殖的物種，例如在火山爆發或火災之後生長，其後開始植物演替。

光合作用（Photosynthesis） 太陽光當中的能量被綠色植物捕獲，並用於進行一系列化學反應，將二氧化碳和水轉換成養分的過程。副產品是氧氣。

全寄生（Holoparasite） 沒有葉子的寄生植物，完全依賴宿主的食物和水分過活。

共生（Symbiosis） 在互利關係中共同生活。

向觸性（Thigmotropism） 植物回應刺激而生長、彎曲和纏繞的能力。

地下莖（Rhizome） 可以充當儲存器官並且在其頂端及其整個器官上產生芽的匍匐地下生長的莖。

多年生植物（Perennial） 一種存活超過兩年的植物。

多肉植物（Succulent） 具有適於儲存水分的厚實肉質葉或莖的抗旱植物。所有仙人掌都是多肉植物。

托葉（Stipule） 一種葉狀過度生長物，通常成對中一個。

有條紋（Striate） 有條紋（有線狀突起的；有並行縱線的）。

羽狀的（Pinnate） 小葉在複葉的中央莖相對側上的排列。

肉穗花序（Spadix） 一種帶有許多小

花的肉質花穗，通常被佛焰苞包裹著。

自花授粉（Self-Pollination） 將花粉從花藥轉移到同一朵花的柱頭上，或者是轉移到同一植株上的另一朵花上。另見「異花授粉」解釋。

自體不育（Self-Sterile） 見「植物自交不親合」解釋

七畫

佛焰苞（Spathe） 苞片圍繞著一朵花或一個穗狀花序

吸器（Haustoria） 特化的寄生植物根，可以穿透宿主植物的組織。

完全花朵（Perfect Flower） 含有雄性和雌性生殖器官的花。也稱為雙性花。

形成層（Cambium） 能夠產生新細胞增加莖和根周長的一層組織。

沉水植物（Submergent） 一種完全生活在水下的植物。

芒（Awn） 從某些禾本科植物（包括栽培穀物）的小穗所長出的剛毛，包括栽培穀物。

角質層（Cuticle） 一些植物表皮外部細胞的保護性蠟質防水覆層。

走莖（Runner） 水平蔓延的，通常是細長的莖，在地面上生長並在節上生根以形成新的植株。另見「匍匐莖」解釋。

亞種（Subspecies） 同一物種的主要分類，在這個分類當中，物種間的差別並不完整。

兩側對稱（Zygomorphic） 描述一種花，只能在一個平面上被切割成彼此是鏡像的兩半。

具異形葉（Heterophyllous） 在同一株植物上具有不同形狀或形式的葉子，這些不同葉子可適應特定條件並發揮功能，例如，陽光或遮影。

八畫

刺（Prickle） 從植物的表皮或皮質中生長出的尖銳過度生長物，可以脫落而不會撕裂植物本身生長的部分。

刺果（Burr） 多刺或多針刺的乾果。

卷旋（葉）（Vernation） 葉子在芽中的折疊。

卷鬚（Tendril） 特化的葉子、分枝或莖，通常又長又細，可以將自己附著在支撐物上。

呼吸根（Pneumatophore） 直立的氣生根，向上突出自沼澤的土壤中，具有交換氣體或「呼吸」的能力。經常在紅樹林中發現。

孢子（Spore） 蕨類植物、苔類等無花植物以及真菌的微小生殖結構。

孢子囊（Sporangium，複數：Sporangia） 在蕨類植物上產生孢子的實體。

孢子囊群（Sorus，複數：Sori） 1. 蕨葉背部的一簇孢子囊。2. 地衣和真菌孢子的生成結構。

孢膜（Indusium） 覆蓋蕨類孢子囊群的組織薄瓣。

果皮（Pericarp） 果實的壁是從成熟的子房壁發育而來的。在肉質果實中，果皮通常具有三個不同的層：外果皮、中果皮和內果皮。乾果的果皮是紙質或羽毛狀的，但在肉質果實上，果皮是多肉和柔軟的。

果實（Fruit） 植物已受精的成熟子房，含有一個或多個種子，例如，漿果、薔薇果、蒴果或堅果。該術語也用於描述可食用的果實。

空心稈（Culm） 通常是空心連接在一起的，草本科植物或是竹子的開花莖。

花（Flower） 眾多植物屬的生殖器官。每朵花由一個帶有四輪生殖器官（萼片、花瓣、雄蕊和心皮）的軸組成。

花生於莖上的（Cauliflorous） 用於描述直接在樹幹或樹枝（而不是在樹枝末端）上長出果實的術語。

花托（Receptacle） 莖膨大或拉長的尖端，單瓣花的所有部分由那裡出現。

花序（Inflorescence） 一群開在單軸（莖）上的花，如總狀花序、圓錐花序或聚繖花序。

花序梗（Peduncle） 花序的主要柄，支撐一群花梗。

花青素（Anthocyanin） 負責葉子和花朵中的紅色、藍色和紫色的植物色素分子。

花冠（Corolla） 在花朵上的一圈花瓣總稱。

花柱（Style） 在花中連接柱頭與子房的柄。

花粉（Pollen） 在種子植物的花藥中形成的小顆粒，其含有花的雄性生殖細胞。

花梗（Pedicel） 在花序中帶有單一朵花的柄。

花被（Perianth） 花萼和花冠的統稱，特別是當它們在形式上非常相似時，就像許多鱗莖花一樣。

花被片（Tepal） 無法被區分為是萼片或是花瓣的花被單一裂片，例如在番紅花或是百合花中。

花絲（Filament） 在花中支撐花藥的柄。

花萼（Calyx，複數：Calyces） 花的最外圍器官，由一圈萼片形成，有時艷麗且具有鮮豔色彩，但通常是小且綠色的。花萼形成一個覆蓋物包圍還是花苞的花瓣。

花蜜（Nectar） 由蜜腺分泌的甜味含糖物質，用於吸引昆蟲和其他傳／授粉者到花中。

花瓣（Petal） 一種特化的葉子，通常顏色鮮豔且有時有香味，吸引傳／授粉者。花上的一圈花瓣被稱為花冠。

花藥（Anther） 花的雄蕊會產生花粉的部分；它通常由花絲攜帶。

芽（Bud） 包圍住胚的分枝、葉、花序或花的未成熟器官或嫩芽。

表皮（Epidermis） 植物細胞的外保護層。

長花柱型（Pin Flower） 一種有著長花柱和相對短雄蕊的花。相反詞：短花柱型。

附生植物（Epiphyte） 生長在另一種植物表面的植物，不會變成寄生或是從宿主身上偷取營養物質；它從大氣中獲取水分和養分，不會生根於土壤中。

附果（Accessory Fruit） 一個由子房和另一個植物部分所組成的果實，例如花梗末端的膨脹。例子有蘋果和玫瑰的薔薇果。又稱假果。

九畫

冒出（Emergent） 由某處出來，或出現自某處。

冠毛（Pappus） 一個附屬器官或是一簇附屬器官，在各種種子植物中覆蓋在子房或果實的頂部，在果實利用風力散播的過程作用。

匍匐莖（Stolon） 水平分散或成拱形的莖，通常在地面上，尖端生根後會產生新植株。經常會與走莖混淆。

厚壁細胞（Sclereid） 具有木質，孔洞壁的植物細胞。

柑果（Hesperidium） 柑橘類植物的果實，有厚實的皮革狀外皮，例如檸檬或柑橘。

柔荑花序（Catkin） 一種不顯眼或沒有花梗或花瓣常由樹（榛樹或樺樹）上下垂，長而細的小花簇。

柱頭（Stigma） 花的雌性部分，在受精前接收花粉。柱頭位於花柱的頂端。

界（Kingdom） 生物主要四大類中的任何一類，例如植物界。

科（Family） 在植物分類中，一群相關的屬的集合；例如，薔薇科包括了薔薇屬、花楸屬、懸鉤子屬、李屬和火刺木屬。

耐寒（Hardy） 描述可以承受冬季冰凍溫度的植物。

背軸的（Abaxial） 一個器官背離莖或支撐結構的一側；通常用於描述葉子的下表面。

胎生（Viviparous） 1.描述在葉子、花頭或莖上會形成小植株的植物。2.不嚴謹的解釋還可以是，在鱗莖上產生珠芽的植物。

胎座框（Replum） 某些果實中部分之間的薄隔板，例如一些豆科植物。

胚芽（Plumule） 種子萌發時冒出的第一個嫩芽。

胚芽鞘（Coleoptile） 一種單子葉植物種子的嫩芽在生長通過土壤時作為保護之用的鞘。

胚根（Radicle） 植物胚的根。胚根通常是當種子發芽時出現的第一個器官。

胚珠（Ovule） 子房在授粉和受精後發育成種子的部分。

苔類植物（Moss） 一種小型、綠色、沒有真正的根的無花的植物，生長在潮濕的棲息地。它藉由脫落孢子繁殖。

苞片（Bract） 已經特化成具有吸引力或保護性的結構，通常用於保護花苞，位於花或花簇的基部周圍。有些苞片大且顏色鮮豔，類似花瓣以吸引益蟲，而其他苞片看起來像葉子，雖然它們可能比植株上的其他葉子還要更小，形狀也不同。

十畫

核果（Drupe） 一種含有帶硬皮種子（內果皮）的多肉果實。

根（Root） 植物的一部分，通常在地下作為錨定土壤之用以及吸收養分與水分。

根毛（Root Hair） 在根帽後面形成的線狀增生。根毛延展了根的表面積，增加了它可以吸收的水分和養分。

根被（Velamen） 覆蓋某些植物氣生根的水分吸收組織，包括許多附生植物。

根帽（Root Cap） 根尖處的不斷產生新細胞的兜狀帽，可以保護根部在土壤中生長時避免受到磨損。

根際（Rhizosphere） 根系和周圍的基質。

栽培品種（Cultivar；Cv.） Cultivated Variety 的簡稱，用於描述通常僅存在於人類栽培的植物中。

氣孔（Stoma，複數：Stomata） 植物地上部（葉子和莖）表面的微孔，是發生蒸散作用的地方。

氣生根（Aerial Root） 從位於地面上方的植物莖所長出的根。

珠芽（Bulbil） 一種類似鱗莖的小器官，通常在葉腋上生長，偶爾也會在

莖或花頭上。

珠柄（Funicle） 莢果內的微小柄，用來懸掛種子。

珠鱗（Ovuliferous Scales） 帶有胚珠的雌毬果的鱗片，一旦被受精，就會成為種子。

真菌（Fungus） 單細胞或多細胞生物，是獨立真菌界的成員；例如，黴菌、酵母和蘑菇。

真雙子葉植物（Eudicot；Eudicotyledon） 有兩片種子葉或子葉的開花植物，包括許多以前被稱為「雙子葉植物」的植物。大多數真雙子葉植物具有分枝葉脈的寬葉，而花的部分，例如花瓣和萼片，以四或五的倍數成群排列。另見「單子葉植物」解釋。

翅果（Samara） 一種乾又不裂開的單種子果實，具有「翼瓣」，讓它可以確保在風中散播。例子有梣樹、楓樹和梧桐。

草本（Herbaceous） 一種非木本植物，其中上部在生長季節結束時死至根莖部。該術語主要用於描述多年生植物，儘管在植物學上它也適用於一年生植物和二年生植物。

退化花藥（Staminoid） 一種類似雄蕊的不孕結構。

針刺（Spine） 一種堅硬，尖端銳利，特化的葉子或葉子部分，例如托葉或葉柄。

針葉樹（Conifers） 大多數是常綠喬木或灌木，通常有針狀葉子以及在毬果鱗片上發育的裸子植物。

十一畫

假果（False Fruit） 見「附果」解釋。

假種皮（Aril） 一種在一些種子周圍，呈現漿果狀、多肉、多毛或海綿

狀的層。

假鱗莖（Pseudobulb） 來自（有時非常短的）根莖的增厚的球狀莖。

側生芽（Offset） 由親代植物腋芽生長出的嫩芽發育而來的小植物。

側邊的（Lateral） 由側邊生長的嫩芽或根。

堅果（Nut） 一種含有單一種子，有堅硬或木質外殼，且不會裂開的果實，例如，橡實種子。不太具體的描述是，所有具有木質或是皮革質的果實和種子。

常綠的（Evergreen） 描述植物在一個以上的生長季節保留其葉子；半常綠植物在一個以上的生長季節僅保留一小部分葉子。

授粉（Pollination） 將花粉從花藥轉移到花的柱頭上。

梨果（Pome） 蘋果或相關果實的肉質部分，由膨大的花托和子房與種子組成。

毬果（Cone） 針葉樹與一些開花植物的密集叢生苞片，通常會發育成木質帶有種子的結構，如松果。

液（Sap） 包含在細胞和血管組織中的植物汁液。

淺裂的（Lobed） 描述具有彎曲或圓形的植物一部分（例如，葉子）。

球莖（Corm） 地下生長的鱗莖狀腫大莖或莖基部，通常被紙質被層包圍。

瓠果（Pepo） 一種多種子，硬皮的漿果，形成像是南瓜、西瓜和黃瓜等瓜類的果實。

異花受精（Cross-Fertilization） 異花授粉結果造成一朵花的胚珠受精。

異花授粉（Cross-Pollination） 將一

株植物花中的花藥上的花粉，轉移到另一株植物花中的柱頭上。另見「自花授粉」解釋。

唇（Lip） 在花上突出的下裂片，由一個或多個融合的花瓣或萼片所形成。另見「唇瓣」解釋。

唇瓣（Labellum） 唇，特別是鳶尾科植物（Iris）或是蘭花的突出第三瓣。見「唇」解釋。

莖（Stem） 植物的主軸，通常在地上，支撐像是樹枝、葉子、花和果實等結構。

莢果（Legume） 一種會沿著兩側裂開以散播成熟種子的果實型式。

莢果（Pod） 扁平又乾燥的果實，從具有一個腔室的單一個子房發育而成。

被子植物（Angiosperm） 具有胚珠（也就是後來的種子）被包裹在子房內的開花植物。被子植物分為兩大類：單子葉植物和真雙子葉植物，以及其他的被子植物基群們。

閉果（Indehiscent） 描述一種不會裂開釋放種子的果實，例如，榛屬植物。

閉花受精（Cleistogamous） 一種在沒有開花的情況下授粉的花。相反詞：開花傳粉的。

頂芽（Terminal Bud） 在莖的頂點或尖端形成的芽。

頂點（Apex） 葉、枝或根的尖端或生長點。

十二畫

單子葉植物（Monocot, Monocotyledon） 種子只有一個子葉或種子葉的開花植物；它還具有狹窄平行脈葉的特徵。單子葉植物的例子包括百合、鳶尾花和禾本科植物。另見「真雙子葉植物」解釋。

單次結實性（Monocarpic） 在死前只開花結果一次的植物；這些植物可能需要數年才能長到可以開花的大小。

單性的（Unisexual） 不是產生花粉（雄性）就是產生子房（雌性）的花朵。

單果（Simple Fruit） 從單個子房形成的果實。例子包括有漿果、核果和堅果。

單倍體（Haploid） 一個只有一套染色體的細胞。見「雙倍體」解釋。

單葉（Simple Leaf） 形成一片的葉子。

掌狀（Palmate） 從單一點長出，具有裂片的小葉。

提琴頭（Fiddlehead） 蕨類卷旋的年輕葉子。

棘刺（Thorn） 特化的托葉或是單純由莖而來的突出物，所形成的鋒利又尖銳的端點。

植物（Plant） 從樹木到草和花的生物，藉由光合作用產生自己的食物。

植物自交不親合（Self-Incompatible） 描述一種自體受精後不能產生可育種子的植物，而是需要來自不同植株的花粉才可以進行受精產生可育種子。也稱為自體不育。

殼斗（Cupule） 由苞片連接在一起的杯形結構。

渦卷狀的（Circinate） 向內盤繞，如同蕨類植物中的提琴頭。

無毛的（Glabrous） 平滑無毛。

無種子維管束植物（Pteridophyte） 蕨類植物或擬蕨植物，如馬尾草或石松，使用世代交替的方式繁殖，主要世代產生孢子。（審訂註：二種多細胞的植物體，配子體與孢子體相互產生對方，配子體世代與孢子體世代的植物體交替出現的生殖方式就稱為世代交替。大部分維管束植物主要世代指的是孢子體世代。）

無融合生殖（Apomixis） 一種無性生殖的過程，不需要有精卵結合即可產生下一代（如種子）。

短花柱型（Thrum Flower） 一種有短花柱的花，其中只有在花冠喉部的雄蕊可見。相反詞：長花柱型。

腋芽（Axillary Bud） 在一片葉子的葉腋中發育的芽。

菌根（Mycorrhiza） 真菌與植物根部之間的互利（共生）關係。

萌芽（Germination） 當種子開始生長並發育成植物時，所發生的物理和化學變化。

萌蘗（Sucker） 發育自植物的根部或基部，來自地下的新嫩芽。

裂果（Dehiscent Fruit） 裂開或破裂釋放種子的乾燥果實。

距（Spur） 1.來自花瓣的空心凸出物，通常會產生花蜜。2.一種帶有一群花苞的短枝（像是那些在果樹上發現的花苞）。

軸根（Tap Root） 蒲公英等植物的主要向下生長根。

開花後生葉的（Hysteranthous） 一種開花在葉子長出之前的植物，例如金鐘花或金縷梅。

開花傳粉的（Chasmogamous） 有著將生殖器官暴露在外以利異花授粉的盛開花朵。

雄蕊（Stamen） 花的雄性生殖部分，包括產生花粉的花藥，通常被花絲或柄支撐。

雄蕊先熟（Protandrous） 雌雄同株或同花的植物，在成為具功能性的雌性之前，是具有功能性的雄性。相反詞：雌蕊先熟。

韌皮部（Phloem） 植物中的維管組織可以將含有養分（藉由光合作用產生）的汁液，從葉子傳導到植物的其他部分。

十三畫

傳粉／授粉者（Pollinator） 1.授粉的代理者或方法，例如經由昆蟲、鳥類、風。2.需要確保種子在另一株自體不育或部分自體不育的植物上發育的植物。

傳播（Propagate） 藉由種子或營養生長的方式增加植株數量。

圓錐狀聚繖花序（Thyrse） 具有許多開花柄的複合花序，其由主莖成對分枝出去。

圓錐花序（Panicle） 分枝的總狀花序。

塊莖（Tuber） 源自於莖或根，被用作儲存食物的膨大且通常是在地下的器官。

微體繁殖（Micropropagation） 在實驗室中為了產生新植株所培養的微小植物組織。

節間（Internode） 兩個節點之間的莖部分。

節點（Node） 莖上的一個點，從這個點上可以長出一個或多個葉、嫩芽、分枝或花。

萼片（Sepal） 一朵花的外部輪生花被，通常小而綠，但有時有顏色且成花瓣狀。

落葉性的（Deciduous） 用於描述在生長季節結束時脫落葉子、下一個生長季節開始時更新葉子的植物。半落葉性植物在生長季節結束時只會失去一些葉子。

葉子（Leaf） 通常是從莖生長出來的一個薄又扁平的葉片（葉身），由葉脈網絡支撐。其主要功能是從陽光中收集植物所需的能量以進行光合作用。

葉片（Blade） 除了葉子的柄（葉柄）之外的葉子整個部分的統稱。葉片的形狀及其邊緣，或稱葉緣，是植物的重要特徵。

葉片（Lamina） 寬又扁平的結構，例如，葉子的葉身。

葉肉（Mesophyll） 葉子的內部柔軟組織（薄壁組織），介於表皮的上層和下層之間，含有用於光合作用的葉綠體。

葉序（Phyllotaxis） 葉子在莖或分枝上的排列。

葉抱莖（Perfoliate） 無柄葉或苞片圍繞著莖，所以莖看起來好像是穿過葉片。

葉狀枝（Cladode） 特化的莖，既類似又可執行葉子的功能。

葉柄（Petiole） 葉子的柄。

葉脈（Vein） 葉片中的維管結構，由維管束鞘包圍，通常可見為葉子表面上的線條。

葉脈序（Venation） 葉子中的葉脈排列。

葉腋（Axil） 莖和葉之間的上夾角，是腋芽發育的地方。

葉軸（Rachis） 複葉或花序的主軸。

葉綠素（Chlorophyll） 植物細胞內的綠色色素，讓葉子，有時候是莖，可以吸收光線並進行光合作用。

葉綠體（Chloroplast） 植物細胞內含有葉綠素的顆粒，在那裡光合作用過程中會合成糖或澱粉。

葉緣（Margin） 葉子的外緣。

隔膜（Septum） 果實中用於分隔成兩室的隔板。

十四畫

嫩芽（Shoot） 正在發育的芽或是幼莖。

旗瓣（Standard） 在豌豆科植物的某些花的上部花瓣。

滴水葉尖（Drip Tip） 葉子或小葉具有助於導流排除雨水的邊緣。

種（Species；Sp.） 在植物分類中的一類植物，其成員具有相同的主要特徵，並且能夠彼此交配繁殖。

種子（Seed） 成熟的受精胚株，含有能夠發育成為成株（成熟植株）的休眠胚胎

種皮（Testa） 受精種子周圍的堅硬保護覆層，防止水進入到種子，直到種子準備好要發芽為止。

維管束（Vascular Bundle） 在植物葉片的葉脈或莖當中，將水分傳導的木質部和食物傳導的韌皮部組織聚合在一起的一個單元。

維管束中柱（Vascular Cylinder） 維管組織的中央部。

維管束植物（Vascular Plant） 一種具有食物傳導組織（韌皮部）和水分傳導組織（木質部）的植物。

維管束鞘（Bundle Sheath） 在植物葉子內部，圍繞住維管束，排列成圓筒狀的細胞。

綱（Class） 在分類學中，地位低於「界」但高於「目」，例如，單子葉植物和真雙子葉植物。

聚合果（Aggregate Fruit） 由幾個子房發育而來的複果。子房全部來自單

一花朵的心皮而且單獨的果實連結在一起。例如，樹莓（覆盆子）和黑莓。

聚合果中的小果（Fruitlet） 構成聚合果部分的小果實，例如，黑莓。

聚繖花序（Cyme） 在每個分枝的軸末端都有開花的扁平或圓頂花序，中心的花最老，最年輕的花是從小苞片（次生苞片）的葉腋下依序出現。

蒴果（Capsule） 含有許多種子，由兩個或多個心皮所形成的子房發育而來的乾果。它在成熟時會裂開，釋放種子。

蒸散作用（Transpiration） 水分由葉子和莖蒸發流失。

蓇葖果（Follicle） 一種乾燥的果實，類似於莢果，從單個腔室的子房發育而來，具有一個會裂開釋放種子的接縫。大多數蓇葖果是聚合果。

蜜腺（Nectary） 分泌花蜜的腺體。蜜腺最常位於植物的花中，但有時也可以在葉或莖上發現。

裸子植物（Gymnosperm） 種子成熟發育時沒有子房的包圍與保護的植物。大多數裸子植物都是針葉樹，其種子在鱗片上形成並在毬果內成熟。

雌雄同株的（Monoecious） 一種植物，在同一棵植株上長有獨立分開的雄花和雌花。另見「雌雄異株的」解釋。

雌雄異株的（Dioecious） 一種帶有單性花的植物，雄花和雌花在不同的植株上盛開。另見雌雄同株的。

雌蕊（Pistil） 見「心皮」解釋。

雌蕊先熟（Protogynous） 雌雄同株或同花的植物，在成為具功能性的雄性之前，是具有功能性的雌性。相反詞:雄蕊先熟。

鳳梨花（Bromeliad） 鳳梨科中會形成蓮座狀排列的植物，也可能是附生植物。它有螺旋狀排列且有時帶有齒緣會變成木質化的葉子與莖。

十五畫

彈分蒴果（Regma，複數：Regmata）一種由三個或三個以上融合心皮所組成的乾果，在成熟時會爆炸性地裂開。

漿果（Berry） 一顆或多顆種子被柔軟多汁所包圍的果實，果實由單個子房發育而來的種子。

瘦果（Achene） 一個不會打開的乾扁的果實而且含有單一種子。

線形（Linear） 非常狹窄且有平行邊的葉子。

蓮座狀／簇生的／叢生形（Rosette）從大約同一點輻射方式長出的一簇葉子，通常在非常短莖的基部接近地面的地方生長。

複果（Multiple Fruit） 一種由幾套緊密花朵融合在一起，發育形成一個單一的果實，例如，鳳梨。

複葉（Compound Leaf） 由兩個或多個相似部分（小葉）所組成的葉子。

輪生（Whorl） 全部來自同一點的三個或是更多的器官排列。

養分（Nutrients） 用於產生植物生長所需的蛋白質和其他化合物的礦物質（礦物離子）。

十六畫

樹上水池（Phytotelma，複數：Phytotelmata） 植物中充滿水且可作為棲息地的洞穴。

樹皮（Bark） 木質根、樹幹和樹枝上的堅韌覆蓋物。

樹脂（Resin） 由有機化合物形成的黏稠物質，植物用這種黏稠物質來癒合遭受害蟲損傷或物理性損害所造成的樹皮傷口。

穎（Glume） 鱗片狀的保護性苞片，通常是一對，在禾本科植物或莎草小穗的基部。

穎果（Caryopsis，複數：Caryopses） 不會裂開的乾燥又含有單一種子的果實。禾本科植物通常具有成行或成簇的可食用穎果或穀粒。

蕨葉；棕櫚葉（Frond） 1.蕨類植物的葉狀器官。一些蕨類植物會產生不育葉（營養葉，Barren fronds）與帶有孢子的能育葉（孢子葉，Fertile fronds）。2.大的，通常是複葉，如棕櫚樹的葉子。

蕨類（Fern） 一種無花的，會產生孢子，由根、莖和葉狀蕨葉組成的植物。另見「蕨葉;棕櫚葉」解釋。

頭狀花序（Capitulum，複數：Capitula） 在莖上的一群花（花序），全部看起來像一個花頭。向日葵就是一個例子。

龍骨；龍骨瓣（Keel） 1.突出的縱向脊，通常在葉子的下面，類似於船的龍骨。2.豌豆狀花朵的兩片較低的且融合花瓣。

十七畫

環帶（Annulus，複數：Annuli） 參與開啟蕨類孢子囊並釋放孢子的厚壁細胞環。

穗狀花序（Spike） 一種帶有生長在非常短柄上或直接附著在主莖上的個別花朵的長花簇。

縫（Seam） 果實或蒴的裂開線（或縫線，Suture）打開莢的邊緣。

總狀花序（Raceme） 一簇幾個或許多獨立的花頭，沿著中央莖生長的短

柄上單獨生長，頂端是最年輕的花朵。

總苞（Involucre） 花序基部的一圈葉狀苞片。

翼果（Winged Fruit） 果實具有形狀像翅膀的精緻紙質結構，有助於經由空中傳播果實。另見「翅果」解釋。

薄壁組織（Parenchyma） 由具有薄壁的細胞所組成的軟植物軟組織。

薔薇果（Hip） 一種含有乾燥以及單一種子的杯形花托果實，上面覆蓋著小毛。

闊葉樹（Broadleaved） 描述具有寬而扁平葉子的樹木和灌木，溫帶地區常會在冬天落葉，與針葉樹的狹窄針狀葉子形成鮮明對比。

黏液（Mucilage） 在植物的很多部位，特別是葉子中所存在的膠狀分泌物。

十八畫

繖形花序（Umbel） 扁平頂或圓頂的花序，其中花柄從支撐莖頂部的單個生長點長出。

繖房花序（Corymb） 長於莖上的花形成寬廣、平頂或圓頂的花序，或在一個軸上不同層次交替出現的許多花頭。

蟲穴（Domatium，複數：Domatia） 一個植物產生的結構，讓動物棲息在內，通常在根、莖或葉脈中的空腔，而且常與螞蟻有相關聯。

雙子葉植物（Dicot, Dicotyledon） 這個術語現在在演化歷史學科中被認為是過時或不正確的，其用於描述具有兩個子葉的開花植物。另見真雙子葉植物，單子葉植物。

雙性的（Bisexual） 見「完全花」解釋。

雙性花（Hermaphrodite） 植物所具有的花中雄性雄蕊和雌性雌蕊一起存在於單個雙性或完美的花中。

雙懸果（Cremocarp） 一種小而乾燥的果實，形成兩個扁平的半邊，每邊包含一粒種子。

雜交種（Hybrid） 不同遺傳背景的親代植物所產生的後代。同一屬內的物種之間的雜交種被描述為種間雜交種；不同的屬（但通常密切相關）之間的雜交種被描述為屬間雜交種。

雜斑（Variegated） 描述色素的不規則排列，通常是突變或是疾病造成的結果，主要是在葉子中。

十九畫

離果（Schizocarp） 一種紙質乾燥的果實，會分裂成封閉單一種子的單元，當種子成熟時會分開散播。

類胡蘿蔔素（Carotenoids） 負責黃色和橘色色調的植物色素分子。

二十畫

藻類（Algae） 一群簡單、無花、主要是水生的綠色生物，含有綠色色素葉綠素但沒有真正的莖、根、葉和維管組織。一個例子是海藻。

二十一畫

屬（Genus，複數：Genera） 植物分類中的一個類別，排在科和物種之間。

蘚類植物（Liverwort） 一種簡單、無花、缺乏真正根的植物。它有葉狀莖或裂片葉，藉由脫落孢子繁殖，通常在潮濕的棲息地中發現。

二十三畫

變種（Variety） 物種以下的分類群，通常與相對應的模式物種只有一個特徵不同。

鱗片（Scale） 退化的葉片，通常是膜質的，覆蓋並保護芽、鱗莖和柔荑花序。

鱗莖（Bulb） 充當儲存器官的特化地下芽。它由一個或多個芽以及好幾層膨大、無色、肉質鱗片葉子所組成，並且在一個縮短的圓盤狀莖上，包裝有儲存的食物。

英文索引

藝術創作中的植物列表

致謝

DK出版社想要感謝皇家植物園的主管們與工作人員，在本書編寫過程中的熱心幫忙與支援，特別是園藝學主任Richard Barley；韋克赫斯特園區主任Tony Sweeney；以及科學主任Kathy Willis。特別感謝邱園出版部的所有人，特別是Gina Fullerlove、Lydia White和Pei Chu，以及感謝Martyn Rix對本文的詳細評論。感謝邱園及其附屬藝術圖書館（Kew Library, Art, and Archives）的團隊，特別是Craig Brough，Julia Buckley和Lynn Parker，以及Sam Samkeewen和Shirley Sherwood。還想感謝在邱園與韋克赫斯特園區的熱帶苗圃和花園當中，提供拍攝照片協助與支援的許多人，以及所有對具體細節提供專家建議的人，特別是Bill Baker、Sarah Bell、Mark Chase、Maarten Christenhusz、Chris Clennett、Mike Fay、Tony Hall、Ed Ikin、Lara Jewett、Nick Johnson、Tony Kirkham、Bala Kompalli、Carlos Magdalena、Keith Manger、Hugh McAllister、Kevin McGinn、Greg Redwood、Marcelo Sellaro、David Simpson、Raymond Townsend、Richard Wilford和Martin Xanthos。

還要感謝倫敦野生生物信託基金會（London Wildlife Trust）的野生生物園藝中心（Centre for Wildlife Gardening，www.wildlondon.org）的Sylvia Myers與她的志工團隊，以及牛津郡的綠色與華麗（Green and Gorgeous）花園農場的Rachel Siegfried主持攝影。Pink Pansy的Joannah Shaw和Bloomsbury Flowers的Mark Welford在採集提供拍攝植物方面的協助，還有感謝Ken Thompson博士在本書初期規劃時提供的協助。

DK還想感謝以下人員：
額外的圖片研究：Deepak Negi
圖片修飾：Steve Crozier
創意技術支援：Sonia Charbonnier、Tom Morse
校對：Joanna Weeks
索引編輯：Elizabeth Wise

圖片來源

出版社要感謝以下人員、單位與圖庫提供圖片重製的許可：

（a表示「上面」；b表示「下面／底部」；c表示「中央」；f表示「遠處」；l表示「左邊」；r表示「右邊」；t表示「頂部」）

4–5 Alamy Stock Photo: Gdns81 / Stockimo.
6 Dorling Kindersley: Green and Gorgeous Flower Farm.
8–9 500px: Azim Khan Ronnie.
10–11 iStockphoto.com: Grafissimo.
12 Dorling Kindersley: Neil Fletcher (tr); Mike Sutcliffe (tc).
14 Alamy Stock Photo: Don Johnston PL (fcr). **Getty Images:** J&L Images / Photographer's Choice (c); Daniel Vega / age fotostock (cr). **Science Photo Library:** BJORN SVENSSON (cl).
15 Dorling Kindersley: Gary Ombler: Centre for Wildlife Gardening / London Wildlife Trust (br). **FLPA:** Arjan Troost, Buiten-beeld / Minden Pictures (c). **iStockphoto.com:** Alkalyne (cl).
16 Alamy Stock Photo: Mark Zytynski (cb).
17 Alamy Stock Photo: Pictorial Press Ltd.
18–19 iStockphoto.com: ilbusca.
20 Science Photo Library: Dr. Keith Wheeler (clb).
20–21 iStockphoto.com: Brainmaster.
22–23 iStockphoto.com: Pjohnson1.
23 Alamy Stock Photo: Granger Historical Picture Archive (br).
24–25 Getty Images: Ippei Naoi.
26 Alamy Stock Photo: Emmanuel Lattes.
30–31 Alamy Stock Photo: The Protected Art Archive (t).
31 Alamy Stock Photo: ART Collection (br).
32–33 Science Photo Library: Gustoimages.
33 Getty Images: Universal History Archive / UIG (tr). **Science Photo Library:** Dr. Jeremy Burgess (br).
34–35 Amanita / facebook.com/Aman1ta/ 500px.com/sot1s.
40–41 Thomas Zeller / Filmgut.
41 123RF.com: Mohammed Anwarul Kabir Choudhury (c).
43 © Board of Trustees of the Royal Botanic Gardens, Kew: (br).
44 123RF.com: Richard Griffin (bc, br). **Dreamstime.com:** Kazakovmaksim (l).
45 © Board of Trustees of the Royal Botanic Gardens, Kew.
46–47 Dreamstime.com: Rootstocks.
47 Alamy Stock Photo: Alfio Scisetti (tc).
50–51 Getty Images: Michel Loup / Biosphoto.
52–53 Rosalie Scanlon Photography and Art, Cape Coral, FL., USA.
53 Alamy Stock Photo: National Geographic Creative (br).
54 Alamy Stock Photo: Angie Prowse (bl).
54–55 Alamy Stock Photo: Ethan Daniels.
56–57 iStockphoto.com: Nastasic.
58 Getty Images: Davies and Starr (clb). **iStockphoto.com:** Ranasu (r).
59 iStockphoto.com: Wabeno (r).
60–61 Science Photo Library: Dr. Keith Wheeler (b); Edward Kinsman (t).
61 Science Photo Library: Dr. Keith Wheeler (crb); Edward Kinsman (cra).
62 Alamy Stock Photo: Interfoto / Fine Arts.
63 Alamy Stock Photo: The Print Collector / Heritage Image Partnership Ltd (cl, clb).
64–65 Getty Images: Doug Wilson.
66 123RF.com: Nick Velichko (c). **Alamy Stock Photo:** blickwinkel (tc); Joe Blossom (tr). **iStockphoto.com:** Westhoff (br).
67 Dorling Kindersley: Mark Winwood / RHS Wisley (bl). **© Mary Jo Hoffman:** (r).
68 Alamy Stock Photo: Christina Rollo (bl).
68–69 © Aaron Reed Photography, LLC.
71 Getty Images: Nichola Sarah (tr).
74 © Board of Trustees of the Royal Botanic Gardens, Kew: (bl).
76 Denisse, E., Flore d'Amérique, t. 82 (1843–46): (bc).
80–81 Getty Images: Gretchen Krupa / FOAP.
82–83 iStockphoto.com: Cineuno.
83 Science Photo Library: Michael Abbey (bc).
84–85 Don Whitebread Photography.
85 Alamy Stock Photo: Jurate Buiviene (cb).
86–87 Getty Images: Peter Dazeley / The Image Ban.
88 FLPA: Mark Moffett / Minden Pictures (bl).
89 © Board of Trustees of the Royal Botanic Gardens, Kew.
90–91 Alamy Stock Photo: Juergen Ritterbach.
92 Bridgeman Images: Borassus flabelliformis (Palmaira tree) illustration from *Plants of the Coromandel Coast*, 1795 (coloured engraving), Roxburgh, William (fl.1795) / Private Collection / Photo © Bonhams, London, UK (tl). **© Board of Trustees of the Royal Botanic Gardens, Kew:** (crb).
93 © Board of Trustees of the Royal Botanic Gardens, Kew.
94–95 Alamy Stock Photo: Arco Images GmbH.
95 Alamy Stock Photo: Alex Ramsay (br).
100 123RF.com: Curiousotter (bl).
100–101 © Colin Stouffer Photography.
103 Alamy Stock Photo: FL Historical M (tr).
104–105 © Board of Trustees of the Royal Botanic Gardens, Kew.
106–107 Ryusuke Komori.
106 © Mary Jo Hoffman: (bc).
108–109 iStockphoto.com: Engin Korkmaz.
111 Alamy Stock Photo: Avalon / Photoshot License (tr).
112 Science Photo Library: Eye of Science (cl).
112–113 Damien Walmsley.
115 123RF.com: Amnuay Jamsri (tl); Mark Wiens (tc). **Dreamstime.com:** Anna Kucherova (cr); Somkid Manowong (tr); Phanuwatn (cl); Poopiaw345 (bl); Yekophotostudio (br).
116–117 Alamy Stock Photo: Granger, NYC. / Granger Historical Picture Archive.
117 Alamy Stock Photo: Chronicle (cb). **Getty Images:** DEA / G. Cigolini / De Agostini Picture Library (tc).
118 Alamy Stock Photo: Richard Griffin (cr); Alfio Scisetti (cl).
119 Alamy Stock Photo: Richard Griffin.
120 © Board of Trustees of the Royal Botanic Gardens, Kew: (cla).
124 © Pandora Sellars / From the Shirley Sherwood Collection with kind permission: (tl). **© The Estate of Rory McEwen:** (crb).
125 © The Estate of Rory McEwen.
130–131 iStockphoto.com: lucentius.
131 123RF.com: gzaf (tc). **Alamy Stock Photo:** Christian Hütter / imageBROKER (tr). **iStockphoto.com:** lucentius (cla).
132 Alamy Stock Photo: Ron Rovtar / Ron Rovtar Photography (cl).
133 Alamy Stock Photo: Leonid Nyshko (cl); Bildagentur-online / Mc-Photo-BLW / Schroeer (tr). **Dorling Kindersley:** Gary Ombler: Centre for Wildlife Gardening / London Wildlife Trust (bl). **iStockphoto.com:** ChristineCBrooks (br); joakimbkk (cr).
134 FLPA: Ingo Arndt / Minden Pictures (br).
135 iStockphoto.com: Enviromantic (cr).
136 Dorling Kindersley: Batsford Garden Centre and Arboretum (bc). **Dreamstime.com:** Paulpaladin (cl).
137 Dorling Kindersley: Batsford Garden Centre and Arboretum (cl). **iStockphoto.com:** ByMPhotos (c); joakimbkk (cr).
138 Alamy Stock Photo: Val Duncan / Kenebec Images (c). **Dorling Kindersley:** Centre for Wildlife Gardening / London Wildlife Trust (tr). **© Board of Trustees of the Royal Botanic Gardens, Kew:** (cl).
138–139 Dorling Kindersley: Centre for Wildlife Gardening / London Wildlife Trust.
140 Bridgeman Images: Rubus sylvestris / Natural History Museum, London, UK.
141 Getty Images: Florilegius / SSPL (tl, cr).
143 Getty Images: Nigel Cattlin / Visuals Unlimited, Inc. (tl).
144 123RF.com: Sangsak Aeiddam.
145 Science Photo Library: Eye of Science (cra).